中 等 职 业 学 校 机 电 类 规 划 教 材

ZHONGDENG ZHIYE XUEXIAO JIDIANLEI GUIHUA JIAOCAI

数控加工工艺与编程基础

（第2版）

于万成　王桂莲　主编
宋桂云　李晓男　副主编

CNC TECHNOLOGY

人 民 邮 电 出 版 社

北 京

图书在版编目（CIP）数据

数控加工工艺与编程基础 / 于万成，王桂莲主编
. -- 2版. -- 北京 : 人民邮电出版社，2010.10（2022.12重印）
中等职业学校机电类规划教材
ISBN 978-7-115-23744-6

Ⅰ. ①数… Ⅱ. ①于… ②王… Ⅲ. ①数控机床－加
工工艺－专业学校－教材②数控机床－程序设计－专业学
校－教材 Ⅳ. ①TG659

中国版本图书馆CIP数据核字(2010)第173714号

内 容 提 要

本书共5个项目。主要内容包括数控加工工艺基础、数控机床编程基础、数控车削加工工艺与编程方法、数控铣削加工工艺与编程方法、数控电火花与线切割加工工艺与编程方法。本书在编写中结合生产实践按照项目—课题—任务驱动的模式来编写，突出技能训练，强调学生分析问题和解决问题能力的培养。

本书可作为中等职业学校数控技术应用专业的教材，也可作为机械制造专业和模具专业的教材。

◆ 主　　编　于万成　王桂莲
副 主 编　宋桂云　李晓男
责任编辑　刘盛平
◆ 人民邮电出版社出版发行　　北京市丰台区成寿寺路11号
邮编　100164　　电子邮件　315@ptpress.com.cn
网址　http://www.ptpress.com.cn
北京七彩京通数码快印有限公司印刷
◆ 开本：787×1092　1/16
印张：12.25　　2010年10月第2版
字数：308千字　　2022年12月北京第16次印刷

ISBN 978-7-115-23744-6

定价：22.00元

读者服务热线：(010)81055256　印装质量热线：(010)81055316
反盗版热线：(010)81055315
广告经营许可证：京东市监广登字20170147号

丛书前言

我国加入 WTO 以后，国内机械加工行业和电子技术行业得到快速发展。国内机电技术的革新和产业结构的调整成为一种发展趋势。因此，近年来企业对机电人才的需求量逐年上升，对技术工人的专业知识和操作技能也提出了更高的要求。相应地，为满足机电行业对人才的需求，中等职业学校机电类专业的招生规模在不断扩大，教学内容和教学方法也在不断调整。

为了适应机电行业快速发展和中等职业学校机电专业教学改革对教材的需要，我们在全国机电行业和职业教育发展较好的地区进行了广泛调研；以培养技能型人才为出发点，以各地中职教育教研成果为参考，以中职教学需求和教学一线的骨干教师对教材建设的要求为标准，经过充分研讨与精心规划，对《中等职业学校机电类规划教材》进行了改版，改版后的教材包括 6 个系列，分别为《专业基础课程与实训课程系列》、《数控技术应用专业系列》、《模具制造技术专业系列》、《计算机辅助设计与制造系列》、《电子技术应用专业系列》和《机电技术应用专业系列》。

本套教材力求体现国家倡导的“以就业为导向，以能力为本位”的精神，结合职业技能鉴定和中等职业学校双证书的需求，精简整合理论课程，注重实训教学，强化上岗前培训；教材内容统筹规划，合理安排知识点、技能点，避免重复；教学形式生动活泼，以符合中等职业学校学生的认知规律。

本套教材广泛参考了各地中等职业学校的教学计划，面向优秀教师征集编写大纲，并在国内机电行业较发达的地区邀请专家对大纲进行了多次评议及反复论证，尽可能使教材的知识结构和编写方式符合当前中等职业学校机电专业教学的要求。

在作者的选择上，充分考虑了教学和就业的实际需要，邀请活跃在各重点学校教学一线的“双师型”专业骨干教师作为主编。他们具有深厚的教学功底，同时具有实际生产操作的丰富经验，能够准确把握中等职业学校机电专业人才培养的客观需求；他们具有丰富的教材编写经验，能够将中职教学的规律和学生理解知识、掌握技能的特点充分体现在教材中。

为了方便教学，我们免费为选用本套教材的老师提供教学辅助光盘，光盘的内容为教材的习题答案、模拟试卷和电子教案（电子教案为教学提纲与书中重要的图表，以及不便在书中描述的技能要领与实训效果）等教学相关资料，部分教材还配有便于学生理解和操作演练的多媒体课件，以求尽量为教学中的各个环节提供便利。

我们衷心希望本套教材的出版能促进目前中等职业学校的教学工作，并希望能得到职业教育专家和广大师生的批评与指正，以期通过逐步调整、完善和补充，使之更符合中职教学实际。

欢迎广大读者来电来函。

电子函件地址：lihaitao@ptpress.com.cn，liushengping@ptpress.com.cn

读者服务热线：010-67143761，67184065

第 2 版前言

本书自 2006 年出版以来，由于比较符合中等职业教育对本课程的教学要求，受到不少学校的好评，但是也存在一些不足。这次改版在保留原教材特色的前提下，结合生产实践按照项目—课题—任务驱动的模式来编写，突出对学生分析问题和解决问题能力的培养，在编写过程中增加了不少新的实例，同时对第 1 版图例中的旧国标按照新标准进行了修订。

本书由山东省轻工工程学校于万成、王桂莲任主编，山东省轻工工程学校宋桂云和泰州市泰兴职教中心李晓男任副主编。参加本书编写的还有潘克江和王龙。

本书在编写过程中，广泛参阅了国内外同行的专著、教材、讲稿、论文等文献资料，在此一并致以谢意。

由于编者水平有限，书中错误和不妥之处，恳请读者批评指正。

编者

2010 年 8 月

编者的话

先进机床加工技术是现代制造业的基础。随着2001年我国加入世界贸易组织，国外工业产品纷纷进入国内市场，市场竞争日益激烈，国内企业普遍认识到采用先进机床进行工业生产的重要性和紧迫性。因此，近年来数控机床的应用范围迅速扩大，传统机床作业方式正被数控机床自动操作所替代。然而，目前国内掌握数控应用技术的技能型人才严重短缺，这使得数控技术应用领域专业人才的培养任务显得十分迫切。在这样的背景下，编者总结了自己在教学岗位上教学多年的心得体会，同时结合当前学校教学的实际要求和企业要求，以教育部技能型紧缺人才指导性教学计划为指导，编写了这本教材。

在本书的编写过程中，编者在仔细分析中等职业学校数控技术应用专业教学的知识要求和技能要求的基础上，以数控加工工艺为主线，以数控编程为辅助和对应，并安排了适当的项目训练，有利于学生工艺方面和数控编程能力的培养；注重理论与实践相结合，力求内容简单、实用，避免繁杂的理论堆列。

本书的特点：知识结构清晰，内容深浅适度，层次性强，知识新颖，适合当前项目教学的要求；全书通过项目训练来巩固和加强学生所学知识和技能，通过综合实训来提高学生运用知识去分析问题、解决问题的能力；结合企业生产实际和中职学生的认知方式，重视学生操作技能和综合职业能力的培养。

本书由山东省轻工工程学校于万成老师编写。青岛理工大学机械学院孟广耀教授审阅了本书，并提出了许多宝贵的意见和建议，在此表示衷心的感谢。

编写过程中，广泛参阅了国内外同行的专著、教材、讲稿、论文等文献资料，在此一并致以谢意。

由于编者水平有限，加上时间仓促，书中错误和不妥之处，恳请读者批评指正。

编者

2006年1月

目 录

项目一

数控加工工艺基础

本项目主要介绍数控机床的组成、分类，介绍金属切削加工的基础知识以及数控刀具、量具和切削用量的选择方法，机械加工精度与表面质量知识，以及数控加工工艺的基本知识。通过学习，使学生能够掌握数控加工的特点，特别是重点掌握切削加工用量的选择和精度控制的方法。

知识目标

- 了解数控机床的组成和加工的特点。
- 了解金属切削过程基本规律。
- 掌握刀具几何参数的选择方法。
- 掌握数控切削加工用量的选择和精度控制的方法。
- 掌握工件在数控机床上的装夹方法；机床工艺的设计、计算，以及文件的编制。

技能目标

- 能够根据零件加工要求，正确选择刀具和切削用量。
- 能够分析影响工件（零件）表面质量的因素。
- 能合理选择工件在数控机床上的装夹方法。
- 能正确编制工艺文件。

课题一　数控机床

随着科学技术和社会生产的迅速发展，机械产品日趋复杂，社会对机械产品的质量和生产效率也提出了越来越高的要求。同时，随着航空工业、汽车工业和轻工业消费品生产的高速增长，形状复杂的零件越来越多，精度要求也越来越高。此外，激烈的市场竞争要求产品研制生产周期越来越短，传统的加工设备和制造方法已难已适应这种多样化、柔性化与形状复杂零件的高效高质量加工要求。为解决上述这些问题，一种灵活、通用、高精度、高效率的"柔性"自动化生产设备——数控机床应运而生。

数控机床就是将加工过程所需的各种操作（如主轴变速、松夹工件、进刀与退刀、开车与停车、自动关停冷却液等）和步骤以及工件的形状尺寸用数字化的代码表示，通过控制介质将数字信息送入数控装置，接着数控装置对输入的信息进行处理与运算，发出各种控制信号，控制机床的伺服系统或其他驱动元件，使机床自动加工出所需要的工件。

数控技术是指用数字、字母和符号对某一工作过程进行可编程自动控制的技术。它已成为制造业实现自动化、柔性化、集成化生产的基础技术。现代的 CAD/CAM，FMS，CIMS 等，都建立在数控技术之上，离开了数控技术，先进制造技术就成了无本之木。同时，数控技术关系到国家的战略地位，是体现一个国家综合国力水平的重要基础性产业，其技术水平的高低是衡量一个国家制造业现代化程度的核心标志，实现加工机床及生产过程数控化，已经成为当今制造业的发展方向。

数控机床已广泛应用于飞机、汽车、船舶、家电、通信设备等的制造。此外，数控技术也在机器人、绘图机械、坐标测量机、激光加工机及等离子切割机、线切割、电火花和注塑机等机械设备中得到了广泛的应用。

任务1 数控机床的组成与分类

1. 数控机床的组成与分类

（1）数控机床的组成。数控机床一般由输入输出装置、数控装置、主轴和进给伺服单元及检测装置、伺服驱动和反馈装置、辅助控制装置、机床本体等部分组成，如图1.1所示。

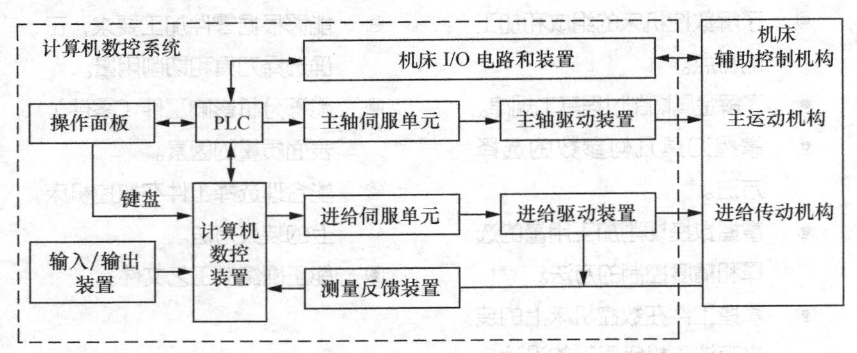

图1.1　数控机床的组成

① 输入输出装置。输入装置的作用是将记录在信息载体（如磁盘）上的数控加工程序和各种参数、数据通过输入设备送到数控装置，输入方式有磁盘、键盘（MDI）、手摇脉冲发生器等。

输出装置的作用是使数控系统通过显示器为操作人员提供必要的信息。各种类型数控机床中最直观的输出装置是显示器，显示器有CRT显示器或彩色液晶显示器两种。显示的信息一般是正在编辑的程序、坐标值、报警信号等。因此，输入/输出装置是机床数控系统和操作人员之间进行信息交流、人机对话必须具备的交互设备。

② 数控装置。数控装置是一种专用计算机，一般由中央处理器（CPU）、存储器、总线和输入输出接口等构成。数控装置是整个数控机床数控系统的核心，决定了机床数控系统功能的强弱。

③ 伺服驱动。伺服驱动是数控机床的关键部分，它影响数控机床的动态特性和轮廓加工精度。伺服系统包括伺服单元、伺服驱动装置（或执行机构）等，是数控系统的执行部分。其作用是把来自数控装置的脉冲信号转换成机床移动部件的运动。

④ 可编程控制器及电气控制装置。可编程控制器与数控装置协调配合共同完成数控机床的控制，其中数控装置主要完成与数字运算和管理等有关的功能，如零件程序的编辑、插补运算、译码、位置伺服控制等。它接收计算机数控装置的控制代码M（辅助功能）、S（主轴转速）、T（选刀、换刀）等顺序动作信息，对顺序动作信息进行译码，转换成对应的控制信号，控制辅助装置完成机床相应的开关动作，如工件的装夹、刀具的更换、冷却液的开关等一些辅助动作。它还接收来自机床操作面板的指令，一方面直接控制机床的动作，另一方面将一部分指令送往数控装置用于加工过程的控制。

数控机床的可编程控制器一般分为两类：一类是内装型可编程控制器，另一类是独立型可编程控制器。

电气控制装置主要安装在电气控制柜中，控制柜主要用来安装机床强电控制的各种电气元器件，除了提供数控、伺服等弱电控制系统的输入电源，以及各种短路、过载、欠压等电气保护外，还在可编程控制器的输出接口与机床各类辅助装置的电气执行元件之间起桥梁连接作用，控制机床辅助装置的各种交流电动机、液压系统电磁阀或电磁离合器等。此外，它也与机床操作台相关手动按钮连接。控制柜由各种中间继电器、接触器、变压器、电源开关、接线端子和各类电气保护元器件等构成。为了提高弱电控制系统的抗干扰性，要求各类频繁起动或切换的电动机、接触器等电磁感应器件中均必须并接 *RC* 阻容吸收器；对各种检测信号的输入均要求用屏蔽电缆连接。

⑤ 检测反馈系统。检测反馈系统的作用是对机床的实际运动速度、方向、位移量以及加工状态加以检测，把检测结果转化为电信号反馈给数控装置，通过比较，计算出实际位置与指令位置之间的偏差，并发出纠正误差指令。检测反馈系统可分为半闭环和闭环两种。半闭环系统中，位置检测主要使用感应同步器、磁栅、光栅、激光测距仪等。

⑥ 机床本体。机床本体包括机床的主运动部件、进给运动部件、执行部件和底座、立柱、刀架、工作台等基础部件。数控机床是一种高精度、高效率和高度自动化机床，要求机床的机械结构应具有较高的精度和刚度，精度保持性要好，主运动、进给运动部件运动精度要高。机床的进给传动系统一般均采用精密滚珠丝杠、精密滚动导轨副、摩擦特性良好的滑动（贴塑）导轨副，以保证进给系统的灵敏和精确。可以说高精度、高刚度的机床本体结构是保证数控机床高效、高精度、高度自动化加工的基础。

（2）数控机床的分类。数控机床的种类较多，一般按照以下几种不同的方法分类。

① 按照工艺用途划分。按照工艺的不同，数控机床可分为数控车床、数控铣床、数控钻床、数控磨床、数控镗铣床、齿轮加工机床、数控电火花加工机床、数控线切割机床、数控冲床、数控剪床、数控液压机等。

② 按运动方式划分。按照刀具与工件相对运动方式的不同，数控机床可分为点位控制、直线控制和轮廓控制。

③ 按伺服系统类型分。按照伺服系统类型不同分为开环伺服系统数控机床、闭环伺服系统数控机床和半闭环伺服系统数控机床。

另外，还有其他的分类方法，例如，按照数控系统的功能水平可分为：低档、中档和高档数控机床；按照轴数和联动轴数可分为几轴联动等多种数控机床；按数控机床功能多少分为经济型数控机床和全功能型数控机床等。

2. 数控车床的组成与分类

（1）数控车床的组成。数控车床一般是由数控车床主体、数控系统、伺服驱动系统和辅助装置组成。即由床身、主轴箱、进给传动系统、刀架、液压系统、冷却系统及润滑系统等部分组成，图 1.2 所示为数控车床外形（CAK6140V）。

① 数控车床主体。数控车床主体是数控车床的机械部件，主要包括床身、主轴箱、刀架、尾座、进给传动机构等。

② 数控系统。数控系统是数控车床的控制核心，其主体是一台计算机（包括 CPU、存储器、CRT 等）。可配备 FANUC、SIEMENS、HNC-21T 等多种数控系统。

③ 伺服驱动系统。伺服驱动系统是数控车床切削加工的动力部分，主要实现主运动和进给运动，由伺服驱动电路和伺服驱动装置两大部分组成。驱动装置主要有主轴电动机、进给系统的步进电动机或交、直流伺服电动机等。

④ 辅助装置。辅助装置是数控车床中一些为加工服务的配套部分，如液压、气动装置，冷却、照明、润滑、防护、排屑装置等。

数控车床采用伺服电动机经滚珠丝杠传到滑板和刀架，以连续控制刀具实现纵向（Z 向）和横向（X 向）进给运动。数控车床主轴安装有脉冲编码器，主轴的运动通过同步齿形带 1∶1 地传到脉冲编码器。当主轴旋转时，脉冲编码器便发出检测脉冲信号给数控系统，使主轴电动机的旋转与刀架的切削进给保持同步关系，就可以实现螺纹加工时主轴旋转 1 周，刀架 Z 向移动一个导程的运动关系。

（2）数控车床的分类。数控车床主要用于车削加工对各种形状不同的轴类或盘类回转表面。在数控车床上可以进行钻中心孔、车内外圆、车端面、钻孔、镗孔、铰孔、切槽、车螺纹、滚花、车锥面、车成形面、攻螺纹以及高精度的曲面及端面螺纹等的加工。

① 按数控系统的功能分类。

（a）经济型数控车床。一般采用步进电动机驱动的开环伺服系统。

（b）全功能型数控车床。全功能型数控车床，一般采用闭环或半闭环控制系统，可以进行多个坐标轴的控制，具有高刚度、高精度、高效率等特点。

（c）车削中心。它的主体是全功能型数控车床，并配置刀库、换刀装置、分度装置、铣削动力头、机械手等，可实现多工序的车、铣复合加工。在工件一次装夹后，它可完成对回转体类零件的车、铣、钻、铰、攻螺纹等多种加工工序，其功能全面，加工质量和速度都很高，但价格也较贵，如图 1.3 所示。

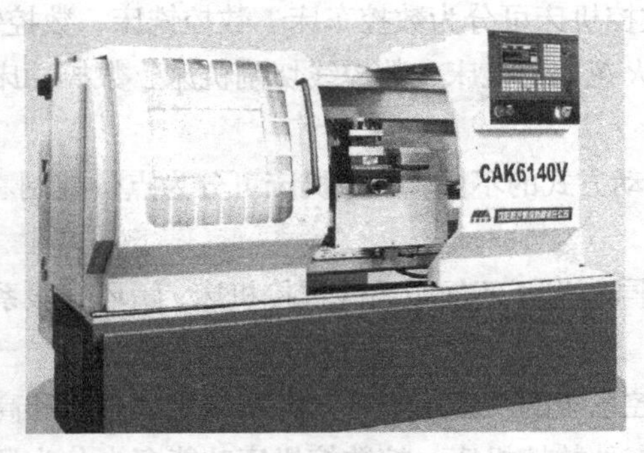

图 1.2　数控车床

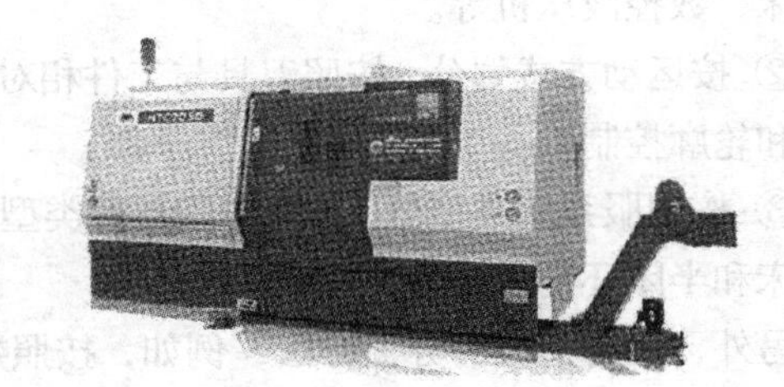

图 1.3　车削中心

（d）FMC 车床。FMC（Flexible Manufacturing Cell）车床实际上是一个由数控车床、机器人等构成的柔性加工单元。它能实现工件搬运、装卸的自动化和加工调整准备的自动化。

② 按主轴的配置形式分类。

（a）卧式数控车床。即主轴轴线处于水平位置的数控车床。

（b）立式数控车床。即主轴轴线处于垂直位置的数控车床。

此外，还有具有两根主轴的车床，称为双轴卧式数控车床或双轴立式数控车床。

③ 按数控系统控制的轴数分类。

（a）两轴控制的数控车床。机床上只有一个回转刀架，可实现两坐标轴控制。

（b）四轴控制的数控车床。机床上有两个独立的回转刀架，可实现四轴控制。

④ 其他分类方法。按加工零件的基本类型分为卡盘式数控车床、顶尖式数控车床；按数控系统的不同控制方式分为直线控制数控车床、轮廓控制数控车床等；按性能可分为多主轴车床、双主轴车床、纵切式车床、刀塔式车床、排刀式车床等；按刀架数量可分为单刀架数控车床和双刀架数控车床。

3. 数控铣床的组成与分类

（1）数控铣床的组成。数控铣床的外形，如图 1.4 所示。其组成如下。

① 铣床主体。铣床主体是数控铣床的机械部件，包括床身、主轴箱、工作台、进给机构等。

② 控制部分（CNC 装置）。控制部分是数控铣床的控制核心，实际上是一台机床专用的计算机，由印刷电路板、各种电器元件、监视器、键盘等组成。

③ 驱动装置。驱动装置是数控铣床执行机构的驱动部件，包括主轴电动机、进给伺服电动机等。

④ 辅助装置。辅助装置是指数控铣床的一些配套部件，包括液压和气动装置、冷却和润滑系统、排屑装置等。

（2）数控铣床的分类。数控铣床常见的类型主要有数控立式铣床、数控卧式铣床和数控龙门铣床等。

① 数控立式铣床。数控立式铣床主轴与机床工作台面垂直，一般采用固定式立柱结构，工作台不升降，主轴箱作上下运动，主轴中心线与立柱导轨面的距离不能太大，以保证机床的刚性。数控立式铣床工件安装方便，加工时便于观察，但不便于排屑。

② 数控卧式铣床。数控卧式铣床其主轴与机床工作台面平行。一般配有数控回转工作台，便于加工零件的不同侧面。

③ 数控龙门铣床。对于大尺寸的数控铣床，一般采用对称的双立柱结构龙门铣床，保证机床的整体刚性和强度，数控龙门铣床有工作台移动和龙门架移动两种形式，它适用于加工整体结构零件、大型箱体零件、大型模具等。

4. 加工中心的组成与分类

加工中心的外形如图 1.5 所示。

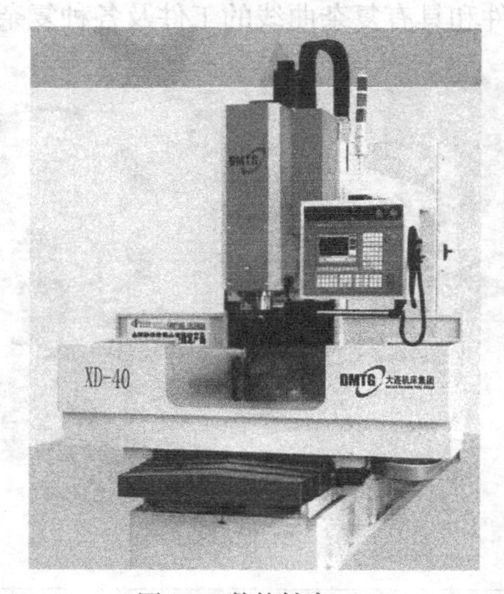

图 1.4　数控铣床

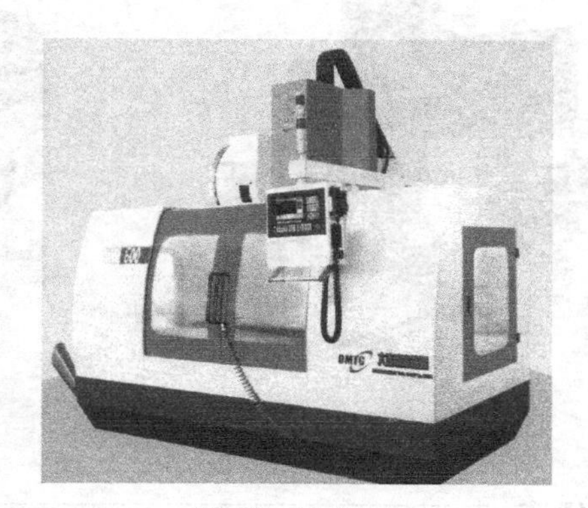

图 1.5　加工中心

（1）加工中心的组成。加工中心由基础部件、主轴部件、数控系统、自动换刀装置（ATC）几大部分组成。加工中心具有对零件进行多工序加工的能力，有一套自动换刀装置。有些加工中心除配有刀库外，还有主轴头库，可自动更换主轴头进行卧铣、立铣、磨削和转位铣削等。

除了在数控铣床基础上发展起来的镗铣加工中心外，还出现了在数控车床基础上发展起来的车削加工中心。

（2）加工中心的分类。按照换刀的形式可分为带刀库、机械手的加工中心，无机械手的加工中心和回转刀架式的加工中心。按其运动坐标数和控制坐标的联动数可分为三轴二联动、三轴三联动、四轴三联动、五轴四联动和六轴五联动加工中心等。常用分类方法是按机床结构分，一般可分为立式加工中心、卧式加工中心、龙门式加工中心和万能加工中心。

① 立式加工中心。立式加工中心是指主轴轴心线为垂直状态设置的加工中心。其结构形式多为固定立柱式，工作台为长方形，无分度回转功能，主要适合加工板材类、壳体类工件，也可用于模具加工。一般具有 3 个直线运动坐标，如果在工作台上安装一个水平轴的数控回转台，还可加工螺旋线类零件。其装夹方便、便于操作、调试程序容易、结构简单、占地面积小、价格相对较低、应用广泛。

② 卧式加工中心。卧式加工中心是指主轴轴心线为水平状态设置的加工中心。一般具有 3～5 个运动坐标，常见的是 3 个直线运动坐标加一个回转运动坐标。它能够使工件在一次装夹后完成除安装面和顶面以外的其余 4 个面的加工，适合加工箱体类零件及小型模具型腔。其特点是加工时排屑容易、但结构复杂、占地面积大、价格也较高、适用于批量生产。

③ 龙门式加工中心。图 1.6 所示为一种龙门式加工中心外形图。

龙门式加工中心主轴多为垂直设置，除带有自动换刀装置以外，还带有可更换的主轴头附件，数控装置的软件功能比较齐全，能够一机多用，尤其适用于大型或形状复杂的工件。

④ 万能加工中心（复合加工中心）。万能加工中心又叫五面体加工中心，工件一次安装后能完成除安装面外的所有侧面和顶面等 5 个面的加工。常见的五面加工中心有两种形式：一种是主轴可以旋转 90°，既可以像立式加工中心那样工作，也可以像卧式加工中心那样工作；另一种是主轴不改变方向，而工作台可以带着工件旋转 90°，完成对工件 5 个表面的加工，如图 1.7 所示。

由于复合加工中心存在结构复杂、造价高、占地面积大等缺点，所以它的生产和使用远不如其他类型的加工中心广泛，适于加工复杂箱体类零件和具有复杂曲线的工件及各种复杂模具。

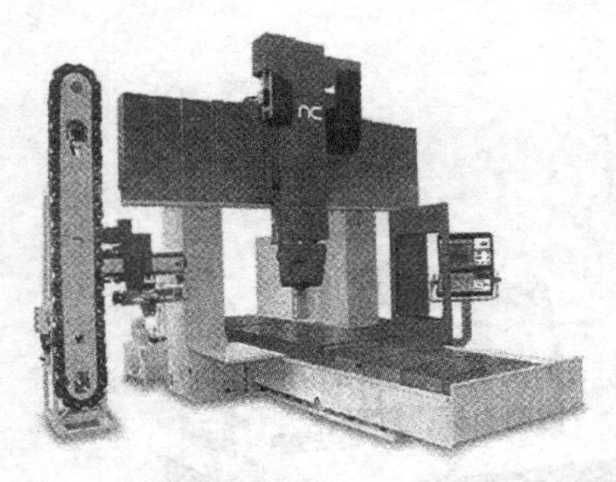

图 1.6　龙门式加工中心

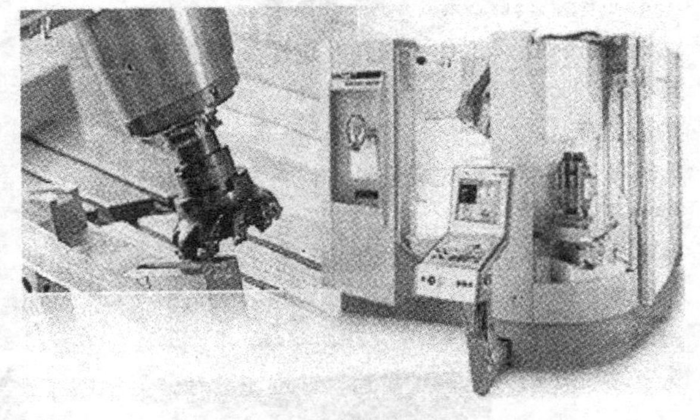

图 1.7　五面体加工中心

训练与提高

（1）简述数控装置由哪几部分组成？

（2）数控车床由哪些部分组成？

（3）数控铣床由哪几部分组成？

（4）加工中心由哪几部分组成？

任务 2　数控加工技术

1. 数控加工的特点

数控机床加工与传统机床加工相比，具有以下特点。

（1）数控加工的优点。

① 自动化程度高。数控机床加工前经调整好后，输入程序并启动，机床就能自动连续地进行加工，直至加工结束。操作者主要是进行程序的输入、编辑、装夹零件、刀具准备、加工状态的观测、零件（工件）的检验等工作，劳动强度大大降低，数控机床操作者的劳动趋于智力型工作。另外，数控机床一般是封闭式加工，既清洁，又安全。

② 加工精度高，质量稳定。由于数控机床本身的定位精度和重复定位精度都很高，精度已从微米级提高到亚微米级，乃至纳米级。普通机床的加工精度已由 ± 10μm 提高到 ± 5μm，精密级加工中心的加工精度则从 ±（3 ~ 5）μm，提高到 ±（1 ~ 1.5）μm。因此，数控加工不但可以保证零件获得较高的加工精度，而且质量稳定，也便于对加工过程实行质量控制，减少了通用机床加工中人为因素造成的失误。

③ 生产效率高。由于数控机床加工时能在一次装夹中加工出很多待加工的部位，既省去了通用机床加工时不少中间工序（如划线、装夹、检验等），缩短了辅助时间，又为后继工序（如装配等）带来了方便，其综合效率比通用机床明显提高。

④ 适应性强。由于数控加工一般不需要很多复杂的工艺装备，可以通过编制程序把形状复杂和精度要求高的零件加工出来，故当设计更改时，可以通过改变相应的程序来实现，一般不需要重新设计制造工装（工艺装备）。因此，数控加工能大大缩短产品研制周期，给新产品的研制开发和产品的改进、改型提供了很好的手段。

⑤ 便于实现计算机辅助设计与计算机辅助制造。计算机辅助设计与计算机辅助制造（CAD/CAM）已成为航空航天、汽车、船舶及其他机械工业实现现代化的必由之路。通过计算机辅助设计，设计出来的产品图样及数据变为实际产品的最有效的途径，就是采取计算机辅助制造技术。数控机床及其加工技术正是计算机辅助制造系统的基础。

（2）数控加工的缺点。

① 加工成本一般较高。数控机床的价格一般是同类普通机床的几倍甚至几十倍。此外，其零配件价格较高，维修成本也高。再加上与其配套的编程设施、计算机及其外部设备等，其产品成本大大高于普通机床。

② 只适宜于多品种小批量或中批量生产。由于数控加工对象一般为较复杂零件，又往往采用工序相对集中的工艺方法，在一次定位安装中加工出许多待加工面，势必将工序时间拉长。与由专用多工位组合机床或自动机形成的生产线相比，在生产规模与生产效率方面仍有很大差距。

③ 加工过程中难以调整。由于数控机床是按程序运行自动加工的，一般很难在加工过程中进行适时的人工调整，即使可以做局部调整，其可调范围也很有限。

④ 维修困难。数控机床是技术密集型的机电一体化产品，增加了微电子维修方面的困难，一

般均需配备技术素质较高的维修人员与较好的维修装备。

2. 数控加工的对象

数控机床的性能特点决定其应用范围。一般可按被加工零件的特点分为以下3类加工对象。

（1）最适应类。

① 加工精度要求高，形状、结构复杂，尤其是用数学模型描述的具有复杂曲线、曲面轮廓用普通机床无法加工或虽能加工但很难保证产品质量的零件。

② 具有难测量、难控制进给、难控制尺寸的不开敞内腔的壳体或盒形零件。

③ 必须在一次装夹中完成铣、镗、钻、铰、攻丝等多道工序的零件。

对于上述零件，可以先不要过多地去考虑生产效率与经济上是否合理，而应首先考虑能否加工出来，要着重考虑可能性问题。只要有可能，都应把对其进行数控加工作为优选方案。

（2）较适应类。

① 价格昂贵，毛坯获得困难，不允许报废的零件。这类零件在普通机床上加工时有一定的难度，容易产生次品或废品。

② 在普通机床上加工时，生产效率很低或劳动强度很大的零件，质量难以稳定控制的零件。

③ 用于改型比较、提供性能或功能测试的零件；多品种、多规格、单件小批量生产的零件。

④ 在普通机床上加工需要作长时间调整的零件。

对于上述零件，在首先分析其可加工性以后，还要在提高生产率及经济效益方面做全面衡量，一般可把它们作为数控加工的主要选择对象。

（3）不适应类。

① 生产批量大的零件。

② 装夹困难或完全靠找正定位来保证加工精度的零件。

③ 加工余量很不稳定，且数控机床没有在线检测系统可自动调整零件坐标位置的零件。

④ 必须用特定的工装协调加工的零件。

因为上述零件采用数控加工后，在生产率与经济性方面一般无明显改善，更有可能弄巧成拙或得不偿失，故此类零件一般不应作为数控加工的选择对象。

3. 数控加工的步骤

数控机床是一种高度自动化的机床，在加工工艺与表面加工方法上，与普通机床基本相同，最根本的区别在于实现自动化控制的原理与方法上。数控机床加工零件的工作过程如图1.8所示，主要包括：分析零件图纸、工艺处理、数值处理、编写程序单、制作控制介质、程序校验、首件试切等。

在加工过程中，机床的每一步动作都由程序来决定，因此其加工工艺的制定非常重要。对于普通机床加工，工艺员对工艺编制只考虑大致方案，具体操作细节，如主轴转速、进给量大小等均由机床操作者根据自己的经验、技能，在加工现场自行决定并不断加以改进。而数控机床加工，则必须由编程员事先对零件加工过程的每一步都要在程序中写好，整个工艺过程中的每一细节都要考虑周到、安排合理。数控机床上运行的零件程序远比普通机床上用的零件工艺过程要复杂得多，机床的动作顺序、零件的工艺过程、刀具的选择、走刀的路线和切削用量等，都要编入程序，具体步骤如下。

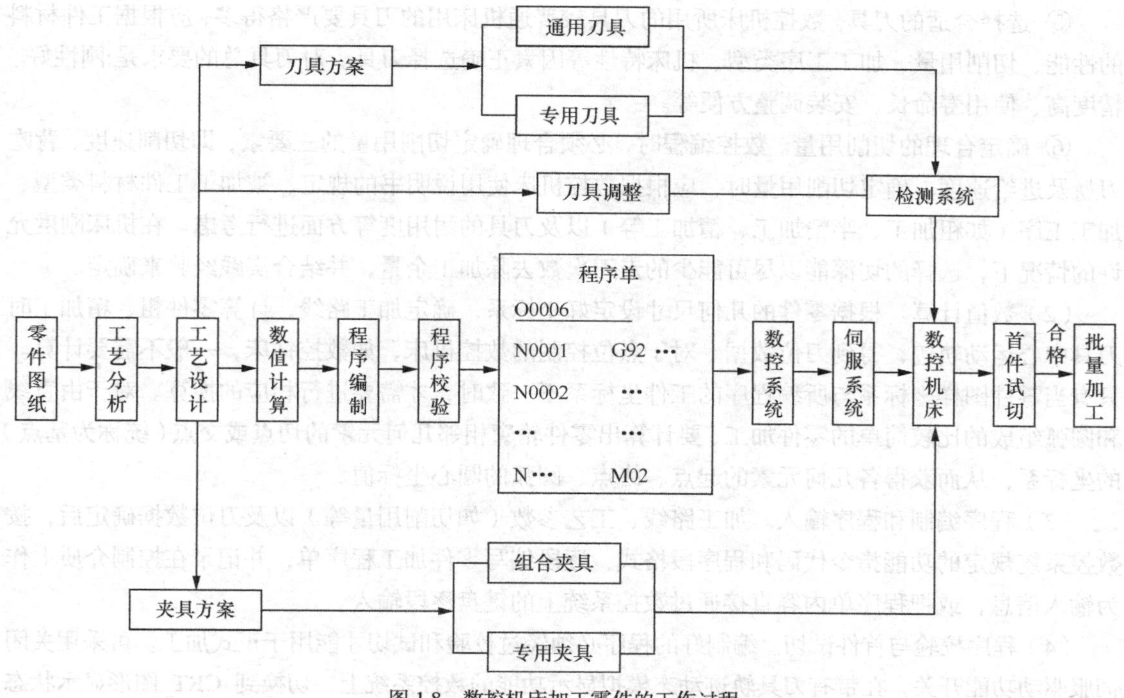

图 1.8 数控机床加工零件的工作过程

（1）分析图样、确定加工工艺。首先对零件图样进行分析以明确加工的内容和要求，根据图样对工件的形状、尺寸、技术要求进行分析，然后选择加工方案，确定合理的加工顺序、走刀路线、夹具、刀具、适当的切削用量等，同时还要考虑所选用数控机床的指令功能，充分发挥机床的效能。

① 确定加工方案。由于具体情况不同，对于同一个零件的加工方案也有所不同，应选择最经济、最合理、最完善的加工工艺方案。

② 夹具的设计和选择。要选择合适的定位方式和夹紧方法，做到装夹工件快速有效。

尽量采用可反复使用，经济效益好的组合夹具，必要时可以设计专用夹具。

③ 加工余量的选择。数控机床加工余量的大小等于每个中间工序加工余量的总和。各工序间加工余量的选择可根据下列条件进行。

（a）尽量采用最小的加工余量总和，以便缩短加工时间，降低零件加工费用。

（b）要留有足够的加工余量，保证最后工序的加工余量能得到图纸上所规定的精度和表面粗糙度要求。

（c）加工余量要与加工零件的尺寸大小相适应， 一般来说零件越大加工余量也相应大些。

（d）决定加工余量时应考虑到零件热处理引起的变化，以免产生废品。

（e）决定加工余量时应考虑加工方法和加工设备的刚性，以免零件发生变形。

④ 合理选择加工路线。所谓加工路线，就是指数控机床在加工过程中刀具中心运动的轨迹和方向。确定加工路线，就是确定刀具运动的轨迹和方向，也就是编程的轨迹和运动方向。加工路线的选择一般应遵循以下原则。

（a）保证所加工零件的精度和表面粗糙度的要求。

（b）尽量缩短加工路线，尽量减少换刀次数和空行程，提高生产效率。

（c）有利于简化数值计算，减少程序段数和降低编程复杂程度。

⑤ 选择合适的刀具。数控机床所用的刀具较普通机床用的刀具要严格得多，应根据工件材料的性能、切削用量、加工工序类型、机床特性等因素正确选择刀具。对刀具总的要求是:刚性好、精度高、使用寿命长、安装调整方便等。

⑥ 确定合理的切削用量。数控编程时，必须合理确定切削用量的三要素，即切削速度、背吃刀量及进给速度。确定切削用量时，应根据数控机床使用说明书的规定、被加工工件材料类型、加工工序（如粗加工、半精加工、精加工等）以及刀具的耐用度等方面进行考虑。在机床刚度允许的情况下，选择的切深能以尽可能少的走刀次数去除加工余量，并结合实践经验来确定。

（2）数值计算。根据零件的几何尺寸设定好坐标系，确定加工路线，计算零件粗、精加工时刀具中心运动轨迹，得到刀位数据。对于点位控制的数控机床，如数控钻床，一般不需要计算。只有当零件图样坐标系与所编程序的工件坐标系不一致时，才需要进行相应的换算。对于由直线和圆弧组成的比较简单的零件加工，要计算出零件轮廓相邻几何元素的切点或交点（统称为基点）的坐标系，从而获得各几何元素的起点、终点、圆弧的圆心坐标值。

（3）程序编制和程序输入。加工路线、工艺参数（如切削用量等）以及刀位数据确定后，按数控系统规定的功能指令代码和程序段格式，逐段编写零件加工程序单，并记录在控制介质上作为输入信息，或把程序单内容直接通过数控系统上的键盘逐段输入。

（4）程序校验与首件试切。编制好的程序必须经过校验和试切才能用于正式加工。可采用关闭伺服驱动功能开关，在带有刀具轨迹动态模拟显示功能的数控系统上，切换到 CRT 图形显示状态下运行所编程序，根据报警内容及所显示的刀具轨迹或零件图形是否正确来调试、修改。还可采用不装刀具、工件，开车空运行来检查、判断程序执行中机床运动是否符合要求。对于较复杂的零件，可先采用塑料或铝等易切削材料进行首件试切。当首件试切有误差时，应分析产生原因，加以修改。

（5）批量生产。零件程序通过校验和首件试切合格后，可进行正式批量加工生产。操作者一般只要进行工件上下料，再按自动循环按钮，就可实现自动循环加工。由于刀具磨损等原因，要适时检测所加工零件尺寸，进行刀具补偿。操作者还要注意观察运行情况，以免发生意外。

知识拓展

由于综合了计算机、自动控制、伺服驱动、精密测量和新型机械结构等诸方面的先进技术，数控机床的发展日新月异，其功能也越来越强大，数控技术的发展方向主要体现在以下几个方面。

（1）高速化。高速化是指数控机床的高速切削和高速插补进给，这不仅要求数控系统的处理速度要快，同时还要求数控机床具有大功率和大转矩的高转速主轴、高速进给电动机、高性能的刀具、稳定的高频动态刚度。

（2）数控功能的扩展。

① 数控系统插补和联动轴数的增加，有的数控系统能同时控制几十根轴。

② 数控系统中微处理器处理字长的增加，目前广泛采用 64 位微处理器。

③ 数控系统中可实现人机对话、进行交互式图形编程。

④ 基于个人计算机的开放式数控系统的发展，使数控系统得到更多硬件和软件的支持。

（3）数控伺服系统的发展。

① 交流伺服系统替代直流伺服系统。

② 反馈控制技术的发展增加了速度指令控制，使跟踪滞后误差减小。

③ 高速电主轴和程序段超前处理技术使高速小线段加工得以实现。

④ 多种补偿技术的发展与应用，如机械静摩擦与滑动摩擦非线性补偿，机床精度误差的补偿和切削热膨胀误差的补偿。

⑤ 位置检测装置检测精度的提高，大大提高了检测装置的分辨率。

（4）编程方法的发展。

① 在线编程技术的发展，实现前台加工操作，后台同时编程。

② 面向车间编程方法的发展，即输入加工对象的加工轨迹，数控系统自动生成加工程序。

③ CAD/CAM 技术的发展，可实现计算机辅助设计与制造。

（5）数控机床的智能化。在现代数控系统中，引进了自适应控制技术。在数控系统工作时，大约有 30 余种变量可直接或间接影响加工效果，如工件毛坯余量不匀、材料硬度不一致、刀具磨损、工件变形、机床热变形、化学亲和力的大小、切削液的黏度等因素。这些变量事先难以预知，加工程序的编制一般依据经验数据。实际加工时，很难用最佳工作状态。通过自适应控制技术可得到高加工精度、较小的表面粗糙度值，同时也能延长刀具寿命和提高设备的生产效率。

现代数控系统智能化的发展，主要体现在以下几个方面。

① 工件自动检测、自动定心。

② 刀具破损检测及自动更换备用刀具。

③ 刀具寿命及刀具收存情况管理。

④ 负载监控。

⑤ 数据管理。

⑥ 维修管理。

综上所述，由于数控机床不断采纳各种新技术，使得其功能日趋完善，数控技术在机械加工中的地位也显得越来越重要，数控机床的广泛应用是现代制造业发展的必然趋势。

训练与提高

（1）数控加工的特点、对象及其工作过程是什么？

（2）数控加工的步骤有哪些？

课题二　数控加工的切削基础

任务 1　金属切削过程中的基本知识

1. 金属切削运动

在金属切削加工过程中，数控机床的运动主要包括金属切削运动和辅助运动。

（1）金属切削运动。金属切削加工就是用金属刀具把工件毛坯上的余量（预留的金属材料）切除，获得图样所要求的零件。在切削过程中，刀具和工件之间必须有相对运动，这种相对运动就称为切削运动。切削运动是指在切削过程中刀具相对于工件的运动，切削运动是由金属切削机床通过两种运动单元组合而成的，其一是产生切削力的运动，其二是保证切削工作连续进行的运动，按照它们在切削过程中所起的作用，通常分主运动和进给运动。

① 主运动。直接切除工件上的切削层，使之转变为切屑，以形成工件新表面的主要运动。主运动是由机床提供的主要运动，它使刀具和工件之间产生相对运动，从而使刀具接近工件并切除切削层。主运动只有一个，可以是旋转运动，如车削时工件的旋转运动，如图 1.9 所示铣削时铣刀的旋转运动，也可以是直线运动，如刨削时刀具或工件的往复直线运动。其特点是切削速度（v_c）最高，消耗的机床功率也最大。

② 进给运动。使新的切削层不断投入切削的运动称进给运动。进给运动可分为横向进给运动和纵向进给运动。进给运动是由机床提供的使刀具与工件之间产生的相对运动，加上主运动即可不断地或连续地切除切削层，并得出具有所需几何特性的已加工表面。进给运动可以是连续的运动，如车削外圆时，车刀平行于工件轴线的纵向运动，如图 1.9 所示；也可以是间歇运动，如刨削时刀具的横向运动。进给运动的特点是消耗的功率比主运动小得多。进给运动可以是一个，也可以有多个或没有。

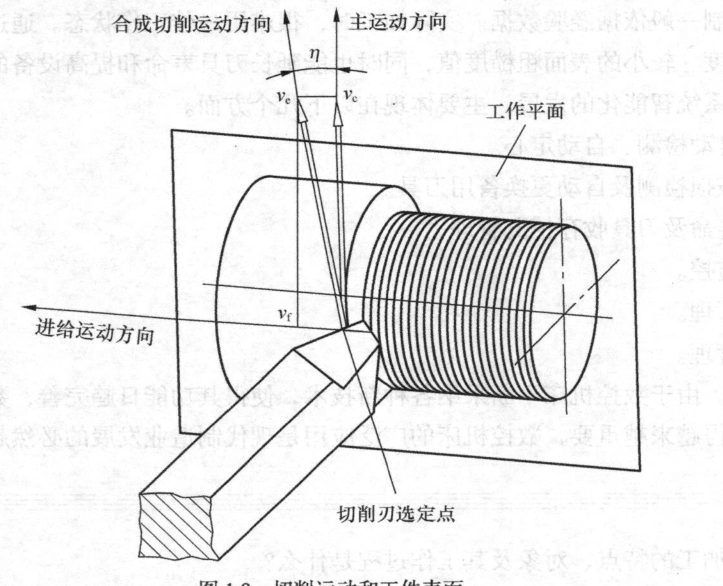

图 1.9　切削运动和工件表面

③ 合成切削运动。当主运动和进给运动同时进行时，由主运动和进给运动合成的运动称为合成切削运动。刀具切削刃上选定点相对工件的瞬时合成运动方向称为合成切削运动方向，其速度称为合成速度，该速度方向与过渡表面相切，如图 1.9 所示。合成切削速度 v_e 等于主运动速度 v_c 和进给运动速度 v_f 的矢量和，即 $v_e=v_c+v_f$。

（2）辅助运动。除主运动、进给运动以外，机床在数控加工过程中，还需一系列的其他运动，即辅助运动。辅助运动的种类很多，主要包括：刀具接近工件、切入、退离工件、快速返回原点的运动、机床对刀时的运动、多工位工作台、多工位刀架的分度运动等。另外，机床的启动、停车、变速、换向以及工件的夹紧、松开等操纵控制运动，也属于辅助运动。辅助运动在整个加工过程中是必不可少的。

2. 金属切削加工中的工件表面

金属在切削过程中形成了三个不断变化着的表面，如图 1.10 所示，分别如下。

（1）待加工表面。工件上有待切除切削层的表面称为待加工表面。

（2）已加工表面。工件上经刀具切削后产生的表面称为已加工表面。

（3）过渡表面。工件上由切削刃形成的那部分表面，它在下一切削行程（如刨削）、刀具或工件的下一行程（如单刃镗削或车削）将被切除，或者由下一切削刃（如铣削）切除。

3. **切削要素**

（1）切削用量三要素。切削用量包括切削速度、进给量和背吃刀量三个要素，如图 1.11 所示。

① 切削速度（v_c）切削刃上选定点相对于工件主运动的瞬时线速度称为切削速度。回转运动的线速度 v_c（单位：m/min）的计算公式如下。

$$v_c = \pi dn/1\,000$$

式中，d——切削刃上选定点处所对应的工件或刀具的回转直径，mm；

n——工件或刀具的转速，r/min。

需要注意的是，车削加工时，应计算待加工表面的切削速度。

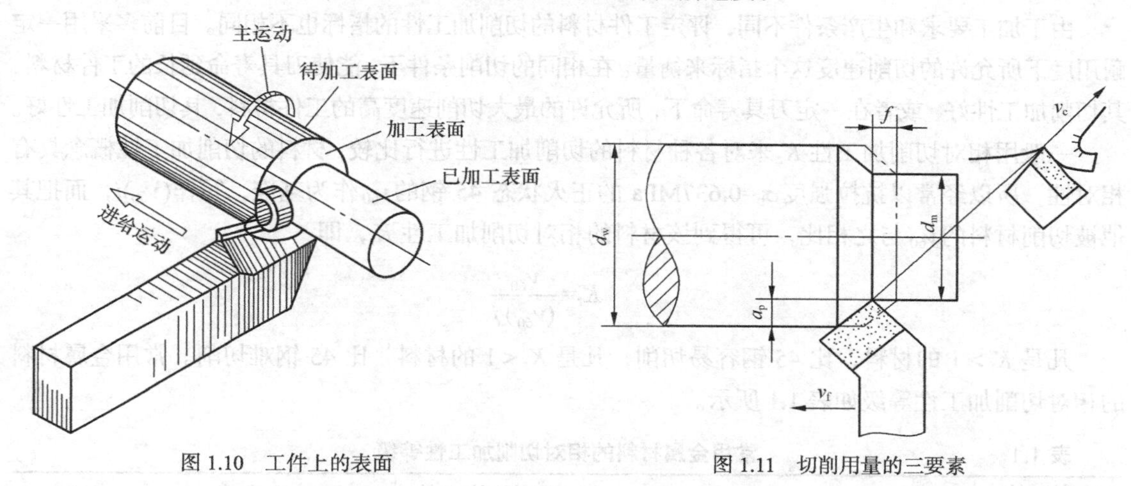

图 1.10　工件上的表面　　　　图 1.11　切削用量的三要素

② 进给量（f）。刀具在进给运动方向上相对于工件的位移量，称为进给量。可用刀具或工件每转或每行程的位移量来表示或度量（见图 1.11），其单位用 mm/r 或 mm/行程（如刨削等）表示。数控编程时，也可以用进给速度表示刀具与工件的相对运动速度，单位是 mm/min。

车削时的进给速度 v_f 为

$$v_f = nf$$

对于铣刀、铰刀等多齿刀具，通常规定每齿进给量 f_z（单位：mm），其含义是刀具每转过一个齿，刀具相对于工件在进给运动方向上的位移量。进给速度 v_f 与每齿进给量的关系为

$$v_f = nzf_z$$

式中，z——刀具齿数。

③ 背吃刀量（a_p）。背吃刀量也叫切深，是已加工表面与待加工表面之间的垂直距离，称为背吃刀量，其单位为 mm。车削外圆时

$$a_p = (d_w - d_m)/2$$

式中，d_w——待加工表面直径，mm；

d_m——已加工表面直径，mm。

镗孔时，式中 d_w 与 d_m 的位置互换一下，钻孔加工的背吃刀量为钻头的半径。

（2）切削层的参数。在金属切削过程中，刀具或工件沿进给运动方向每移动一个 f（车削）或 f_z（多齿刀具切削）所切除的金属层，称为切削层。切削层的尺寸称为切削层参数。包括切削厚度、切削宽度、切削面积等。

（3）正切屑和倒切屑。生产中一般由主切削刃担负主要切削工作，在这种情况下切下来的切屑称为正切屑。主要切削工作以由原来的副切削刃承担，在这种情况下切下来的切屑称为副切屑。

（4）材料切除率。材料切除率是指在特定瞬间、单位时间里被刀具切除的工件材料的体积。

4. 金属材料的切削加工性

（1）金属材料的切削加工性。金属材料的切削加工性是指将其加工成合格零件的难易程度。其直接影响到加工质量和刀具的耐用度。切削加工性能是一个综合指标，很难用一个简单的物理量表示。一般来说，良好的加工性能是指加工时刀具的耐用度高，或在一定耐用度下允许的切削速度高；在相同的切削条件下，切削力小或切削温度低；容易获得好的表面质量或切屑形状容易控制。某种材料的切削加工性，不仅取决于材料本身，还取决于具体的加工要求及切削条件。

由于加工要求和生产条件不同，评定工件材料的切削加工性的指标也不相同。目前多采用一定耐用度下所允许的切削速度这个指标来衡量。在相同的切削条件下，能使刀具寿命延长的工件材料，其切削加工性好，或者在一定刀具寿命下，所允许的最大切削速度高的工件材料，其切削加工性好。

一般用相对切削加工性 K_r 来对各种材料的切削加工性进行比较。材料的切削加工性概念具有相对性，所以经常以抗拉强度 σ_b=0.637MPa 的正火状态 45 钢的 v_{60} 作为基准，写作 $(v_{60})j$，而把其他被切削材料的 v_{60} 与之相比，可得到该材料的相对切削加工性 K_r，即

$$K_r=\frac{v_{60}}{(v_{60})j}$$

凡是 $K_r>1$ 的材料，比 45 钢容易切削；凡是 $K_r<1$ 的材料，比 45 钢难切削。常用金属材料的相对切削加工性等级如表 1.1 所示。

表 1.1　常用金属材料的相对切削加工性等级

相对切削加工性等级	名称及种类		相对切削加工性 K_r	代表性材料
1	很容易切削材料	一般有色金属	>3.0	铜铝合金，铜铝合金，铝镁合金
2	容易切削易削钢	易削钢	2.5 ~ 3.0	退火 1.5Cr σ_b=0.372 ~ 0.441 GPa 自动机钢 σ_b=0.392 ~ 0.490 GPa
3		较易削钢	1.6 ~ 2.5	正火 30 钢 σ_b=0.441 ~ 0.549 GPa
4	普通材料	一般钢及铸铁	1.0 ~ 1.6	45 钢，灰铸铁，结构钢
5		稍难切削材料	0.65 ~ 1.0	2Cr13 调质 σ_b=0.828 8 GPa 85 钢轧制 σ_b=0.882 9 GPa
6	难切削材料	较难切削材料	0.5 ~ 0.65	45Cr 调质 σ_b=1.03 GPa 60Mn 调质 σ_b=0.931 9 ~ 0.981 GPa
7		难切削材料	0.15 ~ 0.5	50CrV 调质，1Cr18Ni9Ti 未淬火 α 相钛合金
8		很难切削材料	<0.15	β 相铁合金，镍基高温合金

（2）影响材料切削加工性的主要因素。工件材料的物理机械性能、化学成分和金相组织是影响其加工性能的主要因素。

① 材料的物理机械性能。材料的物理机械性能中，对加工性能影响较大的是硬度、强度、塑性和热导率。

（a）材料的硬度高，切削时刀与屑接触长度小，切削力和切削热集中在刀刃附近，刀具易磨损且耐用度低，因此加工性不好。有些材料如高温合金、耐热钢，由于高温硬度高，高温下切削时，刀具材料与工件材料的硬度比降低，使刀具磨损加快，加工性能也不好。另外，硬质点多和

加工硬化严重的材料，加工性能也都较差。

（b）强度高的材料，切削时，切削力大、切削温度高、刀具易磨损、加工性不好。有些材料如 1Crl8Ni9Ti，其常温硬度虽然不太高，但高温下仍能保持较高强度，因此加工性能也不好。强度相近的同类材料，塑性越大，切削中的塑性变形和摩擦就越大，故切削力大，切削温度高，刀具容易磨损；在较低切削速度下切削时，还易产生积屑瘤和鳞刺，使加工表面粗糙度增大，另外断屑也较困难，故加工性能也不好。

（c）塑性。一方面，塑性太小的材料，切削时切削力、切削热集中在刀刃附近，刀具易产生崩刃，加工性也较差；另一方面在碳素钢中，低碳钢的塑性过大，高碳钢的塑性太小且硬度高，故它们的加工性都不如硬度和塑性都适中的中碳钢好。

（d）热导率通过对切削温度的影响而影响材料的加工性能。热导率大的材料，由切屑带走和工件传散出的热量多，有利于降低切削温度，使刀具磨损速率减小，故加工性能好。另外，材料的韧性大，与刀具材料的化学亲和性强，其加工性能也差。

② 材料的化学成分。材料的化学成分直接影响到材料的物理力学性能，进而影响切削加工性能。其中钢的含碳量对加工性能影响很大，含碳量在 0.4%左右的中碳钢加工性能最好，而含碳量低或较高的低、高碳钢均不如中碳钢。另外，钢中的各种合金元素 Cr、Ni、V、Mo、W、Mn 等虽能提高钢的强度和硬度，但却使钢的切削加工性能降低。钢中 Si 和 Al 的含量大于 0.3%时，易形成 Al_2O_3 和 SiO_2 等硬质点，加剧刀具磨损，使切削加工性能变差。钢中添加少量的 S、P、Pb、Ca 等能改善其加工性能。

铸铁中的化学元素对切削加工性能的影响，主要取决于这些元素对碳的石墨化作用。铸铁元素以与铁化合成 Fe_3C 或成为游离石墨两种形式存在。石墨很软，而且具有润滑作用，铸铁中的石墨越多，越容易切削，因此，铸铁中如含有 Si、Al、Ni、Cu、Ti 等促进石墨化的因素，就能改善其加工性；如含有 Cr、Mn、V、Mo、Co、S、P 等阻碍石墨化的元素则会使铸铁的切削加工性变差。当碳以 Fe_3C 的形式存在时，因 Fe_3C 硬度很高，故会加快刀具的磨损。

③ 材料的金相组织。材料中不同的金相组织具有不同的机械性能。因此，工件材料的金相组织及其含量不同，则其加工性能也不同。

（a）低碳钢中含高塑性、高韧性、低硬度的铁素体组织多，切削时，与刀具发生黏结现象严重，且容易产生积屑瘤，影响已加工表面质量，故切削加工性能不好。

（b）中碳钢的金相组织主要是珠光体和铁素体，材料具有中等强度、硬度和中等塑性、韧性，切削时，刀具不易磨损，也容易获得高的表面质量，故切削加工性能好。

（c）淬火钢的金相组织主要是马氏体，材料的强度、硬度都很高。马氏体在钢中呈针状分布，切削时使刀具受到剧烈磨损。

（d）灰铸铁中含有较多的片状石墨，硬度很低，切削时，石墨还能起到润滑作用，使切削力减小。而冷硬铸铁表层材料的金相组织多为渗碳体，具有很高的硬度，很难切削。

（3）改善工件材料切削加工性的途径。改善材料切削加工性能的主要途径包括调整材料的化学成分和通过适当的热处理来改变材料的金相组织。但在加工时工件材料已定且不能改变，因此只能通过适当的热处理来改变材料的金相组织，以改善其加工性能。

对于低碳钢，进行正火处理，可适当提高硬度，降低塑性；对于高碳钢，进行退火处理，可降低其硬度、强度；对于有白口组织的铸铁件，常采用退火的方法来降低硬度等。这些方法都能改善材料的切削加工性能。

有的工件材料则可通过调质处理，提高硬度、强度，降低塑性来改善切削加工性能。如对不锈钢2Cr13车螺纹时，常采用调质处理使工件的表面粗糙度得到改善，生产效率也相应提高。有的工件材料，如氮化钢，为了减少工件已加工表面的残余应力，常采用去应力退火（或时效处理），以改善材料的切削加工性能。

此外，毛坯精度、硬度、组织均匀，都有利于降低切削力的波动，减小加工时的振动和刀具的磨损，从而有利于加工质量特别是表面质量的提高。例如，冷拔料毛坯优于热轧料毛坯，热轧料毛坯优于锻件。因此，提高毛坯质量，对改善材料的切削加工性能也有一定的效果。

随着切削加工技术和刀具材料的发展，工件材料的切削加工性能也会发生变化。例如，电加工的出现，使一些原来认为难加工的材料变得不难加工了；又如，随着硬质合金的不断改进及新刀具材料的不断涌现，将使各种工件材料切削加工性能的差距逐渐缩小。

选用合适的刀具材料，确定合理的刀具角度和切削用量，安排适当的加工方法和加工顺序，也可以改善材料的切削加工性。

训练与提高

（1）金属切削运动有哪几种？

（2）金属切削加工中的工件表面有哪几种？

（3）切削用量三要素是什么？

（4）什么是材料切削加工性？影响材料切削加工性的主要因素有哪些？

（5）改善工件材料切削加工性的途径有哪些？

任务2　刀具

1. 刀具角度

（1）刀具切削部分的名称及定义。

① 刀具部分切削刃和表面。刀具切削部分的名称，如图1.12所示。

② 刀具各部分名称及定义。

（a）前刀面。刀具上切屑流过的表面，切削由其流出，并与切屑相互作用的刀面。

（b）主后刀面。与加工表面相对并发生相互作用的刀面。

（c）副后刀面。与已加工表面相对并发生相互作用的刀面。

（d）主切削刃。起始于切削刃上主偏角为零的点，并至少有一段切削刃拟用来在工件上切出过渡表面的那个整段切削刃（前刀面和主后刀面的交线，担负主要切削的任务）。

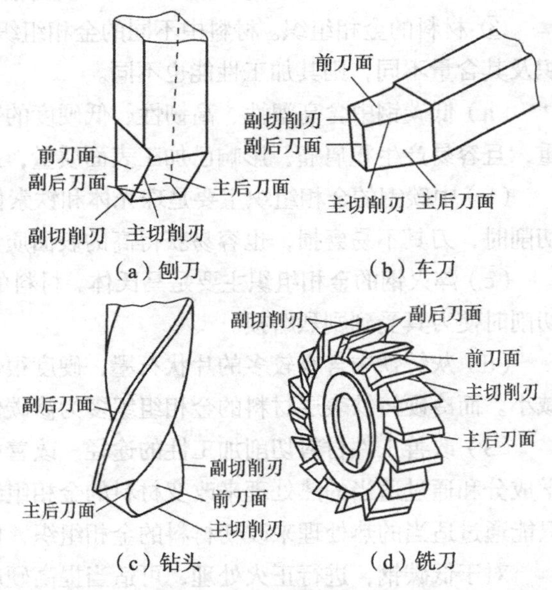

图1.12　刀具切削部分的名称

（e）副切削刃。切削刃上除主切削刃以外的刃，也起始于主偏角为零的点，但它向背离主切削刃的方向延伸（是前刀面和副后刀面的交线，也起切削作用）。

（f）刀尖。主切削刃与副切削刃的交点，它可以是一个点、直线或圆弧。

（2）刀具角度的辅助平面。刀具角度3个相互垂直的辅助平面如图1.13和图1.14所示。

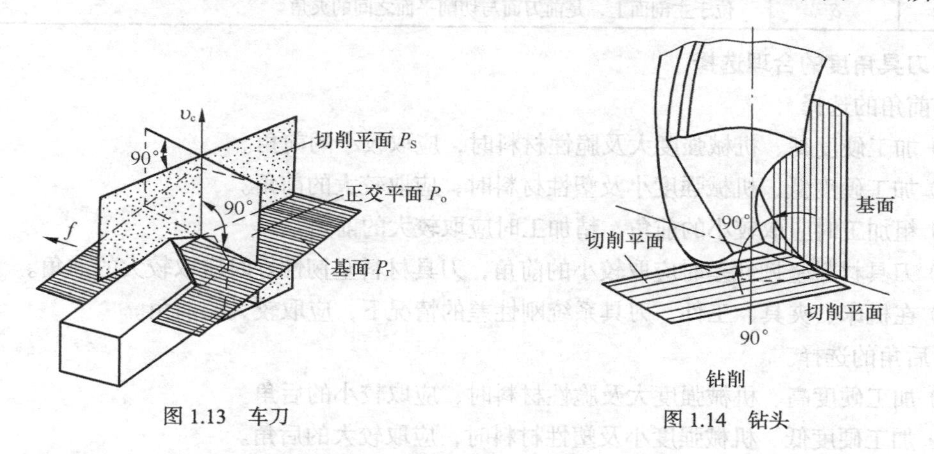

图1.13　车刀　　　图1.14　钻头

① 切削平面。通过切削刃选定点与切削刃相切并垂直于基面的平面。

② 基面。过切削刃选定点的平面，它平行或垂直于刀具在制造磨及测量时适合于安装或定位的一个平面或轴线，一般来说其方位要垂直于假定的主运动方向。

③ 正交平面。通过切削刃选定点并同时垂直于基面和前刀面的平面。

（3）刀具切削部分的角度。刀具主要标注的角度如图1.15所示，刀具切削角度名称、代号及其所处的位置如表1.2所示。

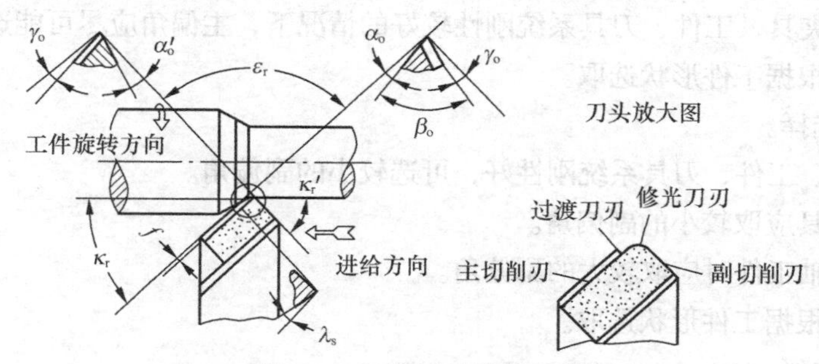

图1.15　刀具主要标注的角度

表1.2　刀具切削角度名称、代号及其所处的位置

名　称	代　号	位　置
前角	γ_o	位于主切削刃上选定点的主剖面内，是前刀面与基面之间的夹角
后角	α_o	与前角γ_o位于同一主剖面内，是主后刀面与切削平面之间的夹角
副前角	γ'_o	位于副切削刃上选定的副剖面内，是前刀面与基面之间的夹角
副后角	α'_o	位于副剖面内，是副后刀面与副切削平面之间的夹角
主偏角	κ_r	位于基面上，是主切削刃的投影与背进给方向的夹角
副偏角	κ'_r	位于基面上，是副切削刃的投影与进给方向的夹角
刃倾角	λ_s	位于切削平面内，是主切削刃与基面的夹角。当刀尖在主切削刃上为最低点时，λ_s为负值。反之，当刀尖在主切削刃上为最高点时，λ_s为正值
楔角	β_o	位于主切削刃选定点的主剖面内，是前刀面与后刀面的夹角，β_o=90°−(α_o+γ_o)
刀尖角	ε_r	位于基面上，是主切削刃和副切削刃的投影之间的夹角，ε_r=180°−(κ_r+κ'_r)

续表

名　　称	代　　号	位　　置
余偏角	ϕ_r	位于基面上，是主切削刃的投影与进给方向垂线之间的夹角，$\phi_r=90°-\kappa_r$
切削角	δ_o	位于主剖面上，是前刀面与切削平面之间的夹角

2. 刀具角度的合理选择

① 前角的选择

（a）加工硬度高、机械强度大及脆性材料时，应取较小的前角。

（b）加工硬度低、机械强度小及塑性材料时，应取较大的前角。

（c）粗加工时应取较小的前角，精加工时应取较大的前角。

（d）刀具材料坚韧性差时应取较小的前角，刀具材料坚韧性好时应取较大的前角。

（e）在机床、夹具、工件、刀具系统刚性差的情况下，应取较大的前角。

② 后角的选择。

（a）加工硬度高、机械强度大及脆性材料时，应取较小的后角。

（b）加工硬度低、机械强度小及塑性材料时，应取较大的后角。

（c）粗加工时应取较小的后角，精加工时应取较大的后角。

（d）采用负前角车刀，应取较大的后角。

（e）工件与车刀的刚性差时，应取较小的后角。

③ 主偏角的选择。

（a）工件材料硬度大时，应选取较小的主偏角。

（b）刚性差的工件（如细长轴）应增大主偏角，减小径向切削分力。

（c）在机床、夹具、工件、刀具系统刚性较好的情况下，主偏角应尽可能选小些。

（d）主偏角应根据工件形状选取。

④ 副偏角的选择。

（a）机床夹具、工件、刀具系统刚性好，可选较小的副偏角。

（b）精加工刀具应取较小的副偏角。

（c）加工细长轴工件时应取较大的副偏角。

（d）副偏角应根据工件形状选取。

⑤ 刃倾角的选择。

（a）精加工时刃倾角应取正值，粗加工时刃倾角应取负值。

（b）断续切削时刃倾角应取负值。

（c）机床、夹具、工件、刀具系统刚性较好时，刃倾角可加大负值，反之增大刃倾角。

⑥ 过渡刀刃的选择。

（a）圆弧过渡刀刃多用于车刀等单刃刀具上，高速钢车刀圆角半径一般为0.5～5mm。

（b）硬质合金车刀圆角半径一般为0.5～2mm。

（c）直线形过渡刀刃的偏角一般为主偏角的1/2。

训练与提高

指出图1.16所示车刀主、偏角的角度数。

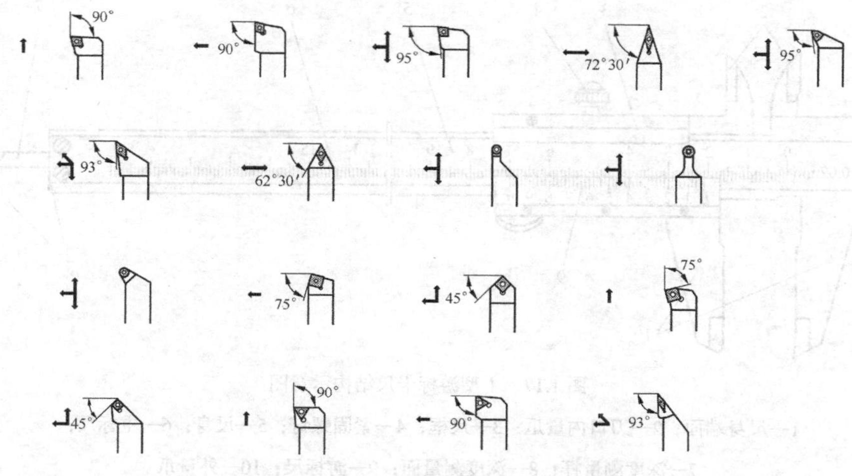

图 1.16 刀具加工形式及角度

任务 3 常用量具

1. 游标卡尺

游标卡尺是加工中常用的一种量具，它能直接测量零件的外径、内径、长度、宽度、深度和孔距等。测量范围有 0 ~ 150mm、0 ~ 200mm、0 ~ 300mm 等，使用简便，用途很广。

（1）游标卡尺的结构。游标卡尺是利用游标原理对两测量面相对移动分隔的距离进行读数的测量器具。游标卡尺（简称卡尺或普通卡尺）是最常用的长度测量器具。游标卡尺有 0.1mm（游标尺上标有 10 个等分刻度）、0.05mm（游标尺上标有 20 个等分刻度）、0.02mm（游标尺上标有 50 个等分刻度）、0.01mm（游标尺上标有 100 个等分刻度）4 种最小读数值，实际工作中常用精度为 0.05mm 和 0.02mm 的游标卡尺。

提示

对于 0.1mm 的游标卡尺来说，主尺上 10 等分长度是 10mm，而游标尺的 10 等分长度是 9mm，因此，游标尺的每一刻度比主尺每一刻度小 0.1mm（游标尺的每一刻度值为 0.9mm），即精确度为 0.1mm。

对于 0.05mm 的游标卡尺来说，主尺上 20 等分长度是 20mm，而游标尺的 20 等分长度是 19mm，因此，游标尺的每一刻度比主尺每一刻度小 0.05mm（游标尺的每一刻度值为 0.95mm）。所以，游标尺上最小刻度值相当于 0.05mm，即精确度为 0.05mm。

对于 0.02mm 的游标卡尺来说，主尺上 50 等分长度是 50mm，而游标尺的 50 等分长度是 49mm，因此，游标尺的每一刻度比主尺每一刻度小 0.02mm（游标尺的每一刻度值为 0.98mm）。所以，游标尺上最小刻度值相当于 0.02mm，即精确度为 0.02mm。

图 1.17 所示为Ⅰ型卡尺，这种卡尺既可以测量外部尺寸、内部尺寸，又可以测量深度和高度尺寸，还可以用于画直线和平行线，所以又称为四用卡尺。

Ⅰ型卡尺有 0 ~ 125mm、0 ~ 150mm、0 ~ 300mm 三种规格。当拉动尺框时，两个量爪做相对移动而分离，其距离大小的数值从游标尺和尺身上读出。

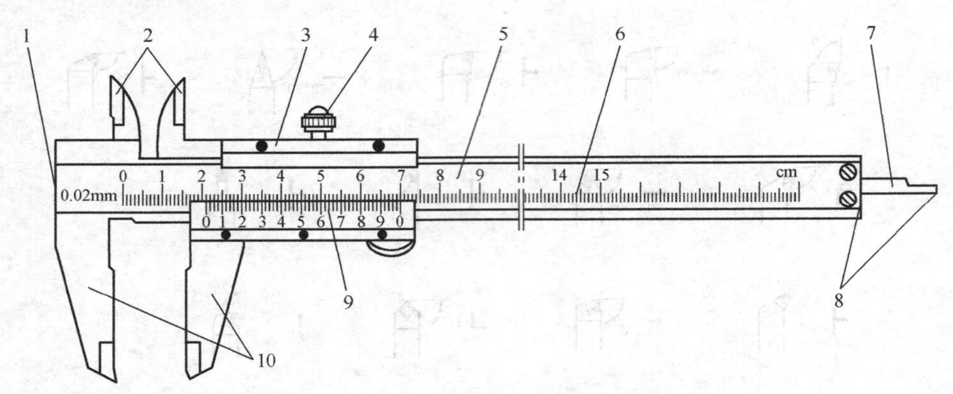

图 1.17　Ⅰ型游标卡尺结构示意图

1—尺身端面；2—刀口内量爪；3—尺框；4—紧固螺钉；5—尺身；6—主标尺；

7—深度测量杆；8—深度测量面；9—游标尺；10—外量爪

外量爪用于测量各种外部尺寸；刀口内量爪用于测量不深于 12mm 孔的直径和各种内部尺寸；深度测量杆固定在尺身的背面，能随着尺框在尺身的导槽（在尺身背面）内滑动，用于测量各种深度尺寸。测量时，尺身深度测量面的端面是测量定位基准，尺身端面和内量爪的端面配合，可以测量阶梯台阶的高度尺寸，尺身端面可以作直尺用，用于划直线。

（2）游标卡尺的读数。

① 读取毫米整数。读数时首先以游标零刻度线为准，在尺身上读取毫米整数，即以毫米为单位的整数部分。

② 读取小数部分。看游标上第几条刻度线与尺身的刻度线对齐（若没有正好对齐的线，则取最接近对齐的线进行读数）。如有零误差，则一律用上述结果减去零误差（零误差为负，相当于加上相同大小的零误差）。

③ 读数结果。

$$L=\text{整数部分}+\text{小数部分}-\text{零误差}$$

判断游标上哪条刻度线与尺身刻度线对准，可用下述方法：选定相邻的三条线，如左侧的线在尺身对应线之右，右侧的线在尺身对应线之左，中间那条线便可以认为是对准了。

$$L=\text{对准前刻度}+\text{游标上第 }n\text{ 条刻度线与尺身的刻度线对齐}\times\text{（乘以）分度值}$$

如果需测量几次取平均值，不需每次都减去零误差，只要从最后结果减去零误差即可。

提示

量具、量仪的使用和保养直接关系着它的寿命和测量精度。因此，在使用和保管量具时，必须做到以下几点。

（1）对测量工件的要求与测量器具的应用一定要适应、对应。

（2）不能用量具测量带有研磨剂、砂粒的表面。

（3）不能用精密的测量器具去测量铸锻件的粗糙表面。

（4）测量器具只能做测量用，而不能做它用。例如，不能把游标卡尺当做锤子用。

（5）测量前应将量具测量面和工件被测量面擦净，以免脏物影响测量精度和加快量具磨损。

（6）量具在使用过程中，要轻拿轻放，不要和工具、刀具放在一起，以免碰坏。

（7）测量时，不能用力过大或推力过猛。

（8）不能用精密量具测量粗糙毛坯和生锈的工件。

（9）精密量具不能测量温度过高的工件。

（10）不要用手摸量具的测量面，因为手上有汗等脏物，会污染测量面，使它锈蚀。

（11）机床开动时，不要用量具测量工件，否则会加快量具磨损，而且容易发生事故。

（12）测量器不要放在振动的机床上，以免因振动落地而损坏。

（13）量具的存放地点要求清洁、干燥、无振动、无腐蚀性气体。不要把量具放在高温或低温处，也不要把量具放在磁场旁，以免被磁化后造成测量误差。

（14）量具用完后，应及时擦净、涂油，放在专用盒中，并存在干燥处，以免生锈。

训练与提高

（1）简述游标卡尺的结构和原理。

（2）试举例说明游标卡尺的读数方法。

（3）试根据图 1.18 所示确定游标卡尺所表示的尺寸，游标读数值为 0.02mm。

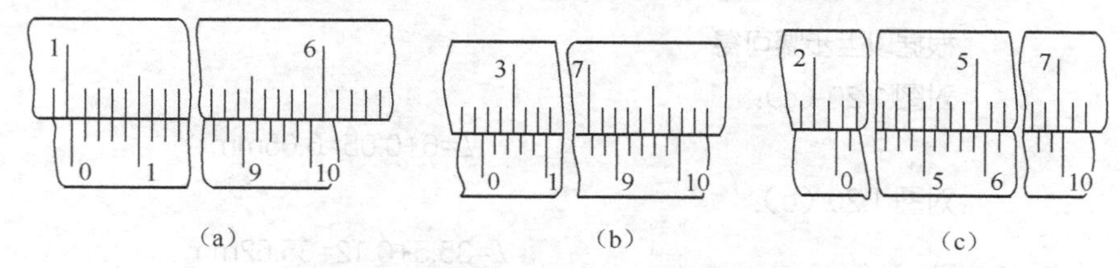

图 1.18　游标读数值为 0.02mm 的游标卡尺读数方法

2. 千分尺

（1）千分尺的结构。千分尺（也叫分厘尺）是利用螺纹原理制成的一种量具，如图 1.19 所示。千分尺由尺架 1、测量头（6～8）、测力装置（9、10）、锁紧装置 5 等所组成。它的测量精度是 0.01mm。千分尺有外径千分尺、内径千分尺、深度千分尺、螺纹千分尺等几种，分别用来测量零件的外径、内径、深度和螺纹中径。外径千分尺的测量范围是 0～25mm、25～50mm、50～75mm、…、2 500～3 000mm。内径千分尺的测量范围是 5～30mm、25～50mm、50～75mm、150～6 000mm。

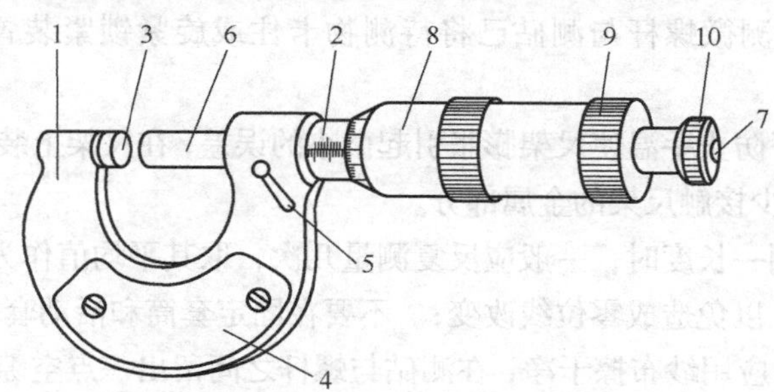

图 1.19　外径千分尺的结构形状

1—尺架；2—固定套管；3—砧座；4—隔热装置；5—锁紧装置；6、7、8—测量头；9、10—测力装置

（2）千分尺的刻线原理与读法。千分尺测量螺杆的螺距为 0.5mm，当活动套管转动一周时，测量螺杆就会进或退 0.5mm。活动套管圆周上共刻有 50 等份的小格，因此，当它转过一格（1/50 周）时，测量螺杆就推进或退出 0.5mm × 1/50 周=0.01mm。

提示

在千分尺上读尺寸的方法可分为三步，如图 1.20 所示。

第一步，读出固定套管上的尺寸，即固定套管上露出的刻线的尺寸，必须注意不可遗漏应读出的 0.5mm 的刻线值。

第二步，读出活动套管上的尺寸。要看清活动套管圆周上哪一格与固定套管的水平基准线对齐。将格数乘 0.1mm 即得活动套管上的尺寸。

第三步，将上面两个数相加，即为千分尺上测得的尺寸。

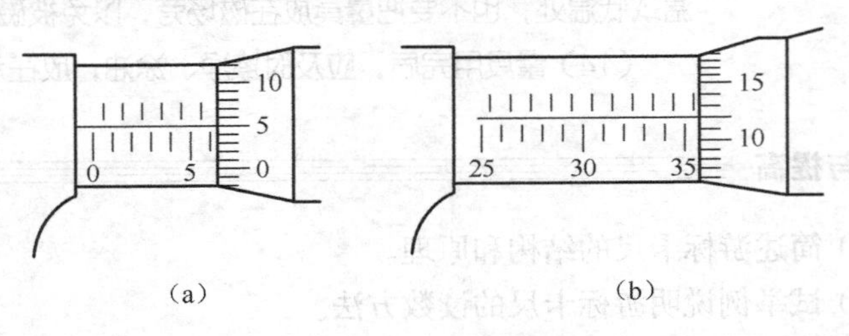

图 1.20　在千分尺上读尺寸的实例

根据以上步骤可得

对图 1.20（a）:

$$L=6+0.05=6.05\text{mm}$$

对图 1.20（b）:

$$L=35.5+0.12=35.62\text{mm}$$

（3）使用千分尺注意事项。

① 千分尺在使用前首先要检查本身的正确性。擦净测量面，并转动测力装置，使两测量面接触，检查有无间隙；此时活动套管的零线是否对准固定套管的零位，如未对准，须调整到零位。

② 千分尺是一种精密的量具，使用时应小心谨慎，动作轻缓，不要让它受到打击和碰撞。千分尺内的螺纹非常精密，使用时要注意：（a）旋钮和测力装置在转动时都不能过分用力；（b）当转动旋钮使测微螺杆靠近待测物时，一定要改旋测力装置，不能转动旋钮使螺杆压在待测物上；（c）当测微螺杆与测砧已将待测物卡住或旋紧锁紧装置的情况下，决不能强行转动旋钮。

③ 有些千分尺为了防止手温使尺架膨胀引起微小的误差，在尺架上装有隔热装置。实验时应手握隔热装置，而尽量少接触尺架的金属部分。

④ 使用千分尺测同一长度时，一般应反复测量几次，取其平均值作为测量结果。

⑤ 不要拧松后盖，以免造成零位线改变； 不要在固定套筒和活动套筒间加入普通机油。

⑥ 千分尺用毕后，应用纱布擦干净，在测砧与螺杆之间留出一点空隙，放入盒中。如长期不用可抹上黄油，放置在干燥的地方。注意不要让它接触腐蚀性的气体。

训练与提高

（1）简述千分尺的结构和原理。

（2）试举例说明千分尺的读数方法。

3. 百分表

（1）百分表结构。百分表（又叫丝表）是在零件加工或机器装配时检验尺寸精度和形状精度用的一种量具。测量精度为 0.01mm，测量范围有 0 ~ 3mm、0 ~ 5mm、0 ~ 10mm 三种规格。

百分表的外部构造如图 1.21 所示。其测轴 1 的下端装有测头 2，测轴 1 能上下移动，每移动 1mm 通过内部的齿轮传动使指针 3 旋转一整周。由于表盘 4 的外圆周分成 100 等分格，当指针 5 转过 1 个等分格时，就表示测轴 1 移动了 0.01mm，所以百分表的测量精度为 0.01mm，小指针 5 记录长指针 3 转过的圈数，小指针每转过一格，就表示长指针 3 转过一格，也就是测轴 1 移动 1mm。

（2）百分表的安装和使用方法。百分表须装夹在百分表架或磁性表架上使用，如图 1.22 所示。表架上的接头即伸缩杆，可以调节百分表的上下、前后、左右位置。

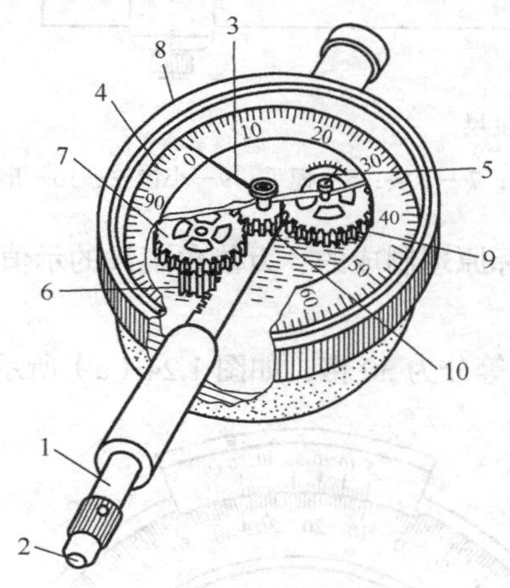

图 1.21　百分表

1—测轴；2—测头；3—指针；4—表盘；
5—指针；6、7、9、10—传动机构；8—外壳

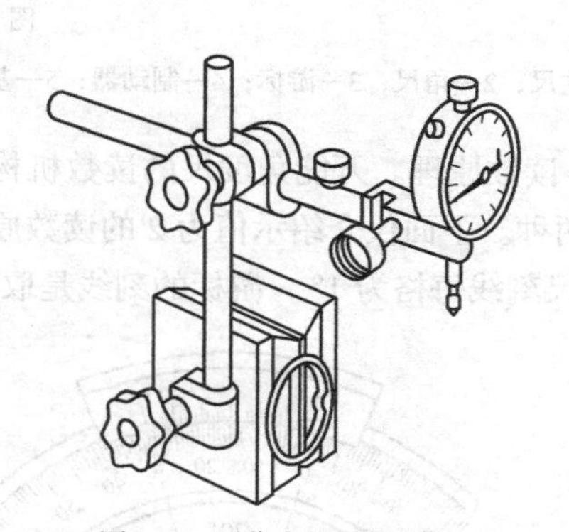

图 1.22　百分表的安装方法

将百分表及表架置于平台上，利用块规可对零尺寸，并将表盘旋转到零位。然后移去块规再测工件，即可比较出工件的尺寸是多少。

百分表测量时，测轴应与被测量的零件表面相垂直，否则，测出的尺寸不精确。

➤ 训练与提高

（1）简述百分表的结构和原理。

（2）试举例说明百分表的读数方法。

4. 万能角度尺

万能角度尺又被称为角度规、游标角度尺和万能量角器，它是利用游标读数原理来直接测量工件角度或进行划线的一种角度量具。适用于机械加工中的内、外角度测量，可测 0° ~ 320° 外角及 40° ~ 130° 内角。

（1）万能角度尺的结构和读数原理。

① 万能角度尺的结构如图 1.23 所示。万能角度尺由主尺 1、角尺 2、游标 3、制动器 4、基尺 5、直尺 6、卡块 7 等组成。基尺可以带着主尺沿着游标转动，当转到所需角度时，可以用制动器锁紧。卡块将角尺和直尺固定在所需的位置上。测量时，转动背面的捏手 8，通过小齿轮 9 转动扇形齿轮 10，使基尺改变角度。

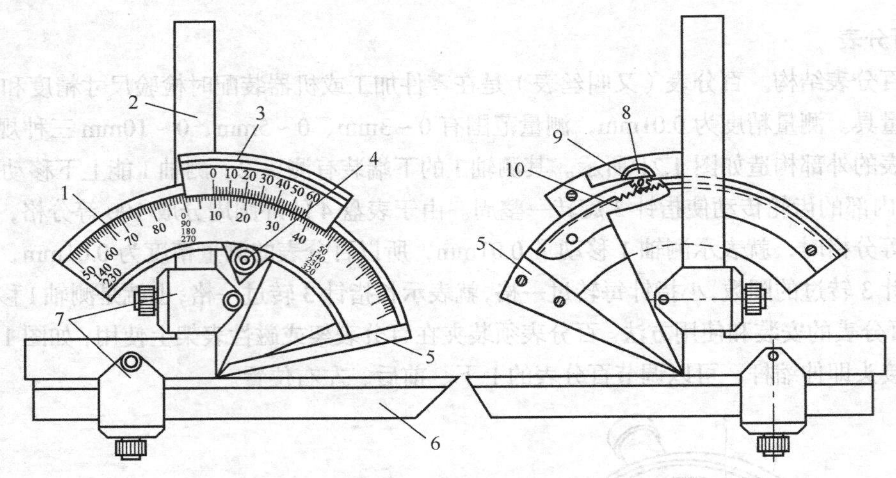

图 1.23　万能角度尺

1—主尺；2—角尺；3—游标；4—制动器；5—基尺；6—直尺；7—卡块；8—捏手；9—小齿轮；10—扇形齿轮

② 读数原理。万能角度尺的读数机构是根据游标原理制成的，万能角度尺的示值一般分为5′和2′两种。下面仅介绍示值为2′的读数原理。

主尺刻线每格为1°，游标的刻线是取主尺的29°等分为30格，如图1.24（a）所示。

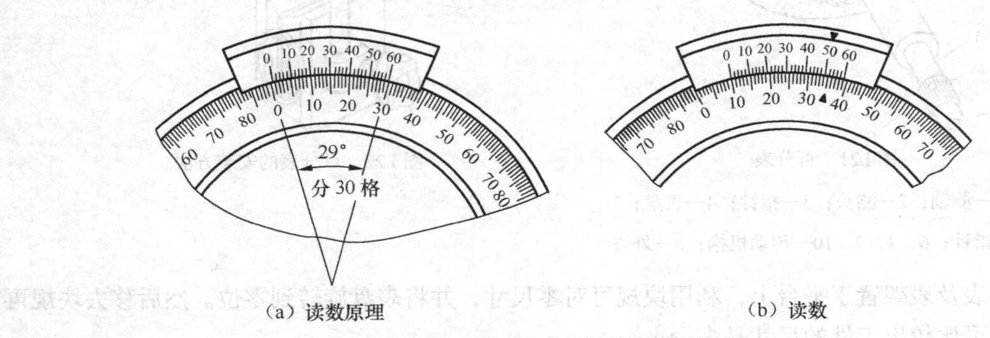

（a）读数原理　　　（b）读数

图 1.24　万能角度尺的读数原理

每格所对的角度为 29°/30=60′×29/30=58′，因此，主尺一格与游标一格相差：1°－29°/30=60′−58′=2′，也就是说万能角度尺读数准确度为 2′。其读数方法与游标卡尺完全相同，即先从主尺上读出游标零线前面的整读数，然后在游标上读出分的数值，两者相加就是被测件的角度数值。如图1.24（b）所示读数为10° 50′。

（2）万能角度尺的使用方法。

① 测量时应注意的事项。

（a）测量时应先校准零位，万能角度尺的零位，是当角尺与直尺均装上，而角尺的底边及基尺与直尺无间隙接触，此时主尺与游标的“0”线对准。调整好零位后，通过改变基尺、角尺、直尺的相互位置可测试0°～320°范围内的任意角。

（b）测量时，根据产品被测部位的情况，先调整好角尺或直尺的位置，用卡块上的螺钉把它们紧固住，再来调整基尺测量面与其他有关测量面之间的夹角。这时，要先松开制动头上的螺母，移动主尺作粗调整，然后再转动扇形齿轮板背面的微动装置作细调整，直到两个测量面与被测表面密切贴合为止；然后拧紧制动器上的螺母，把角度尺取下来进行读数。

提示

读数方法：先从副尺（游标）零线上读出所指主尺的度数，再加上游标尺上刻度与主尺重合格数乘 2′即为工件的度数。

② 使用方法。使用方法如图 1.25 所示。

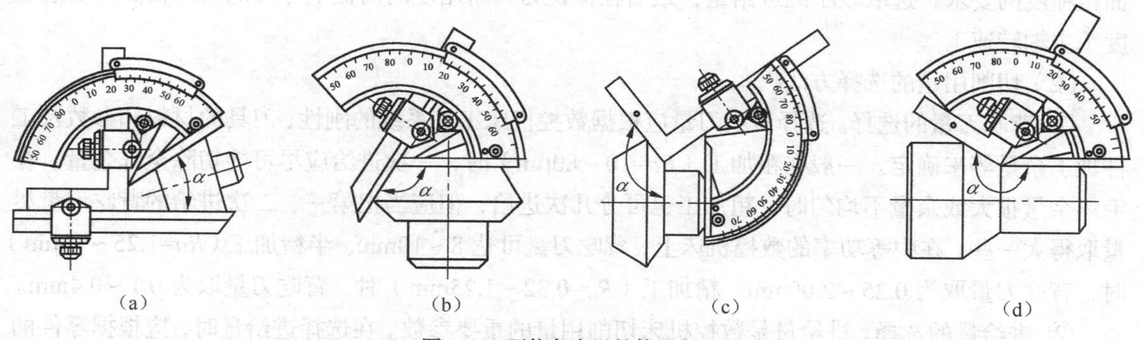

图 1.25　万能角度尺的使用方法

（a）测量角度为 0°～50° 的方法。角尺和直尺全都装上，产品的被测部位放在基尺和直尺的测量面之间进行测量，如图 1.25（a）所示。

（b）测量角度为 50°～140° 的方法。可把角尺卸掉，把直尺装上去，使它与扇形板连在一起。工件的被测部位放在基尺和直尺的测量面之间进行测量，如图 1.25（b）所示。也可以不拆下角尺，只把直尺和卡块卸掉，再把角尺拉到下边来，直到角尺短边与长边的交线和基尺的尖棱对齐为止。把工件的被测部位放在基尺和角尺短边的测量面之间进行测量。

（c）测量角度为 140°～230° 的方法。把直尺和卡块卸掉，只装角尺，但要把角尺推上去，直到角尺短边与长边的交线和基尺的尖棱对齐为止。把工件的被测部位放在基尺和角尺短边的测量面之间进行测量，如图 1.25（c）和图 1.25（d）所示。

（d）测量角度为 230°～320° 的方法。把角尺、直尺和卡块全部卸掉，只留下扇形板和主尺（带基尺）。把产品的被测部位放在基尺和扇形板测量面之间进行测量。

训练与提高

（1）简述万能角尺的结构和原理。

（2）试举例说明万能角度尺的读数方法。

任务 4　切削用量及切削液的选择

1. 切削用量的选择

在数控加工中，切削用量的大小对切削力、切削功率、刀具磨损、加工质量和加工成本均有重要影响。合理选择切削用量，就是在保证加工质量和刀具耐用度的前提下，充分发挥机床和刀具的切削性能，使切削效率最高，加工成本最低。

（1）切削用量的选择原则。为减少数控机床安装刀具所花费的辅助时间，在选择切削用量时，首先要保证刀具的耐用度不低于加工一个零件的时间，或保证刀具耐用度不低于一个工作班，最少不低于半个工作班，以保证加工的连续性。切削用量主要包括背吃刀量 a_p、进给量 f 和切削速度 v_c，一般按下列原则进行选择。

① 粗加工时切削用量的选择原则。首先选取尽可能大的背吃刀量；其次要根据机床动力和刚性的限制条件等，选取尽可能大的进给量；最后根据刀具耐用度确定最佳的切削速度（主轴转速）。

② 精加工时切削用量的选择原则。首先根据粗加工后的余量确定背吃刀量；其次根据工件表面粗糙度的要求，选取较小的进给量；最后在保证刀具耐用度的前提下尽可能选取较高的切削速度（主轴转速）。

（2）切削用量的选择方法。

① 背吃刀量的选择。选择背吃刀量应根据数控机床工艺系统的刚性、刀具的材料和参数及工件加工余量等来确定。一般在粗加工（Ra=10～80μm）时，一次进给应尽可能切除全部余量。在毛坯余量很大或余量不均匀时，粗加工也可分几次进给，但应当把第一、二次进给的背吃刀量尽量取得大一些。在中等功率的数控机床上，背吃刀量可达 8～10mm。半精加工（Ra=1.25～10μm）时，背吃刀量取为 0.25～2.00mm。精加工（Ra=0.32～1.25mm）时，背吃刀量取为 0.1～0.4mm。

② 进给量的选择。进给量是数控机床切削用量的重要参数。在选择进给量时，应根据零件的表面粗糙度、加工精度要求及刀具和工件材料等因素，参考切削用量手册进行选取。

在粗加工时，由于对工件表面质量没有太高的要求，这时主要考虑机床进给机构的强度和刚性及刀杆的强度和刚性等限制因素，根据加工材料、刀杆尺寸、工件直径及已确定的背吃刀量来选择尽可能大的进给量。

在半精加工和精加工时，则应按零件表面粗糙度要求，根据工件材料、刀尖圆弧半径、切削速度来选择进给量，如精铣时可取 20～25mm/min，精车时可取 0.10～0.20mm/r。

在选择进给量时，还应注意零件加工中的某些特殊因素，如在轮廓加工中，选择进给量时，应考虑轮廓拐角处的超程问题。特别是在拐角较大、进给速度较高时，应在接近拐角处适当降低进给速度，在拐角后再逐渐升速，以保证拐角处的加工精度。

③ 切削速度的选择。切削速度一般要根据已经选定的背吃刀量、进给量及刀具耐用度进行选择。可用经验公式计算，也可根据生产实践经验在机床说明书允许的切削速度范围内查表选取或者参考有关切削用量手册选取。

切削速度确定后，按切削速度公式计算出机床主轴转速 n（对有级变速的机床，须按机床说明书选择与所计算转速 n 接近的转速）。

提示

在选择切削速度时，还应考虑以下几点。

① 加工带外皮的工件时，应适当降低切削速度。

② 断续切削时，为减小冲击和热应力，应适当降低切削速度。

③ 加工大件、细长件和薄壁工件时，应选用较低的切削速度。

④ 在易发生振动的情况下，切削速度应避开自激振荡的临界速度。

⑤ 应尽量避开积屑瘤产生的区域。

2. 切削液及其选择

在金属切削过程中，合理选择切削液，可改善工件与刀具之间的摩擦状况，降低切削力和切削温度，减轻刀具磨损，减小工件的热变形，从而达到提高刀具的耐用度、加工效率和加工质量的目的。

（1）切削液的作用。

① 冷却作用。切削液可迅速带走切削过程中产生的热量，降低切削区的温度。切削液的流动性越好，比热、导热系数、气化热等参数越高，则其冷却性能越好。

② 润滑作用。切削液能在刀具的前、后刀面与工件之间形成一层润滑薄膜，可减少或避免刀具与工件或切屑间的直接接触，减轻摩擦和黏结程度，从而减轻刀具的磨损，提高工件表面的加工质量。为保证润滑作用的实现，要求切削液能够迅速渗入刀具与工件或切屑的接触界面，形成润滑薄膜，并且在高温、高压及剧烈摩擦的条件下不被破坏。

③ 清洗作用。使用切削液可以将切削过程中产生的大量切屑、金属碎片和粉末，从刀具（或砂轮）、工件上及时冲洗掉，避免切屑粘附刀具、堵塞排屑和划伤已加工表面。这一作用对于磨削、螺纹加工和深孔加工等工序尤为重要。为此，要求切削液有良好的流动性，并且在使用时有足够大的压力和流量。

④ 防锈作用。为减轻工件、刀具和机床受周围介质（如空气、水分等）的腐蚀，要求切削液具有一定的防锈作用。防锈作用的好坏，取决于切削液本身的性能和加入的防锈添加剂的品种和比例。

（2）切削液的种类。常用的切削液可分为水溶液、乳化液和切削油三大类。

① 水溶液。水溶液是以水为主要成分的切削液。水的导热性能好，冷却效果好。但单纯的水容易使金属生锈，并且润滑性能差。因此，常在水中加入一定量的防锈添加剂、表面活性物质或油性添加剂等，使其既具有良好的防锈性能，又具有一定的润滑性能。在配制水溶液时，要特别注意水质情况，如果是硬水，必须先进行软化处理。

② 乳化液。乳化液是将乳化油用95%～98%的水稀释而成，呈乳白色或半透明状。乳化液具有良好的冷却作用，但润滑、防锈性能较差。常需加入一定量的油性、极压添加剂和防锈添加剂，配制成极压乳化液或防锈乳化液。

③ 切削油。切削油的主要成分是矿物油，少数采用动植物油或复合油，纯矿物油不能在摩擦界面形成坚固的润滑膜，润滑效果较差。在实际使用中，常加入油性添加剂、极压添加剂和防锈添加剂，以提高其润滑和防锈作用。

（3）切削液的选用。切削液的选用应根据不同的加工要求、刀具及工件材料等因素进行选择，下面主要根据粗、精加工及不同类型材料选择切削液。

① 粗加工时切削液的选用。粗加工时，因加工余量大，所用切削用量大，加工过程产生大量的切削热。选用切削液时应根据刀具材料的不同而有所区别，当采用高速钢刀具切削时，使用切削液的主要目的是降低切削温度，减少刀具磨损。硬质合金刀具耐热性好，一般可不用切削液，必要时可采用低浓度乳化液或水溶液。但必须连续、充分地浇注，以免处于高温状态的硬质合金刀片产生巨大的内应力而出现裂纹。

② 精加工时切削液的选用。精加工时，因工件表面粗糙度要求较小，使用切削液的主要目的是提高切削的润滑性能，从而达到降低表面粗糙度的要求。所以一般应选用润滑性能较好的切削液，如高浓度的乳化液或含极压添加剂的切削油。

③ 根据工件材料的性质选用切削液。切削塑性材料时需用切削液。切削铸铁、黄铜等脆性材料时，一般不用切削液，以免崩碎切屑粘附在机床的运动部件上。

加工高强度钢、高温合金等难加工材料时，由于切削加工处于极压润滑摩擦状态，故应选用含极压添加剂的切削液。

切削有色金属和铜、铝合金时，为了得到较高的表面质量和精度，可采用 10%~20%的乳化液、煤油或煤油与矿物油的混合物。但不能用含硫的切削液，因为硫对有色金属有腐蚀作用。切削镁合金时，不能用水溶液，以免燃烧。

在数控加工过程中，有些设备采用高压空气来代替切削液。高压空气在加工过程中主要起到冷却和清洗的作用，但起不到润滑和防锈的作用。使用高压空气不仅可以达到冷却的效果，而且可以降低生产成本，减少环境污染。

训练与提高

怎样选择切削用量和切削液？

任务 5　机械加工精度与表面质量

机械加工精度是指零件加工后的实际几何参数（包括尺寸、几何形状和表面间的相互位置）与理想几何参数的符合程度。它们之间的偏离程度即为加工误差。

1. 影响数控加工精度的因素

零件的加工精度包含三方面的内容：尺寸精度、几何形状精度和相互位置精度，这三者之间是有联系的。

（1）工艺系统的几何误差对加工精度的影响。

① 原理误差对加工精度的影响。原理误差是由于采用了近似的加工运动或近似的刀具轮廓而产生的。零件表面的形状一方面是由刀具与工件之间的相对运动获得，另一方面是由刀具切削刃的形状直接形成。对于大多数零件来说，其形状均是直线与圆弧的简单组合，所以刀具与工件间的相对运动由机床来完成并不复杂。但如果零件中含有复杂的任意曲面或任意曲线，则刀具与工件之间的相对运动过于复杂。由于控制原理、插补运算方法本身均存在原理上的误差，因此，在数控加工中这些误差必然反映到零件上。

② 数控机床静态误差对加工精度的影响。数控机床静态误差就是在没有切削载荷的情况下，机床本身的制造、安装和磨损造成的误差，其中对加工精度影响较大的是主轴回转误差、机床导轨误差及传动链传动误差。

（a）主轴回转误差。受主轴误差、轴承误差和轴承间隙等因素的影响，主轴回转轴线不是固定不动的，而是在一定范围内漂移。它们对加工精度的影响有多种情况，有时产生圆度误差，有时产生同轴度误差。

提示

提高主轴回转精度的措施：首先是提高轴承的回转精度，并对滚动轴承进行预紧；其次是提高箱体支承孔、主轴轴颈和与轴承相配合零件有关的表面的加工精度，在主轴部件装配时可采用误差相互补偿或抵消的方法，减少轴承误差对主轴回转精度的影响。对于高速运动或精密机床的主轴部件进行动平衡试验。

（b）机床导轨误差。机床导轨误差有 3 种形式：导轨在水平面内的直线度、导轨在垂直面内的直线度及两导轨的平行度。导轨对工件的加工精度的影响不仅与其本身的误差有关，而且与加工方法有关。数控车床导轨在垂直面内的直线度误差对加工精度的影响很小。但有些机床则相反，导轨在垂直面内的直线度误差将直接影响工件的尺寸和形状精度，而水平面内的直线度误差则可忽略不计。

提示

减小机床导轨导向误差的措施：设计与制造机床时，应从结构、材料、润滑、防护装置等方面采取措施提高导轨导向精度；机床安装时，应校正好水平和保证地基质量；机床使用时，要注意调整导轨中的配合间隙，同时保证良好的接触和润滑。

（c）传动链传动误差。传动机构本身的制造、安装、磨损及间隙，必然造成传动链两端之间的运动误差，即传动链传动误差。如伺服电动机的转角误差，丝杠的传动误差都将影响传动精度。

提示

减少传动链传动误差的措施：

（1）减少传动件的个数，提高传动件的制造精度。

（2）结构上采用降速传动机构，使传动系数越小对传动链精度越有利。

（3）消除结构上的传动间隙，如数控机床的进给传动系统常采用消除齿轮侧隙。

（4）还可以采用自动测量和误差补偿的方法进行校正。

除此以外，工艺系统的几何误差还包括夹具的制造误差与磨损、刀具的制造误差与磨损、加工时的调整误差等

③ 刀具误差和夹具误差对数控加工精度的影响。刀具的制造、安装及磨损，对数控加工精度有直接影响。一般刀具如数控车刀、铣刀、镗刀等，其制造误差可以人为补偿，因此影响加工精度的主要因素是刀具磨损。成型刀具的形状误差直接影响工件的形状精度。尺寸刀具（钻头、铰刀、拉刀等）的制造精度对加工精度有直接影响，安装不当也会影响加工尺寸精度，如钻头安装不正会将孔钻大。

夹具误差，指夹具上定位元件、导向元件、分度机构等的制造、安装及磨损产生的误差，同样会影响到零件的加工精度。工件的安装误差（包括定位误差和夹紧误差）也会影响到零件的加工精度。

④ 工艺系统动态误差对数控加工精度的影响。上述各项误差在数控加工前就存在，称为数控机床静态误差。由于加工过程中产生的力、热、磨损等因素，工艺系统会产生受力变形、受热变形，从而引起种种误差，这类原始误差称为工艺系统动态误差。

（a）工艺系统受力变形。在切削过程中，工艺系统中的机床、刀具、夹具、工件在力的作用下会产生变形，破坏了刀具与工件之间正确的相对位置关系，从而产生加工误差。工艺系统变形的大小用刚度来表示，即工件和刀具的法向切削分力与在总切削力的作用下，该方向上的位移之比。与单个零件的刚度不同，工艺系统刚度是非线性的，其总体刚度等于各部件刚度倒数和的倒数。

由零件组成的部件的刚度同单个零件的刚度相差很大。随着系统内部作用力与反作用力的作用位置的变化，系统刚度也不断地变化。例如，数控车床在车削工件时，刀具靠近主轴箱一端与刀具靠近尾座一端的系统刚度是不同的。由于系统中薄弱环节的存在，整个系统的刚度会大受影响。

工艺系统所受的力包括切削力、传动力、惯性力、夹紧力、重力等。切削力在加工过程中是不断变化的，这主要是由于加工余量不均匀，材料的硬度不均匀，以及工艺系统各个方向上的刚

度不同。

提示

减小工艺系统受力变形的措施：

减小工艺系统受力变形是保证加工精度的有效途径之一。在生产实际中，常从下面两个主要方面采取措施来予以解决。

（1）提高工艺系统刚度。对机床进行合理的结构设计，提高连接表面的接触刚度以及采用合理的装夹和加工方式。

（2）减小载荷及其变化。合理选择刀具几何参数（增大前角和主偏角）和切削用量（适当减少进给量和切深）、减小切削力，就可以减少受力变形。

（b）工艺系统受热变形。工艺系统因受热而引起的变形称为热变形，热变形同样破坏了工件与刀具之间正确的相对位置关系，使加工精度受到影响。特别是在精密加工中，热变形引起的误差更为突出。

引起工艺系统热变形的热源主要有3个：切削热、摩擦热、外部热源。

在数控加工过程中，机床受各种热源的影响，因而会产生不同程度的热变形，破坏了各成型运动的位置关系和速度关系，从而降低了机床加工精度。

当单位时间内传入机床的热量和机床向外散发的热量相等时，机床达到热平衡。此时机床的温度变化比较稳定，热变形也趋于稳定。

工艺系统的热变形对加工精度的影响主要有下面几个方面。

① 刀具热变形对加工精度的影响。刀具的热变形主要是由切削热引起的。通常传入刀具的热量并不太多，但由于热量集中在刀具的切削部分，其体积小，热容量有限，故刀具切削部分会急剧升温。

② 机床热变形对加工精度的影响。机床在工作过程中，受到内外热源的影响，各部分的温度将逐渐升高。由于各部件的热源不同、分布不均匀，以及机床结构的复杂性，因此不仅各部件的温升不同，而且同一部件不同位置的温升也不相同，形成不均匀的温度场，使机床各部件之间的相互位置发生变化，破坏了机床原有的几何精度而造成加工误差。

③ 工件热变形对加工精度的影响。工件的热变形主要也是由切削热引起的，有些大型精密零件同时还受环境温度的影响。在热膨胀下达到的加工尺寸，冷却收缩后会变小，甚至超差。工件受切削热影响，各部分温度不同，且随时间变化，切削区附近温度最高。开始切削时，工件温度低，变形小；随着切削的不断进行，工件温度逐渐升高，变形也逐渐增大。

提示

减少工艺系统热变形对加工精度影响的措施：

（1）减少发热和隔热。主要是采取措施减少切削热和摩擦热；对发热量大的热源，可以采用分离热源、隔开热源、冷却和强制散热等措施解决。

（2）均衡温度场。采用热对称结构，在变速箱中，将轴、轴承、传动齿轮等对称布置，可使箱壁温升均匀，箱体变形减小。同时要合理选择机床零部件的装配基准。

（3）控制环境温度。建造恒温车间，恒温室的平均温度可以按季节适当加以调整，以节省投资和能源消耗，如春秋季取为20℃，冬季取为17℃，夏季取为23℃。

（2）工件内应力引起的加工误差。

（a）内应力产生的原因。内应力是由于金属内部相邻组织发生了不均匀的体积变化而产生的。促成这种变化的因素，主要来自冷、热加工。

① 毛坯制造和热处理过程中产生的内应力。

② 冷校直产生的内应力。弯曲的工件（原来无内应力）要校直，必须使工件产生反向弯曲，并使工件产生一定的塑性变形。

③ 切削加工带来的内应力。切削过程中产生的力和热，也会使被加工工件的表面层产生内应力。

（b）减少或消除内应力的措施。

① 增加消除内应力的热处理工序。例如，对铸、锻、焊接件进行退火或正火；零件淬火后进行回火；对精度要求高的零件，如床身、丝杠、箱体、精密导轨等，在粗加工后进行时效处理。

② 合理安排工艺过程。例如，粗、精加工分开在不同工序中进行；当加工大型工件，粗、精加工不能分开时，应在粗加工后松开工件，让工件有自由变形的可能，然后再用较小的夹紧力夹紧工件后进行精加工。对于精密零件（如精密丝杠），在加工过程中不允许进行冷校直（可采用热校直）。

③ 改善零件的结构，提高零件的刚性，使壁厚均匀，以减少内应力的产生。

2. 影响工件表面质量的工艺因素

影响工件表面粗糙度的几何因素，主要是刀具相对工件做进给运动时，在加工表面留下的切削层残留面积。残留面积越大，工件表面越粗糙。残留面积的大小与进给量、刀尖半径及刀具的主、副偏角有关。此外，对于宽刃刀、定尺寸刀和成型刀，其切削刃本身的表面粗糙度对零件表面粗糙度影响也很大。

数控加工中工件表面层由于受到切削力和切削热的作用，其表面层的物理、力学性能将产生很大的变化，造成与基体材料的性能差异。这些差异主要表现在表面层的金相组织和显微硬度的变化以及表面层的残余应力三个方面，这些都会影响到工件表面质量。

零件在切削加工过程中，由于刀具几何形状和切削运动产生的残留面积，黏结在刀具刃口上的积屑瘤划出的沟纹，工件与刀具之间的振动波纹，以及刀具后刀面磨损造成的挤压与摩擦痕迹等原因，使零件表面上形成了粗糙度。

提示

影响表面粗糙度的工艺因素主要有工件材料、切削用量、刀具几何参数、切削液等。

（1）工件材料。一般韧性较大的塑性材料加工后表面粗糙度较大，而韧性较小的塑性材料加工后易得到较小的表面粗糙度。对于同种材料，其晶粒组织越大，加工表面粗糙度越大。因此，为了减小加工表面粗糙度，常在切削加工前对材料进行调质或正火处理，以获得均匀细密的晶粒组织和较大的硬度。

（2）切削用量。进给量越大，残留面积高度越高，零件表面越粗糙。因此，减小进给量可有效地减小表面粗糙度。

切削速度对表面粗糙度的影响也很大。在中速切削塑性材料时，由于容易产生积屑瘤，且塑性变形较大，因此加工后的零件表面粗糙度较大。通常采用低速或高速切削塑性材料，可有效地避免积屑瘤的产生，这对减小表面粗糙度有好的作用。

（3）刀具几何参数。主偏角、副偏角及刀尖圆弧半径 r_ε 对零件表面粗糙度有直接影响。在进给量一定的情况下，减小主偏角和副偏角或增大刀尖圆弧半径可减小表面粗糙度。另外，适当增大前角和后角，可减小切削变形和前后刀面间的摩擦，抑制积屑瘤的产生，也可减小表面粗糙度。

（4）切削液。切削液的冷却和润滑作用能减小切削过程中的界面摩擦，降低切削区温度，使切削层金属表面的塑性变形程度下降，抑制积屑瘤的产生，因此可大大减小表面粗糙度。

3. 提高机械加工表面质量的工艺措施

为了保证和提高机械加工精度，必须找出造成加工误差的主要因素（原始误差），然后采取相应的工艺技术措施来控制或减少这些因素的影响。

（1）减少误差法。这种方法是在生产中应用较广的一种基本方法，它是在查明影响加工精度的主要原始误差因素之后，设法对其直接进行消除或减少。

（2）误差转移法。误差转移法是把影响加工精度的原始误差转移到不影响（或少影响）加工精度的方向或其他零部件上去。

（3）误差分组法。误差分组法是把毛坯按误差大小分为 n 组，每组毛坯的误差就缩小为原来的 $1/n$，然后按各组分别调整加工。

（4）误差平均法。加工过程中，机床、刀具（磨具）等的误差总是要传递给工件的。如果利用有密切联系的表面之间的相互比较、相互修正，或者互为基准进行加工，使传递到工件表面的加工误差较为均匀，就可以大大提高工件的加工精度。例如，对工件进行研磨。

（5）就地加工法。就地加工法就是"自干自"的加工方法。如牛头刨床为了使工作台面分别对滑枕和横梁保持平行的位置关系，就在装配后进行"自刨自"的精加工。

（6）误差补偿法。就是人为地制造出一种新误差，去抵消原来工艺系统中固有的原始误差；或者利用一种原始误差去抵消另一种原始误差，从而达到减少加工误差，提高加工精度的目的。

4. 数控加工质量的控制方法

机械零件在加工过程中，任何加工方法都会存在着一定的误差，误差的大小决定了加工质量的高低。机械零件的加工质量包括加工精度和表面质量，一些因素将直接影响加工质量。因此，了解影响加工精度及表面质量的工艺因素并加以控制，是提高加工质量的有效途径。

在数控加工过程中，加工质量受机床、刀具、热变形、工件余量的误差复映、测量误差和振动等因素的影响，工艺系统也会产生各种误差，这些都会改变刀具和工件在切削运动中的相互位置关系，进而影响零件的加工精度。提高加工质量，主要有下面一些途径和方法。

（1）解决数控机床几何精度和定位精度所造成的加工质量问题。

① 提高机床导轨的直线度、平行度。

② 定期检测机床工作台的水平情况。

③ 提高机床坐标轴之间的垂直度。

④ 提高主轴与工作台（或刀架）的垂直度。

⑤ 提高主轴的回转精度及回转刚度。

（2）解决刀具方面所造成的加工质量问题。

① 针对不同的工件材料，选择合适的刀具材料。

② 刃磨合理的切削角度。

③ 选择合理的切削用量。

④ 针对不同的工件材料，选择不同的切削液。

（3）解决工件原始精度所造成的加工质量问题。加工中应严格执行粗、精分开的原则。工件在粗加工后应有充分的时间使工件达到热平衡，在达到热平衡之前，不宜立即进行精加工。

（4）解决热变形造成的加工质量问题。

① 采用有利于减少切削热的各项措施。

② 充分冷却或使工件预热，以达到热平衡。

③ 合理选用切削液。

④ 创造恒温的工作环境。

（5）解决振动造成的加工质量问题。

① 减少或消除震源的激震力。

② 改进传动结构与隔震。

③ 提高机床、工件及刀具的刚度，增加工艺系统的抗振性。

④ 调节震动源频率。在选择转速时，尽可能使旋转件的频率远离机床有关元件的固有频率。

⑤ 采用减震器与阻尼器。

⑥ 合理选择切削用量、刀具的几何参数。

➤ 知识拓展

影响轴类零件加工精度与表面质量的因素和解决方法。如表 1.3 所示。

表 1.3　影响轴类零件加工精度与表面质量的因素和解决方法

内　容	原　因	解 决 方 法
尺寸精度达不到要求	看错图样或刻度盘使用不当	认真看清图样尺寸要求，正确使用刻度盘，看清刻度值
	没有进行试切削	根据加工余量算出背吃刀量，进行试切削，然后修正背吃刀量
	由于切削热的影响，使工件尺寸发生变化	不能在工件温度较高时测量，如测量应掌握工件的收缩情况，或浇注切削液，降低工件温度
	测量不正确或量具有误差	正确使用量具，使用量具前，必须检查和调整零位
	尺寸计算错误，槽深度不正确	仔细计算工件的各部分尺寸，对留有磨削余量的工件，车槽时应考虑磨削余量
	没及时关闭机动进给，使车刀进给长度超过阶台长	注意及时关闭机动进给或提前关闭机动进给，用手动进给到长度尺寸
表面粗糙度达不到要求	车床刚性不足，如滑板塞铁太松，传动零件（如带轮）不平衡或主轴太松引起振动	消除或防止由于车床刚性不足而引起的振动（如调整车床各部件的间隙）
	车刀刚性不足或伸出太长而引起振动	增加车刀刚性和正确装夹车刀
	工件刚性不足引起振动	增加工件的装夹刚性
	车刀几何参数不合理，如选用过小的前角、后角和主偏角	合理选择车刀角度（如适当增大前角，选择合理的前角、后角和主偏角）
	切削用量选用不当	进给量不宜太大，精车余量和切削速度应选择恰当

➤ 训练与提高

（1）机床误差有哪些？影响加工件质量的因素有哪些？

（2）加工中可能产生哪些误差？

（3）在数控车床上加工如图 1.26 所示零件，试根据尺寸精度和位置精度要求，设计加工步骤。

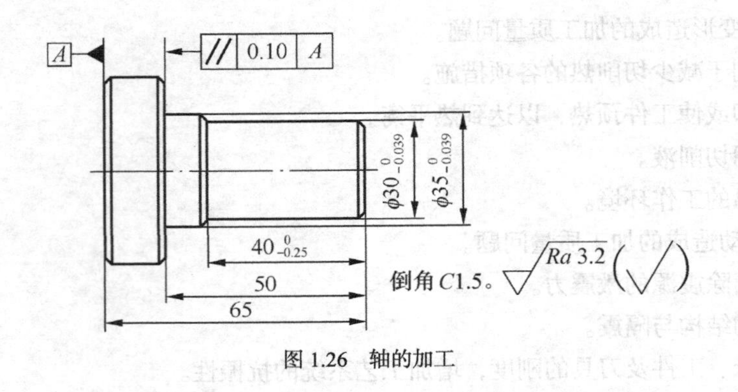

图 1.26 轴的加工

课题三 数控加工工艺基础

任务 1 工件在数控机床上的装夹

在数控加工中，必须使数控机床、夹具、刀具和工件之间保持正确的相互位置关系，才能加工出合格的零件。这种正确的相互位置关系是通过工件在夹具中的定位与夹紧、夹具在机床上的安装、刀具相对于夹具的调整来确定的。这种工件在夹具中的定位与夹紧的过程称为工件的装夹，用于装夹工件的工艺装备就是机床夹具。

数控机床夹具在加工中的作用：保证加工精度、提高生产率、降低成本、扩大机床的工艺范围、减轻工人的劳动强度。

数控机床夹具由定位元件、夹紧装置、对刀或导向装置、连接元件、夹具体和其他装置或元件的组成。

数控机床夹具的种类很多，按使用机床类型可分为数控车床夹具、数控铣床夹具、加工中心夹具、其他机床夹具等。按驱动夹具工作的动力源可分为手动夹具、气动夹具、液压夹具、电动夹具、磁力夹具、真空夹具、自夹紧夹具等。按专门化程度可分为通用夹具、专用夹具、组合夹具、可调夹具等。

1. 工件定位的基本原理

（1）六点定位原理。一个尚未定位的工件，其空间位置是不确定的，均有6个自由度，如图1.27所示，即沿空间坐标轴 X、Y、Z 三个方向的移动自由度（用 $\vec{X}$、$\vec{Y}$、$\vec{Z}$ 表示）和绕这3个坐标轴的转动自由度（用 $\hat{X}$、$\hat{Y}$、$\hat{Z}$ 表示）。

定位就是限制自由度，如图1.28所示的长方体工件，欲使其完全定位，可以设置6个固定点，工件的3个面分别与这些点保持接触，在其底面设置3个不共线的点1、2、3（构成一个面），限制工件的 $\vec{Z}$、$\hat{X}$、$\hat{Y}$ 3个自由度；侧面设置两个点4、5（成一条线），限制工件的 $\vec{X}$、$\hat{Z}$ 两个自由度；端面设置一个点6，限制工件的 $\vec{Y}$ 自由度。于是工件的6个自由度便都被限制了。这些用来限制工件自由度的固定点，称为定位支承点，简称支承点。用合理分布的6个支承点限制工件的6个自由度的法则，称为6点定位原理。

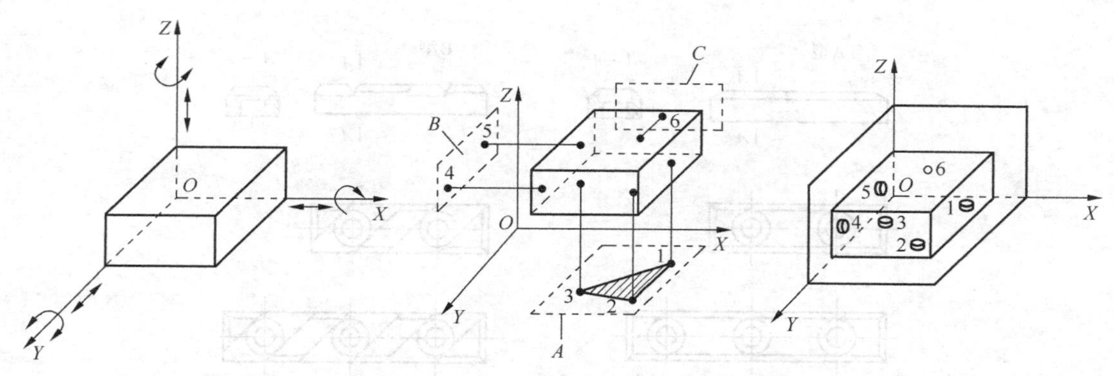

图 1.27 工件的 6 个自由度

图 1.28 6 点定位原理

（2）工件定位方式。工件定位方式主要有完全定位，不完全定位和欠定位。

① 完全定位。工件的 6 个自由度全部被限制的定位，称为完全定位。

② 不完全定位。根据工件的加工要求，并不需要限制工件的全部自由度，这样的定位，称为不完全定位。

③ 欠定位。根据工件的加工要求，应该限制的自由度没有完全被限制的定位，称为欠定位。

2. 定位方法与定位基准的选择

（1）定位方法。工件在夹具中的定位，是通过把定位支承点转化为具有一定结构的定位元件，再将其与工件相应的定位基准面相接触或配合而实现的。工件上的定位基准面与相应的定位元件合称为定位副。定位副的选择及其制造精度直接影响工件的定位精度、夹具的工作效率以及使用性能等。定位方法根据定位元件的结构形式不同可分为以下几种方式。

① 工件以平面定位。工件以平面为定位基准定位时，常用支承钉和支承板作定位元件来实现定位，同时还有可调支承、浮动支承等。

（a）支承钉和支承板。当以粗基准面（未经加工的毛坯表面）定位时，若采用平面支承，实际上基面上也只有最高的 3 点与平面支承接触，常因 3 点过近，或偏向一边而使定位欠稳。因此，应采用合理布置的三个球头支承钉，使其与毛坯良好接触。支承钉的形式如图 1.29 所示。

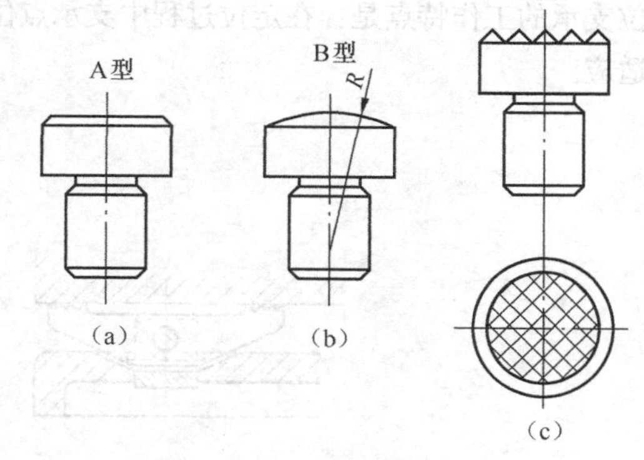

图 1.29 支承钉

工件以精基准面（加工过的平面）定位时，定位表面也不会绝对平整，一般采用平头支承钉和支承板，支承板的形式如图 1.30 所示。A 型支承板结构简单，便于制造，但不利于清除切屑，故适用于顶面和侧面定位；B 型支承板则易保证工作表面清洁，故适用于底面定位。

（b）可调支承。可调支承是指支承的高度可以进行调节，图 1.31 所示为几种常用的可调支承，调整时要先松后调，调好后用防松螺母锁紧。

可调支承主要用于工件以粗基准面定位，或定位基面的形状复杂（如成型面、台阶面等），以及各批毛坯的尺寸、形状变化较大时。

（c）自位支承。当既要保证定位副接触良好，又要避免过定位时，常把支承做成浮动或联动结构，使之自位，称为自位支承。图 1.32 所示为夹具中常用的几种自位支承，图 1.32（a）和图

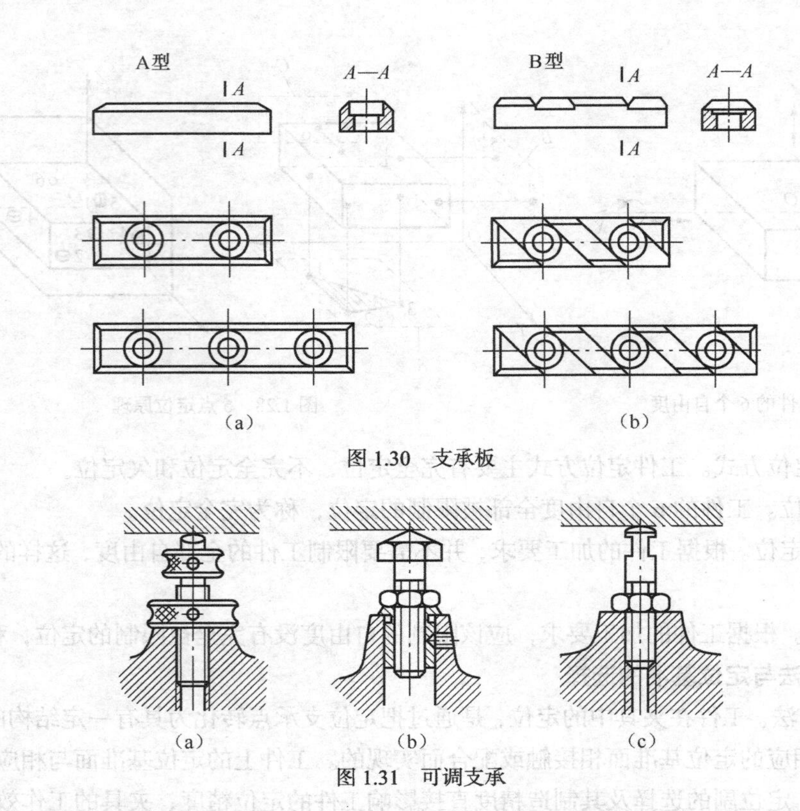

图 1.30　支承板

图 1.31　可调支承

1.32（b）所示为两点式自位支承，与工件有两个接触点，可用于断续表面或阶梯表面的定位；图 1.32（c）所示为球面 3 点式自位支承，当定位基面在两个方向上均不平或倾斜时，能实现 3 点接触；图 1.32（d）所示为滑柱 3 点式自位支承，在定位基面不直或倾斜时，仍能实现 3 点接触。自位支承的工作特点是：在定位过程中支承点位置能随工件定位基面位置的变化而自行浮动并与之适应。

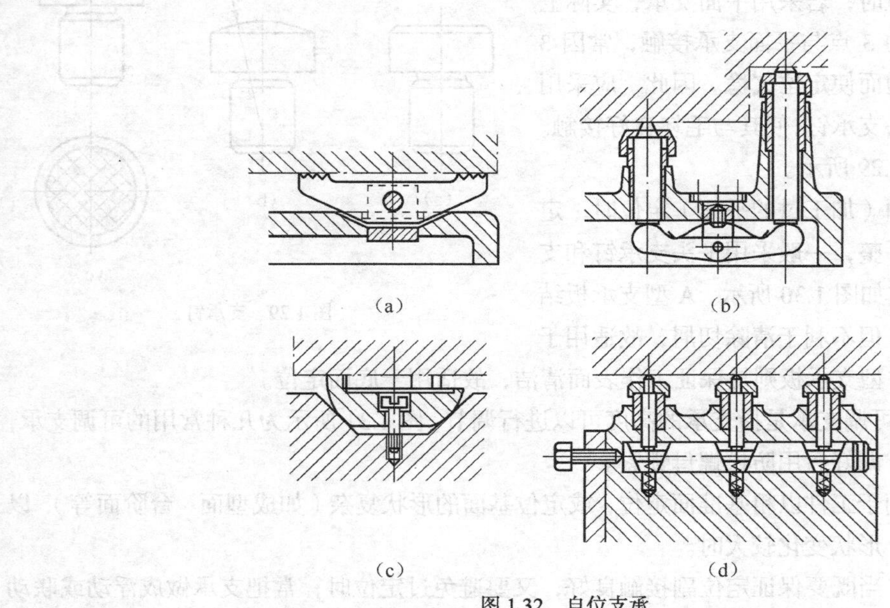

图 1.32　自位支承

另外，工件因尺寸形状或局部刚度较差，使其定位不稳或受力变形等原因，需增设辅助支承，用以承受工件重力、夹紧力或切削力。辅助支承不起限制自由度的作用，也不允许破坏原有定位，但起到预定位作用。

② 工件以圆柱孔定位。生产中，工件以圆柱孔定位应用较广，所采用的定位元件有圆柱销和各种心轴。这种定位方式的基本特点是：定位孔与定位元件之间处于配合状态，并要求确保孔中心线与夹具规定的轴线相重合。孔定位还经常与平面定位联合使用。

（a）圆柱定位销。图 1.33 所示为圆柱定位销结构。图 1.33（a）、图 1.33（b）和图 1.33（c）所示为最简单的圆柱定位销，用于不经常更换的情况，图 1.33（d）所示为带衬套可换式圆柱定位销。当工作部分直径 $D<10\text{mm}$ 时，为增加刚度避免圆柱定位销因撞击而折断，或防止热处理时淬裂，通常将根部倒成圆角 R，如图 1.33（a）所示。这时夹具体上应有沉孔，使圆柱定位销圆角部分沉入孔内，以不妨碍定位。大批量生产时为了便于更换圆柱定位销，可设计成如图 1.33（d）所示的结构。为便于工件顺利装入，圆柱定位销的头部应有 15° 倒角。

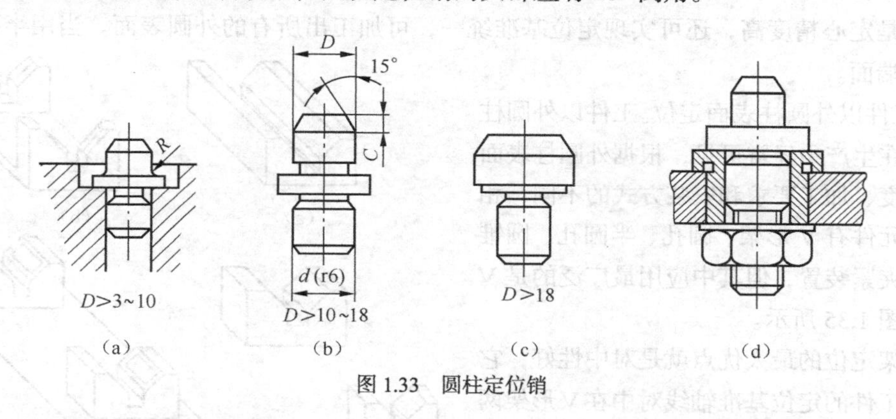

图 1.33 圆柱定位销

（b）圆锥销。如图 1.34 所示，工件以圆柱孔在圆锥销上定位。孔端与圆锥销接触，限制了工件的 3 个自由度 $\overrightarrow{X}$、$\overrightarrow{Y}$、$\overrightarrow{Z}$。图 1.34（a）所示的圆锥销定位用于粗基准，图 1.34（b）所示的圆锥销定位用于精基准。

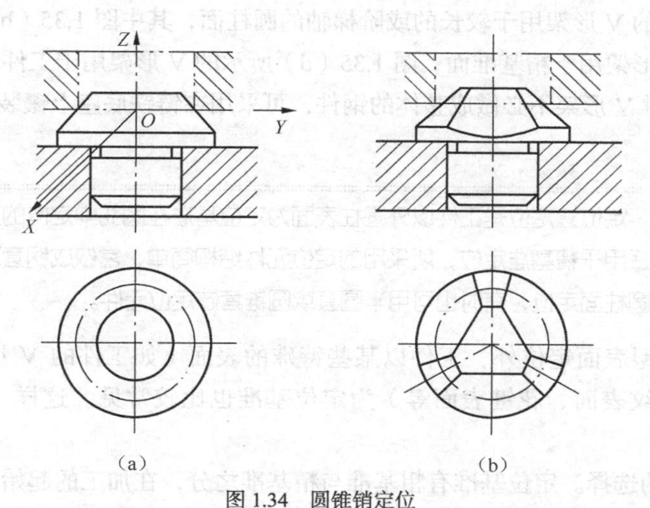

图 1.34 圆锥销定位

但是工件以单个圆锥销定位时易倾斜，故在定位时可成对使用，或与其他定位元件联合使用。

（c）定位心轴。心轴主要用于套筒类和空心盘类工件的车、铣、磨及齿轮加工。分为圆柱心轴和小锥度心轴。圆柱心轴装卸工件方便，但定心精度不高。为了减小定位时因配合间隙造成的倾斜，常以孔和端面联合定位，故要求孔与端面垂直，一般在一次安装中加工。心轴的定位圆柱面与端面亦应在一次安装中加工。当工件既要求定心精度高，又要求装卸方便时，常以圆柱孔在小锥度心轴上定位。心轴的锥度越小，定心精度越高，且夹紧越可靠。但工件轴向位置有较大的变动。因此，应根据定位孔的精度和工件的加工要求来合理地选择锥度。

③ 工件以圆锥孔定位。工件以圆锥孔作为定位基准面时，相应的定位元件为圆锥心轴、顶尖等。

（a）圆锥心轴。这类定位方式中圆锥面与圆锥面接触，要求圆锥孔和圆锥心轴的锥度相同，接触良好，因此要求定心精度与径向定位精度均较高，而轴向定位精度取决于工件孔和心轴的尺寸精度。圆锥心轴限制工件的五个自由度，即除绕轴线转动的自由度没限制外均已限制。

（b）顶尖。在加工轴类或某些要求准确定心的工件时，在工件上专为定位加工出工艺定位面——中心孔，中心孔即为圆锥孔。中心孔与顶尖配合，即为圆锥孔与圆锥销配合。中心孔定位的优点是定心精度高，还可实现定位基准统一，可加工出所有的外圆表面。当用半顶尖时，还可加工端面。

④ 工件以外圆柱表面定位。工件以外圆柱表面定位在生产中经常可见，根据外圆柱表面的完整程度、加工要求和安装方式的不同，相应的定位元件有 V 形架、圆孔、半圆孔、圆锥孔及定心夹紧装置，但其中应用最广泛的是 V 形架，如图 1.35 所示。

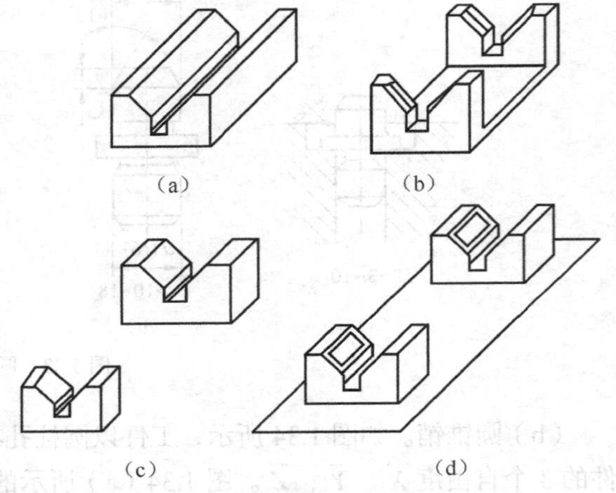

图 1.35　V 形架

V 形架定位的最大优点就是对中性好，它可使一批工件的定位基准轴线对中在 V 形架两斜面的对称平面上，而不受定位基准直径误差的影响，并且安装方便。图 1.35（a）所示的 V 形架用于较短的精基准面的定位；图 1.35（b）和图 1.35（c）所示的 V 形架用于较长的或阶梯轴的圆柱面，其中图 1.35（b）用于粗基准面，图 1.35（c）所示的 V 形架用于精基准面；图 1.35（d）所示的 V 形架用于工件较长且定位基准面直径较大的场合，此时 V 形架不必做成整体的钢件，可采用在铸铁底座上镶装淬火钢垫板的结构。

提示

定位套定位是工件以外圆柱表面为定位基准在圆孔中定位的方法。这种定位方法一般适用于精基准定位，所采用的定位元件结构简单，常做成钢套装于夹具体中。工件以外圆柱面定位，有时也可用半圆套或圆锥套做定位元件。

除上述各种典型表面定位外，工件以某些特殊的表面（如工件的 V 形导轨面、燕尾导轨面、齿形表面、螺纹表面、花键表面等）为定位基准也比较常见。这样，有利于保证其相互位置精度。

（2）定位基准的选择。定位基准有粗基准与精基准之分，在加工的起始工序中，只能以毛坯上未加工的表面作定位基准，这种定位基准称为粗基准，以已加工过的表面作定位基准的称为精基准。定位基准选择得正确与否，对保证零件的尺寸精度和相互位置精度要求，以及对零件各表面间的加工顺序安排都有很大影响。

① 粗基准的选择原则。选择粗基准时，主要要求保证各加工面有足够的余量，使加工面与不加工面间的位置符合图样要求，并特别注意要尽快获得精基准面。具体选择时一般遵循下列原则。

（a）选择重要表面为粗基准。为保证工件上重要表面的加工余量小而均匀，应选择加工精度以及表面质量要求较高的表面为粗基准。如床身的导轨面、车床主轴箱的主轴孔，都是各自的重要表面。因此，加工床身和车床主轴箱时，应以导轨面或主轴孔为粗基准。图 1.36 所示为导轨面粗基准的选择。

（b）选择不加工面作粗基准。对于同时有加工表面与不加工表面的工件，为了保证不加工表面与加工表面之间的位置要求，应选择不加工表面作粗基准，如图 1.37 所示。

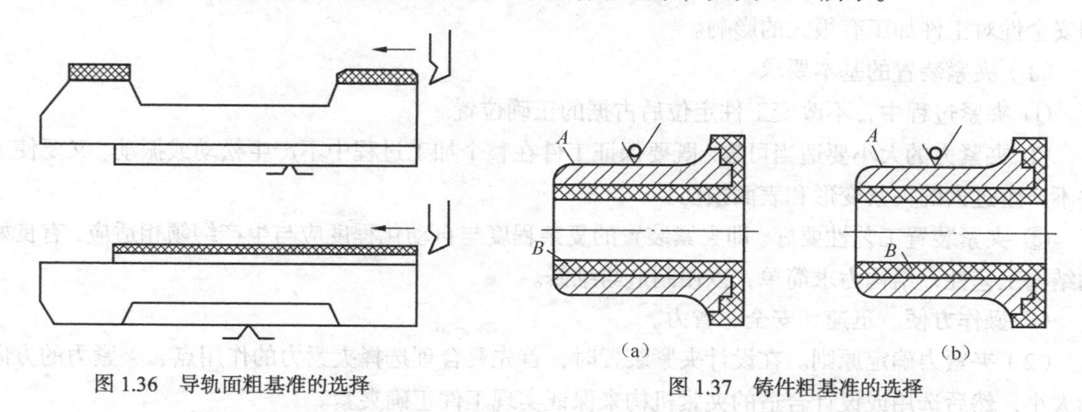

图 1.36　导轨面粗基准的选择

图 1.37　铸件粗基准的选择

（c）合理分配加工余量。对于具有较多加工表面的工件，选择粗基准时，应考虑合理地分配各加工表面的加工余量，选择毛坯余量最小、精度高的表面作粗基准。

（d）粗基准应避免重复使用。在同一尺寸方向上，粗基准只允许使用一次，以避免产生较大的定位误差。

（e）粗基准的表面应平整。选作粗基准的表面应平整，没有浇口、冒口和飞边等缺陷，以便定位准确，夹紧可靠。

② 精基准的选择原则。精基准的选择主要应考虑保证加工精度和工件安装方便可靠，夹具结构简单。选择时一般应遵循以下原则。

（a）基准重合原则。所谓基准重合是指以设计基准作为定位基准以避免产生基准不重合误差。即选用设计基准作为定位基准，以避免定位基准与设计基准不重合而引起的基准不重合误差。这种基准重合的情况能使某个工序所允许出现的误差加大，使加工更容易达到精度要求，经济性更好。但是，这样往往会使夹具结构复杂，增加操作的困难。而为了保证加工精度，有时不得不采取这种方案。

（b）基准统一原则。当工件上有许多表面需要进行多道工序加工时，应尽可能在多个工序中采用同一组基准定位，这就是基准统一原则。例如，加工轴类零件时，采用两中心孔定位加工各外圆表面，就符合基准统一原则。箱体零件采用一面两孔定位，齿轮的齿坯和齿形加工多采用齿轮的内孔及一端面为定位基准，均属于基准统一原则。

（c）自为基准原则。有些精加工工序为了保证加工质量，要求加工余量小而均匀，采用加工表面本身作为定位基准，这就是自为基准原则。磨削车床导轨面，用可调支承定位床身零件，在导轨磨床上，用百分表找正导轨面相对机床运动方向的正确位置，然后加工导轨面以保证其余量均匀，满足对导轨面的质量要求。

（d）互为基准原则。为了使加工面获得均匀的加工余量和较高的位置精度，可采用加工面互为基准、反复加工的原则。

（e）便于装夹原则。工件定位要稳定，夹紧可靠，操作方便，夹具结构简单。

工件上的定位精基准，一般是工件上具有较高精度要求的重要工作表面，但有时为了使基准统一或定位可靠，操作方便，须人为地制造一类基准面，这些表面在零件使用中并不起作用。

3. 工件的夹紧

在加工中，要保证工件不离开定位时占据的正确加工位置，就必须有夹紧装置，产生足够的夹紧力来抗衡切削力、惯性力、离心力及重力对工件定位的影响。因此，夹紧装置的合理、可靠和安全性对工件加工有很大的影响。

（1）夹紧装置的基本要求。

① 夹紧过程中，不改变工件定位后占据的正确位置。

② 夹紧力的大小要适当可靠。既要保证工件在整个加工过程中不产生松动或振动，又要使工件不产生过大的夹紧变形和表面损伤。

③ 夹紧装置工艺性要好。即夹紧装置的复杂程度与自动化程度应与生产纲领相适应，有良好的结构工艺性，结构力求简单，以便制造与维修。

④ 操作方便、迅速、安全、省力。

（2）夹紧力确定原则。在设计夹紧装置时，首先要合理选择夹紧力的作用点、夹紧力的方向和大小，然后选用或设计合适的夹紧机构来保证实现工件正确夹紧。

① 夹紧力方向的确定。夹紧力方向应有利于定位，而不应破坏定位，且主夹紧力应朝向主要定位基面。夹紧力方向选择得好，则有利于减小夹紧力。最佳情况是夹紧力、切削力和工件重力三者方向一致，这样所需夹紧力最小。但实际中满足最佳情况者并不多，故在夹紧设计中应根据各种因素，恰当处理。

② 夹紧力作用点的选择。夹紧力作用点应落在工件刚度较好的方向和部位，防止工件变形。这一原则对刚性差的工件特别重要。并且夹紧力作用点应尽量靠近被加工表面，以减小对工件造成的翻转力矩。同时，夹紧力的作用点应落在定位元件支承的面积范围之内，这样有助于夹紧时工件的稳固及定位的精度。

③ 夹紧力大小的确定。夹紧力大小要适当，过大会使工件变形，过小会使工件在加工过程中产生松动，造成工件报废甚至发生事故。夹紧力通常与切削力、工件重力、离心力或惯性力有关，另外，还与工艺系统刚性、夹紧力机构的传动效率等因素有关。因此，夹紧力大小的计算是一个非常复杂的问题，一般只能作粗略的估算。通常根据静力平衡原理，计算所需的理论夹紧力的大小，再乘以安全系数作为实际所需的夹紧力。

（3）基本夹紧机构。夹具中常用的夹紧机构有斜楔夹紧机构、螺旋夹紧机构以及圆偏心夹紧机构等。

① 斜楔夹紧机构。利用斜面直接或间接夹紧工件的机构称为斜楔夹紧机构，图 1.38 所示为几种斜楔夹紧机构的应用实例。

斜楔夹紧机构具有自锁性好、夹紧行程小、结构简单等优点。

② 螺旋夹紧机构。由螺钉、螺母、垫圈和压板等元件组成的夹紧机构称为螺旋夹紧机构，如图 1.39 所示。

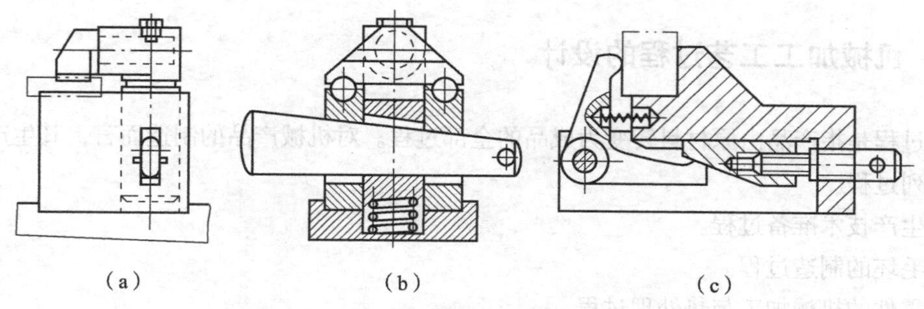

图 1.38 斜楔夹紧机构

螺旋夹紧机构结构简单，夹紧可靠，通用性和自锁性能好，夹紧力和夹紧行程较大，目前在夹具中得到广泛应用。螺旋夹紧机构是结构形式变化最多的夹紧机构，也是应用最广泛的夹紧机构。

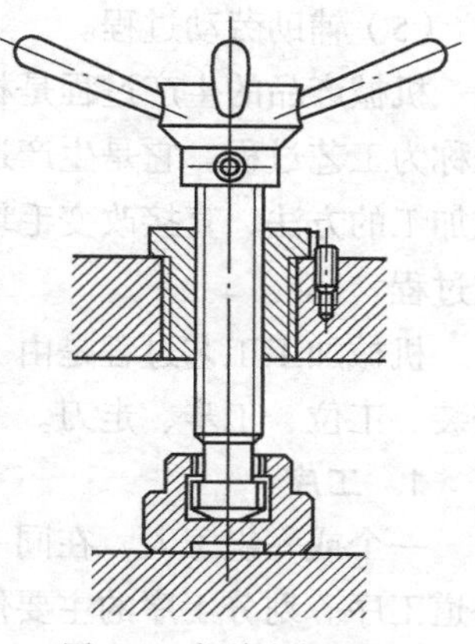
图 1.39 螺旋夹紧机构

③ 偏心夹紧机构。用偏心件直接或间接夹紧工件的机构称为偏心夹紧机构。偏心件有圆偏心和曲线偏心两种类型。圆偏心因结构简单，制造容易，在夹具中应用较多。

另外，还有联动夹紧机构和定心夹紧机构。联动夹紧机构要求从一处施力，可同时在几处（或几个方向上）对一个或几个工件同时进行夹紧。定心夹紧机构是一种同时实现对工件定心定位和夹紧的夹紧机构，在夹紧过程中，能使工件相对于某一轴线或某一对称面保持对称性。

训练与提高

（1）在机械制造中使用夹具的目的是什么？

（2）工件以内孔定位，常用哪几种心轴？

（3）定位装置和夹紧装置的作用是什么？

（4）什么叫完全定位？什么叫部分定位？

（5）确定图 1.40 所示零件的粗、精加工基准的选择方法。

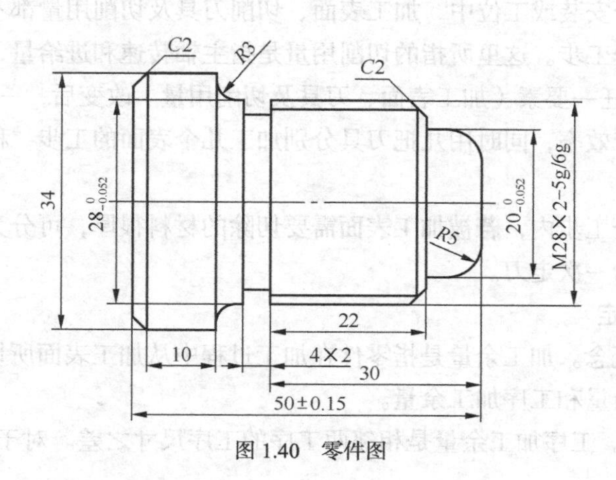

图 1.40 零件图

任务 2　机械加工工艺过程的设计

生产过程是指产品由原材料转变为成品的全部过程。对机械产品的制造而言，其生产过程主要包括下列过程。

（1）生产技术准备过程。

（2）毛坯的制造过程。

（3）零件的机械加工与热处理过程。

（4）产品的装配过程。

（5）辅助劳动过程。

机械产品的生产过程是相当复杂的。在这些过程中，改变原材料使其成为成品或半成品的过程称为工艺过程。它是生产过程的主要部分，如毛坯制造、机械加工、热处理和装配等。采用机械加工的方法，直接改变毛坯的形状、尺寸和表面质量等，使其成为零件的过程称为机械加工工艺过程。

机械加工工艺过程是由一个或若干个顺序排列的工序所组成，而每一个工序又可分为若干个安装、工位、工步、走刀。

1. 工序

一个或一组工人，在同一个工作地点，对一个或同时对一批工件连续完成的加工过程，称为一道工序。划分工序的主要依据是工人、工作地点（或加工设备）及工件并加上连续完成。需要注意的是，随着车间的生产条件和生产批量不同，同一种零件的工序划分及每一道工序所包含的内容也不同。

工序是组成机械加工工艺过程的基本单元，也是生产计划的基本单元。

（1）安装。加工之前，工件在机床上或夹具中占据某一正确位置的过程称为定位。工件定位后将其固定，使其在加工过程中保持定位位置不变的操作称为夹紧。工件经一次定位夹紧所完成的那一部分加工过程称为一次安装。在一道工序中，工件的加工可能要进行一次或多次安装。

（2）工位。为了减少工件安装的次数，常采用各种回转工作台、回转夹具或移位夹具，使工件在一次安装中先后处于几个不同位置进行加工。此时，工件相对于机床（刀具）每占据一个位置所完成的那部分加工过程称为一个工位。

（3）工步。在一个安装或工位中，加工表面、切削刀具及切削用量都不变的情况下所连续完成的加工内容称为一个工步。这里所指的切削用量是指主轴转速和进给量，不包括切深（或称背吃刀量）。构成工步的任一要素（加工表面、刀具及切削用量）改变后，一般即变为另一工步。

有时为了提高生产效率，同时用几把刀具分别加工几个表面的工步，称为复合工步。复合工步应视为一个工步。

（4）走刀。在一个工步内，若被加工表面需要切除的材料很厚，可分为几次切削，则每切削一次完成的加工内容为一次走刀。

2. 加工余量的确定

（1）加工余量的概念。加工余量是指零件在加工过程中从加工表面所切除的金属层厚度。加工余量可分为总加工余量和工序加工余量。

① 工序加工余量。工序加工余量是相邻两工序的工序尺寸之差。对于外圆和孔等回转表面，

加工余量是从直径方向考虑的，故称为双边余量，即实际切除的金属层厚度是加工余量的一半。平面的加工余量是单边余量，它等于实际切除的金属层厚度。

被包容面为轴：$Z_b=A-B$

被包容面为孔：$Z_a=B-A$

式中，Z_b ——工序加工余量；

A ——前工序公称尺寸；

B ——本工序公称尺寸。

② 总加工余量。总加工余量也叫毛坯余量，是零件上同一表面的毛坯尺寸与零件尺寸之差。总加工余量等于各工序加工余量之和。

$$Z_\Sigma=\sum_{i=1}^{n}Z_i$$

式中，Z_Σ ——总加工余量；

Z_i ——第 i 道工序的工序加工余量；

n ——该表面总共加工的工序数。

③ 工序加工余量与工序尺寸的关系。由于毛坯制造和各个工序尺寸都不可避免地存在着误差，因而无论总加工余量还是工序加工余量都是个变动值，即有最大加工余量和最小加工余量之分，只标公称尺寸的加工余量称为公称加工余量，工序加工余量与工序尺寸与公差的关系，如图1.41所示。从图中可以看出：工序公称加工余量是相邻两工序公称尺寸之差；工序最小加工余量是前工序最小工序尺寸和本工序最大工序尺寸之差；工序最大加工余量是前工序最大工序尺寸和本工序最小工序尺寸之差。工序加工余量的变动范围等于前工序与本工序两工序尺寸公差之和。

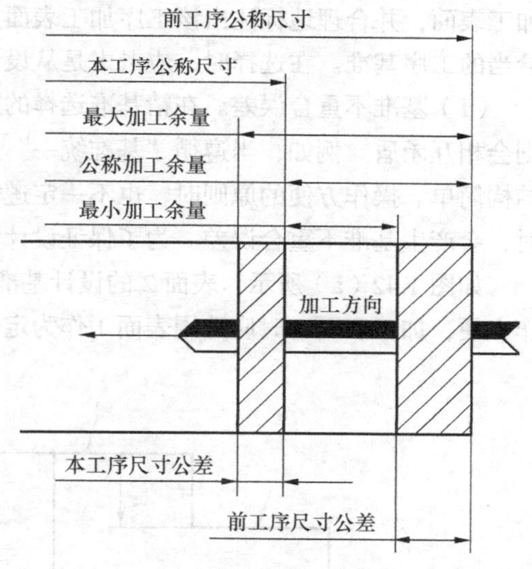

图 1.41 工序加工余量与工序尺寸关系

（2）工序加工余量的影响因素。加工余量的大小对零件的加工质量、生产效率和生产成本均有较大影响。若零件的加工余量过大，则不能保留零件最耐磨的表面层，降低了被加工表面的机械性能；同时增加了材料的损耗，提高了生产成本；增加了机械加工工时，降低了生产效率。若零件的加工余量过小，则不能保证去除零件表面的缺陷层；如果加工余量不够，就有可能造成零件报废。因此，加工余量要合理确定，在确保加工质量的前提下，工序加工余量应尽量选取小值。

① 前工序的各种表面缺陷和误差因素。表面粗糙度 Ra 和缺陷层 H_a，前工序的尺寸公差 T_a，前工序的形状误差 η_a 和位置误差 ρ_a。

② 本工序加工时的安装误差 ε_b。安装误差包括工件的定位误差和夹紧误差，若用夹具装夹工件时，还要考虑夹具的安装误差。这些误差会使工件在加工时的位置发生偏移，所以确定工序加工余量还必须考虑安装误差的影响。

③ 工序基本余量的计算。通过上面的分析，可以得出工序基本余量的计算公式：

工序基本余量为单边余量时

$$Z_b = R_a + H_a + T_a + |p_a + \varepsilon_b|$$

工序基本余量为双边余量时

$$2Z_b = R_a + 2(H_a + T_a) + 2|p_a + \varepsilon_b|$$

对不同的零件和不同的工序，上述误差的数值与表现形式也各有不同。在决定工序加工余量时要区别对待。

（3）确定加工余量的方法。

① 分析计算法。根据工序加工余量的计算公式和一定的试验资料，对影响工序加工余量的各项因素进行分析，通过计算确定其值。

② 查表法。这种方法主要以工厂生产实践和试验研究积累的经验制成的表格为基础，参照有关机械加工工艺手册，并结合本厂的实际加工情况加以修正而确定工序加工余量，这种方法应用广泛。

③ 经验估计法。根据工艺人员的经验确定工序加工余量。一般情况下，需防止因余量过小而产生废品，所以经验估计法确定的余量常常偏大，这种方法常用于单件小批量生产。

3. 工序基准的选择

在设计工序时，必须在工序卡片上绘制出加工所需的工序简图，在该图上要明确地表示出被加工表面，并合理地标注出该工序加工表面加工后的尺寸、形状和位置的要求，为此就需要选择恰当的工序基准。在选择时，应考虑是从设计基准标注还是从定位基准标注的问题。

（1）基准不重合误差。在精基准选择的原则中，都是从不同角度提出的要求，但有时这些原则会相互矛盾。例如，当遵循“基准统一”原则时，不一定符合“基准重合”原则，当遵循夹具结构简单、操作方便的原则时，也不一定遵守“基准重合”原则。当定位基准与设计基准不重合时，会产生基准不重合误差。为了保证设计要求，必须提高有关尺寸的加工精度。

如图 1.42（a）所示，表面 2 的设计基准是表面 3。为了使定位稳定可靠、夹具结构简单、操作方便，加工表面 2 时应选用表面 1 作为定位基准，如图 1.42（b）所示。

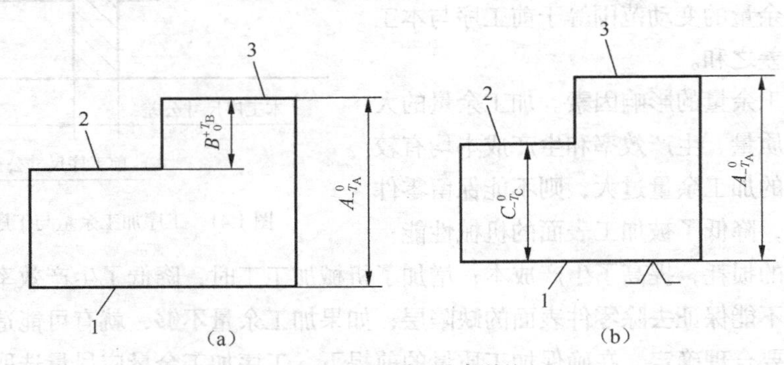

图 1.42　基准不重合误差

零件图样上原设计要求是尺寸 A 和尺寸 B，它们是分别单独要求的。但是，由于加工时定位基准与设计基准不重合，使尺寸 B 的加工误差引入了一个从定位基准到设计基准之间的尺寸 A 的误差，这个误差称为基准不重合误差。

基准不重合误差等于定位基准到设计基准之间尺寸的公差。当基准不重合误差太大较难保证设计尺寸时，应该采取如下措施。

① 提高定位基准到设计基准之间的尺寸精度，即减小基准不重合误差。

② 改变定位方式，使基准重合，但必须同时满足定位可靠、加工方便。

③ 采用试切法加工，例如，对图 1.42（a）所示零件，加工时可采用表面 1 定位试切表面 3，直接保证尺寸 B。

④ 采用组合铣刀加工，例如，对图 1.42（b）所示零件，加工时可用表面 1 定位，用组合铣刀同时加工表面 2 和表面 3，由刀具直接保证尺寸 B。

提示

在分析基准不重合误差时，应注意以下几点。

① 基准不重合误差是在采用调整法加工一批工件时产生的，若采用试切法加工就不存在该误差。

② 基准不重合误差只与定位基准的选择有关，而与定位方式及加工方法无关。基准不重合误差完全取决于定位基准到设计基准之间的尺寸精度。

③ 基准不重合误差不仅适合于位置尺寸精度，而且适合于形位误差精度。

④ 基准不重合误差可以引申到其他基准不重合的场合。如设计基准与装配基准、工序基准与设计基准、测量基准与工序基准等基准不重合，都会有基准不重合误差。

⑤ 在计算基准不重合误差时，若定位基准到设计基准之间的尺寸线方向与工序尺寸线方向不平行，则应把定位基准到设计基准之间的尺寸公差向工序尺寸线方向投影作为基准不重合误差值。

（2）工序基准与设计基准的关系。零件上各表面间的尺寸精度，是通过一系列工序加工后获得的。这些工序的顺序、工序尺寸的大小、标注方式是与零件图上设计尺寸的标注有直接关系的。

① 工序基准与设计基准重合。对于工序尺寸标注而言，工序图上的工序基准是用来确定某工序加工应达到尺寸的起点，其作用是能够标注被加工表面的位置，又是工序尺寸检验的依据。这是工艺员在确定了工序加工中的定位基准后才能标注出的，因此工序基准的选择就要考虑服从基准重合原则。

当工序基准与设计基准重合时，在最终工序中，工序尺寸可以直接按零件图有关的位置尺寸进行标注，这样可以避免尺寸换算和压缩公差。

② 工序基准与设计基准不重合。在最终工序中，如果工序基准不能与设计基准重合，则工序尺寸及公差就不能直接取自零件图样上的设计尺寸及公差，就需要通过尺寸链换算才能得到。经换算后的工序尺寸公差要比直接按零件图样上的设计尺寸标注要小，即缩小有关工序尺寸的公差。

（3）工序基准与定位基准的关系。定位基准是加工中作为定位的基准，当工件在夹具中（或直接在机床上）定位时，使工件在工序尺寸方向上得到确定的位置，以保证该工序的加工尺寸精度，因此工序基准和定位基准是密切联系的。

当定位基准和设计基准不可能重合时，工序基准就需要看和这两个基准中的哪一个重合更为合适。当使工序基准和定位基准重合时，则需要进行尺寸链的换算。例如，在工序加工时采用调整法进行加工，便于刀具的调整，在这种情况下，尽量使工序基准和定位基准重合。

（4）工序基准和测量基准的关系。在制订工艺规程时，要考虑保证工序有最合理的检验条件，这是由于设计基准在工序检验中不能作为测量基准，因而工序基准就不适合于和设计基准重合而引起的问题。

① 工序基准与测量基准重合。工序尺寸都是要进行测量和检验的，为了便于测量，工序基准

最好和测量基准重合。当工序基准不能和设计基准相重合，而和测量基准重合，这样也要进行尺寸链的换算。

② 工序基准和测量基准不重合。在检验工序尺寸时，有时将工序基准和设计基准重合，而不和测量基准重合，则在加工时或加工后一般不能用万能量具直接进行测量，而只能用比较法或间接测量确定工序尺寸。

（5）工序基准的选择原则。最终工序的工序基准的选择原则是：

（a）工序基准和设计基准重合，以避免尺寸换算和压缩公差。

（b）工序基准和定位基准重合，便于调整刀具而进行定距切削加工。

（c）工序基准要便于作测量基准，以使测量方便和测量工具简单。

必须注意的是，在工序图上应力求四个基准（设计基准、工序基准、定位基准、测量基准）重合，这是一种最理想的情况。但是，在实际加工中定位基准与设计基准不重合，则工序基准的选择应力求与测量基准重合。如果采用试切法进行切削加工时，则应将工序基准与设计基准重合。当定位基准和设计基准均不适宜作为测量基准时，则应选择其他表面作为工序基准。若采用调整法进行切削加工时，则工序基准必须和定位基准重合。对于中间工序来说，由于被加工表面的尺寸尚未达到零件图样的设计要求，则根本谈不上基准重合的问题。

4. 工序尺寸及公差的确定

工序余量确定以后，就可以确定各工序尺寸及公差。由于工序尺寸及公差是零件在加工过程中各工序应达到的加工尺寸，因此正确地确定各工序尺寸及公差是工序设计中的主要工作。确定工序尺寸及公差时，应从工序基准和设计基准重合与否来加以考虑。

（1）工序尺寸基本值的确定。当工序基准、测量基准、定位基准或编程坐标系的原点和设计基准重合时的表面需要多次切削加工，则最终工序的工序尺寸及公差可直接按零件图样的设计要求确定。而中间工序的加工尺寸是根据零件图样的尺寸加上（或减去）工序余量而得到的，即采用“由后往前推”的方法，由零件图样的设计尺寸逐次推算出各工序的尺寸，一直推算到毛坯为止。

由此可知，各工序尺寸可由最终工序尺寸和工序余量推算而得到。应该注意的是，包容面由后往前推算出的工序尺寸是逐渐减小的，即为本工序的加工尺寸减去本工序的余量，就是前工序的加工尺寸。

必须指出，零件上的外圆和孔在加工时的各工序尺寸基本值，常采用“由后往前推”的方法确定。但在推算时应注意单边余量和对称的双边余量问题。若工序尺寸为直径尺寸，则工序余量应为对称的双边余量。

（2）工序公差的确定。工序公差一般可以根据加工方法确定。若工序公差规定得太小，就要求采用精密的加工方法和准确的定位装置，这样必然会影响加工的经济性。如果工序公差规定得过大，则由于本工序的公差太大，会直接影响到后面工序的加工余量的变化，就会影响后面工序的加工精度。通常最终工序的公差，如果不能缩小时，应直接取自零件图样上规定的公差，而所有各中间工序的公差，均由工艺员确定，这样便可根据该工序加工方法的经济精度要求取定。

对于简单的工序尺寸（工艺基准不变换的情况），则可根据零件图样的尺寸、各工序余量、各工序所能达到的精度，由后逐渐向前推算，一直推算到毛坯尺寸。

应该指出，参考经济精度确定的工序公差，并不意味着工序公差就此最后确定了，有时还需要根据其他一些影响因素作某些修正。例如，对于用作定位基准的表面，在工艺过程刚开始阶段就要求加工得比较准确，以便保证工件较高的定位精度，即下一工序作定位基面用的工序尺寸应适当缩小公差。又如对于某些要求渗碳（或渗氮）的零件，在确定这些渗碳（或渗氮）表面加工的工序公差时，必须与零件图样中所规定的渗碳（或渗氮）层深度变化范围相适应，即渗碳（或渗氮）层深度公差要求较小的表面，在渗碳（或渗氮）前的加工工序要适当缩小工序公差。

制订表面形状复杂零件的工艺规程，或零件在加工过程中需要多次变换工艺基准，或工艺尺寸需从尚待继续加工的表面标注等，工艺尺寸的计算就比较复杂，就要利用尺寸链原理来分析和计算工序公差，并对工序余量进行校核以确定工序尺寸及其上下偏差。

提示

在设计基准、定位基准、测量基准都重合的情况下，某一表面需要经过多次加工才能达到设计要求，因而必须确定各工序的工序尺寸及其公差。其步骤为：

（1）先确定各工序的加工余量。根据各工序的加工性质，参照有关机械加工工艺手册，查表得出各加工方法的加工余量。

（2）计算各工序的公称尺寸。根据查表得到的各工序的加工余量，由该表面的设计尺寸开始，即由最后一道工序开始逐一向前推算各工序的公称尺寸，直到毛坯的公称尺寸。

（3）确定各工序的尺寸公差和表面粗糙度值。根据各工序的加工方法，查表求出所能达到的经济精度和表面粗糙度，并查表转换成尺寸公差。

（4）标注各工序的尺寸公差和表面粗糙度。各工序尺寸公差按“人体原则”确定上、下极限偏差；毛坯尺寸公差按“对称原则”确定上、下极限偏差。

5. 工艺设备和工艺装备的选择

所谓工艺设备是指完成工艺过程的主要生产装置，如各种机床、加热炉等。而工艺装备是指产品制造过程中所用的各种工具的总称，包括刀具、夹具、量具、钳工工具等。在设计机床工序时，需要具体选定机床、夹具、切削工具和量具。

（1）机床的选择。选择机床时，一般应考虑以下几个方面的问题。

① 机床主要规格的尺寸应与工件外轮廓尺寸相适应。即小工件应当选择小规格的机床加工，大工件则选择大规格的机床加工，做到设备合理使用。

② 机床的类型应与工序的划分原则相适应。若工序是按集中原则划分的，对单件小批量生产，则应选择通用机床或数控机床；对大批量生产，则应选择高效自动化机床和多刀、多轴机床。若工序是按分散原则划分的，则应选择结构简单的专用机床。

③ 机床的工作精度应与工序要求的加工精度相适应。根据加工精度要求合理选择机床，如精度要求低的粗加工工序，应选用精度低的机床；精度要求高的精加工工序，应选用精度高的机床。

④ 机床的功率与刚度以及机动范围应与工序的性质和最合适的切削用量相适应。如粗加工工序去除的毛坯余量大，切削用量就选得大，这就要求机床有大的功率和较好的刚度。

应该注意的是，在选择机床时应充分利用现有设备，根据需要进行改装，以扩大机床的功能。开展技术革新挖潜工作，以解决设备的需要。当机床选定后，往往需要根据负荷的情况进一步修订工艺路线，并适当调整工序的内容。

（2）夹具的选择。在选择机床的同时，应考虑在机床上装夹工件所用的夹具。

① 单件小批量生产时，应优先使用组合夹具、通用夹具或可调夹具，以节省费用和缩短生产准备时间。

② 成批量生产时，可采用专用夹具，但力求结构简单。

③ 装卸工件要方便可靠，以缩短辅助时间，有条件且生产批量较大时，可采用液动、气动或多工位夹具，以提高加工效率。

④ 在数控机床上使用的夹具，要能够安装准确，能协调工件和机床坐标系的尺寸关系。

力求设计基准、工艺基准与编程原点统一，以减少基准不重合误差和数控编程中的计算工作量。能尽量减少装夹次数，做到一次装夹后能加工出工件上大部分待加工表面，甚至全部待加工表面，以减少装夹误差，提高加工表面之间的相互位置精度，并充分发挥数控机床的效率。避免采用占机人工调整式方案，影响加工效率。

（3）切削刀具的选择。一般优先采用标准刀具，必要时也可采用各种高生产率的复合刀具及其一些专用刀具。此外，应结合实际情况，尽可能选用各种先进刀具，如可转位刀具、整体硬质合金刀具、陶瓷刀具等。刀具的类型、规格和精度等级应符合加工要求，刀具材料应与工件材料相适应。

在刀具性能上，数控机床加工所用刀具应高于普通机床加工所用刀具。因此，选择数控机床加工刀具时，还应考虑以下几个方面的问题。

① 切削性能好。为适应刀具在粗加工或对难加工材料的工件加工时，能采用大的背吃刀量和高速进给，刀具必须具有能够承受高速切削和强力切削的性能。同时，同一批刀具在切削性能和刀具寿命方面一定要稳定，以便实现按刀具使用寿命换刀或由数控系统对刀具寿命进行管理。

② 精度高。为适应数控加工的高精度和自动换刀等要求，刀具必须具有较高的精度。如有的整体式立铣刀的径向尺寸精度高达 0.005mm。

③ 可靠性高。要保证数控加工中，不会发生刀具意外损坏及潜在缺陷而影响到加工的顺利进行，要求刀具及与之组合的附件必须具有很好的可靠性及较强的适应性。

④ 耐用度高。数控加工的刀具，不论在粗加工或精加工中，都应具有比普通机床加工所用刀具更高的耐用度，以尽量减少更换或修磨刀具及对刀的次数，从而提高数控机床的加工效率及保证加工质量。

⑤ 断屑及排屑性能好。数控加工中，断屑和排屑不像普通机床加工那样能及时由人工处理，切屑易缠绕在刀具和工件上，这样会损坏刀具和划伤工件已加工表面，甚至会发生伤人和设备事故，影响加工质量和机床的安全运行，所以要求刀具应具有较好的断屑和排屑性能。

（4）量具的选择。量具的选择主要根据工序中检验要求的精度和生产批量的大小决定。在单件小批量生产中，广泛采用通用量具，如游标卡尺、百分表等。大批量生产中，主要采用各种界限量规和一些高生产率的专用检具与量仪等。量具的精度必须与加工精度相适应，以提高工件的测量精度。

训练与提高

什么是设计基准、工艺基准（分为装配基准、定位基准、测量基准和工序基准）？如何选择？

任务 3 工艺尺寸的计算

1. 工艺尺寸链的基本概念

（1）工艺尺寸链的定义。在机器装配或零件加工过程中，由相互连接的尺寸形成封闭的尺寸组称为尺寸链。在加工过程中由相互联系的工艺尺寸按一定顺序首尾相连形成的封闭尺寸系统称为工艺尺寸链，如图 1.43 所示。

（2）工艺尺寸链的组成。

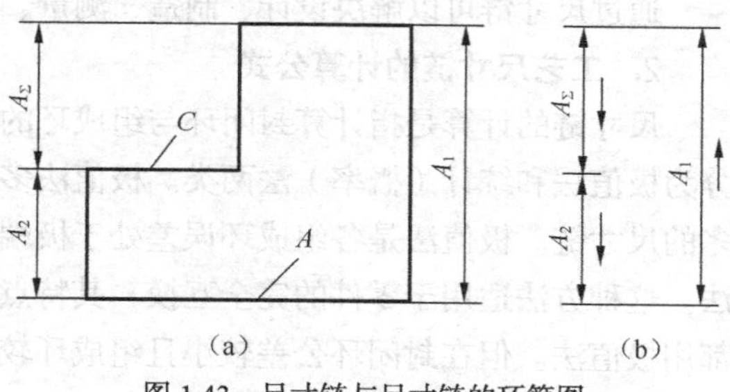

图 1.43　尺寸链与尺寸链的环简图

① 尺寸链的环。环是指列入工艺尺寸链中的每一个尺寸，环一般用大写拉丁字母表示。

② 封闭环。封闭环是在加工过程中最后自然形成或间接获得（或装配中最后形成）的尺寸，以下角标“Σ”表示。

③ 组成环。组成环是在工艺尺寸链中除封闭环以外的其他环。这些环中任意一环的变动将引起封闭环的变动。组成环一般用加下角标“i”（i 的值为 1–m，m 为环数）的大写拉丁字母表示。根据对封闭环影响的不同，组成环分为增环和减环。

④ 增环。组成环中，由于该环的变动引起封闭环同向变动（即该环增大时封闭环也增大，该环减小时封闭环也减小）的环称为增环。用该尺寸上加向右箭头表示，如 $\vec{A_i}$。

⑤ 减环。如果该环的变动引起封闭环反向变动（即该环增大时封闭环减小，该环减小时封闭环增大）的环则称为减环，用该尺寸上加向左箭头表示，如 $\overleftarrow{A_j}$。

（3）工艺尺寸链的建立。在建立工艺尺寸链时，应遵循“最短尺寸链原则”。对于某一封闭环，若存在多个尺寸链，则应选取组成环环数最少的那一个尺寸链。这是因为在封闭环精度要求一定的条件下，尺寸链中组成环的环数越少，则对组成环的精度要求越低，从而可以降低产品的加工成本。

① 确定封闭环。封闭环是在加工过程中最后自然形成或间接保证的尺寸，一般根据工艺过程或加工方法确定。

② 查找组成环。根据工艺尺寸链的两个特征——封闭性和关联性，在确定封闭环之后，先从封闭环的一端开始，依次找出影响封闭环变动的相互连接的各个尺寸，直到最后一个尺寸与封闭环的另一端连接为止。其中每一个关联的尺寸就是一个组成环，它们与封闭环连接形成一个封闭的尺寸链即工艺尺寸链。

③ 画出工艺尺寸链图。为简便起见，通常不绘出该零件（或装配部分）的具体结构，而是不严格按比例，将各有关尺寸依次排列成封闭图形，将封闭环和各个组成环相互连接的关系单独用简图表示，称为工艺尺寸链图。

画工艺尺寸链图时，为了能迅速判别各组成环的性质，可用首尾相连带单向箭头的线段来表示尺寸链的各环，线段一端的箭头仅表示查找组成环的方向。图 1.44（a）所示即为尺寸链简图。

除可用定义直接判定增环、减环外，还可在绘制尺寸链图时，先在封闭环上任意画一箭头，然后沿着该箭头方向顺次对各组环画箭头，如图 1.44（b）所示。凡与封闭环箭头方向相同的环即为减环；与封闭环箭头方向相反的环即为增环，图 1.44（c）所示。

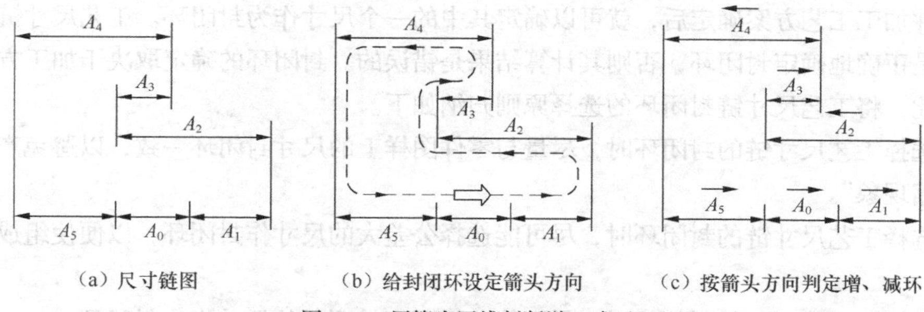

图 1.44　用箭头回线判断增、减环

通过尺寸链可以解决设计、制造、测量、装配中的有关尺寸问题。

2. 工艺尺寸链的计算公式

尺寸链的计算是指计算封闭环与组成环的公称尺寸、公差及极限偏差之间的关系。计算方法分为极值法和统计（概率）法两类。极值法多用于环数少的尺寸链；统计（概率）法多用于环数多的尺寸链。极值法是各组成环误差处于极端的情况下，确定封闭环与组成环关系的一种计算方法。这种方法适用于零件的完全互换，其特点是计算简单、加工可靠，因此工艺尺寸链计算一般都用极值法。但在封闭环公差较小且组成环较多时，各组成环的公差将会更小，使加工困难，成本增加。

（1）封闭环的公称尺寸。封闭环的公称尺寸等于所有增环公称尺寸之和减去所有减环公称尺寸之和：

$$A=\sum_{i=1}^{m}\vec{A}_i-\sum_{j=m+1}^{n-1}\overleftarrow{A}_j$$

式中，A_i为各增环的公称尺寸；m为增环的环数；A_j为各减环的公称尺寸；n为尺寸链的总环数。

（2）封闭环的极限尺寸。封闭环的最大尺寸等于各增环的最大尺寸之和减去各减环的最小尺寸之和；封闭环的最小尺寸等于各增环的最小尺寸之和减去各减环的最大尺寸之和：

$$A_{0\max}=\sum_{i=1}^{m}\vec{A}_{i\max}-\sum_{j=m+1}^{n-1}\overleftarrow{A}_{j\min}$$

$$A_{0\min}=\sum_{i=1}^{m}\vec{A}_{i\min}-\sum_{j=m+1}^{n-1}\overleftarrow{A}_{j\max}$$

（3）封闭环的上极限偏差。封闭环的上极限偏差等于所有增环的上极限偏差之和减去所有减环的下极限偏差之和：

$$\mathrm{ES}_0=\sum_{i=1}^{m}\mathrm{ES}\vec{A}_i-\sum_{j=m+1}^{n-1}\mathrm{EI}\overleftarrow{A}_j$$

（4）封闭环的下极限偏差。封闭环的下极限偏差等于所有增环的下极限偏差之和减去所有减环的上极限偏差之和：

$$\mathrm{EI}_0=\sum_{i=1}^{m}\mathrm{EI}\vec{A}_i-\sum_{j=m+1}^{n-1}\mathrm{ES}\overleftarrow{A}_j$$

（5）封闭环的公差。封闭环的公差等于组成环公差的代数和：

$$T_0=\sum_{i=1}^{n-1}T_i$$

3. 工艺尺寸链封闭环的选择

在零件加工工艺方案确定后，就可以确定其中的一个尺寸作为封闭环。工艺尺寸链的计算的关键问题是正确地确定封闭环，否则其计算结果是错误的。封闭环的确定取决于加工方法和测量方法。为此，将工艺尺寸链封闭环的选择原则归纳如下。

（1）选择工艺尺寸链的封闭环时，尽量与零件图样上的尺寸封闭环一致，以避免产生工序公差的“压缩现象”。

（2）选择工艺尺寸链的封闭环时，尽可能选择公差大的尺寸作封闭环，以便使组成环分得较大的公差。

（3）选择工艺尺寸链的封闭环时，尽可能选择不容易测量的尺寸作为封闭环。

（4）选择工艺尺寸链的封闭环时，要注意两个或多个尺寸链中的“公共环”，它在某一尺寸链中作了封闭环，则在其他尺寸链中必为组成环，这种情况就成为“封闭环的一次性”。

（5）选择工艺尺寸链的封闭环时，要注意所求解的尺寸链的环数最少，从而使组成环能获得较大的公差，这就称为“最短尺寸链的原则”。

（6）选择工艺尺寸链的封闭环时，通常选择加工余量作为封闭环。

任务4　数控加工工艺分析与设计

1. 数控加工工艺的基本特点和内容

（1）数控加工工艺的基本特点。在设计零件的数控加工工艺时，首先要遵循普通加工工艺的基本原则和方法，同时还必须考虑数控加工本身的特点和零件编程要求。主要基本特点有以下几方面。

① 必须事先设计好工艺问题。在加工之前必须对工件加工部位、加工顺序、刀具配置与使用顺序、刀具轨迹、切削参数等方面进行详细的分析和设计，具体到每一次走刀路线和每一个操作细节。这与普通机床加工有较大的区别，在普通机床加工时许多工艺问题可以由操作工人在加工中灵活掌握并通过适时调整来处理，而在数控加工中就必须由编程人员事先具体设计和明确安排。

② 数控加工工艺设计应十分准确而严密。在数控加工的工艺设计中必须注意加工过程中的每一个细节，尤其是对图形进行数学处理、计算和编程时一定要力求准确无误。否则，可能会出现重大机械事故和质量事故。编程人员除了必须具有较扎实的工艺知识和较丰富的实际工作经验外，还必须具有耐心、细致的工作作风和高度的工作责任感。

③ 可以加工复杂的表面。数控加工可以加工复杂表面、特殊表面或有特殊要求的表面，并且其加工质量与生产效率非常高。在工件的一次装夹中可以完成多个表面的多种加工，甚至可在工作台上装夹几个相同或相似的工件进行加工，从而缩短了加工工艺路线和生产周期，减少了加工设备、工艺装备和工件的运输工作量。

④ 工艺装备先进。为了满足数控加工中高质量、高效率和高柔性的要求，数控加工中广泛采用先进的数控刀具、组合夹具等工艺装备。

（2）数控加工工艺的内容。根据实际应用需要，数控加工工艺主要包括以下内容。

① 确定数控机床加工的工件和内容。

② 对零件图样进行工艺分析，确定加工内容及技术要求。

③ 具体设计数控加工工序，如工步的划分、工件的定位与夹具的选择、刀具的选择、切削用量的确定等。

④ 选择对刀点、换刀点的位置，加工路线的确定，刀具补偿，加工余量的确定。

⑤ 数控加工工艺文件的整理和归档。

2. 编制数控加工工艺应注意的问题

编制数控加工工艺应注意的问题主要包括：审查零件图的工艺及加工尺寸精度要求、分析加工零件的工艺性、其他工序的技术条件对数控工序的影响、熟悉数控加工设备的性能、夹具的选择、刀具的选择、编制加工工艺时应注意的检测问题、借鉴相关类似的加工工艺方法。

（1）对零件图的工艺审查。对零件图的工艺审查主要是审查该零件的加工工艺性，主要内容有以下几方面。

① 加工尺寸的精度，包括几何公差。

② 加工几何形状的工艺性，是否存在加工工艺窄口（表面粗糙度、变形、材料较硬、窄槽、薄壁、不容易测量、零件的刚性等）。

③ 检测。用通用量具的可测性。

④ 设计基准是否合理。

⑤ 组合加工的技术要求。

⑥ 零件热处理和表面处理的技术条件对精加工的影响。

如果在零件图中有不合理和要求过高的地方，在不影响产品质量和性能的条件下，设计人员可以进行更改，从而改善零件的加工性。

（2）加工零件的工艺性分析。工艺分析有两种，一种是对加工工序进行工艺分析，另一种是对整个零件进行工艺分析。内容如下所示。

① 通过工艺分析，制定加工方案，编制加工工艺流程。

② 提出或发现问题，制定解决问题（如加工尺寸精度、装夹定位、加工过程中易变形、检测、刀具、基准转换和工序间相应连接的技术条件问题）的方法和措施。

③ 整个零件在加工过程中所使用的刀、夹、量具及辅具（包括通用的工具和专用工具）。

④ 测量方法（量具直接测量；间接测量；在线测量；工艺保证；加工完后用仪器测量）的制定。

⑤ 创造加工过程中的辅助条件。

（3）注意其他工序的技术条件对数控工序的影响。一个几何形状复杂，加工精度要求高的零件，在粗、半精和精加工3个阶段中，有许多道加工工序，其中有普通加工工序，也有数控加工工序以及热处理工序，这些工序相互穿插进行。这时应特别注意其他工序的技术条件（如其他工序给数控工序准备的装夹定位基准面和孔的尺寸精度、几何公差、余量的大小和热处理的变形等）对数控工序的影响。

（4）熟悉数控加工设备的性能。在加工高精度零件（精度等级在IT6～IT8级，几何公差为0.01～0.03）时，对数控机床的了解是很有必要的，作为使用者应了解数控机床以下几个方面的特点。

① 数控机床的几何精度（见出厂检测报告）。它主要影响加工零件的几何公差。

② 数控机床的定位精度和重复定位精度（见出厂检测报告）。它们主要影响加工尺寸精度和加工尺寸的一致性。

③ 数控机床附加轴的几何精度、定位精度和重复定位精度（如数控车床的*A*轴、立式加工中心和卧式加工中心工作转台等）。这些因素同样影响加工零件的尺寸精度和几何公差精度。

④ 了解各种数控机床工作台的装夹和定位结构形状，以及空间尺寸。这对设计专用夹具和使用组合夹具都非常有用。

⑤ 熟练掌握数控机床的操作和编程方法。

（5）加工尺寸精度。在分析加工尺寸精度时应注意如下几点。

① 所使用的加工设备在精度上满足零件的加工需要。

② 对用来定位和作为基准使用的面和孔，可以适当提高加工精度。

③ 为了满足组合件的装配精度，在单件加工零件时要进行公差分配，加工工艺好的零件精度可适当提高，对于加工工艺性差的零件精度可适当降低。

④ 当基准转换后，有些尺寸公差要进行尺寸链计算。

⑤ 在定位和装夹可靠的情况下，或切削要素选择正确的情况下，许多几何公差是由设备和工

艺保证的。

⑥ 装配后以及零件加工完毕，因测量的需要，基准支承面、找正面、找正孔等应与加工基准有尺寸关系，加工精度应比零件精度高。

（6）夹具。

① 数控车床所用的专用夹具大致分为四类：一是自动夹具如气动和液压夹具，二是手动夹具，三是组合夹具，四是一次性自身加工使用的夹具（用于高精度零件的加工）。另外就是与主轴配套的夹管。夹具设计与普通机床所用的夹具一样，只是与主轴连接部分有所不同。在这里需注意的是，随着机床加工性能的提高和加工范围的扩大，夹具的用量越来越少，夹具的结构也越来越简单。

② 加工中心和数控铣床所用的专用夹具和普通铣床、镗床用的夹具一样。在大批量生产时用自动夹具和转换夹具，在单件和小批量生产时用手动夹具。但大部分工厂还是以组合夹具为主。

应当注意的是卧式加工中心在加工时，一次装夹可以加工多个面，所以在设计夹具时要充分考虑干涉问题。

（7）编制加工工艺时应注意检测问题。

① 在加工中对孔、轴、槽、深度、高度、长方形的凸凹台等，都可以用专用量具和通用量具直接测量。但位置尺寸（多台阶的距离、多槽的距离、孔距等）在加工中就很难用通用量具测量。这时操作者应会用千分杠杆表和机床手动方式对位置尺寸自检。

② 对几何公差的测量。由于数控车床和加工中心的难易程度不同，所测的项目也不同。对数控车床来讲，几何公差可以通过打表来自检，唯一不好测量的就是轮廓精度。对加工中心来讲，几何公差测量的难度较大，如轮廓度、同轴度、平面度和圆柱度等。

（8）对相关类似加工工艺方法的借鉴。

① 车床加工方法与数控车床加工方法的关系。

② 铣削加工方法、镗削加工方法与加工中心加工方法的关系。

（9）刀具。刀具的选择和使用主要根据零件的加工内容和生产现场条件。

薄壁和沟槽在零件的几何图中只是局部形状。用铣削的方法加工高精度尺寸的零件难度很大，因为此类零件的加工工艺性差。在加工薄壁和沟槽时要考虑如下问题和方法。

① 刀具的旋转直径（用试切法确定）。

② 刀具要锋利，刃带倒锥。

③ 测量方法。

④ 改善结构，增加强度。

⑤ 防止振动，填加阻尼材料（橡皮泥，硅橡胶）。

⑥ 镗、铣结合。

⑦ 分层加工，从上而下。

⑧ 粗、精加工分开，充分引用刀具半径补偿。

⑨ 切削参数选择合理。

⑩ 对称加工。

合理确定数控加工工艺对保证数控加工质量，做到高效和经济加工具有极为重要的作用。因此，要选择合适的机床、刀具、夹具、走刀路线、切削用量等，对工件进行详细的工艺分析，拟定合理的加工方案。

3. 数控机床加工工艺分析

数控机床加工工艺涉及面广，而且影响因素多，对工件进行加工工艺分析时，更应考虑数控机床的加工特点。

（1）对零件图进行数控加工工艺性分析。以同一基准引注尺寸或直接标注坐标尺寸的方法既便于编程，也便于尺寸之间的相互协调，同时又保持了设计基准、工艺基准、测量基准与工件原点设置的一致性。零件设计人员往往在尺寸标注中较多地考虑装配等使用特性方面的问题，从而不得不采取局部分散的标注方法，这样会给工序安排与数控加工带来诸多不便，所以宜将局部分散的标注方法改为统一基准标注方法。

（2）分析构成零件轮廓的几何元素条件。手工编程时要计算构成零件轮廓的每一个节点坐标，自动编程时要对构成零件轮廓的所有几何元素进行定义，由于零件设计人员在设计过程中考虑不周或忽略某些几何元素，常常出现构成轮廓的几何元素的条件不充分或模糊不清的问题。如圆弧与直线、圆弧与圆弧到底是相切还是相交，有些明明画的是相切，但根据图纸给出的尺寸计算，相切条件不充分而变为相交或相离状态等，使编程无法进行。

（3）分析工件结构的工艺性。

① 工件的内腔与外形应尽量采用统一的几何类型和尺寸。例如，同一轴上直径差不多的轴肩退刀槽的宽度应尽量统一尺寸，这样可以减少刀具的规格和换刀的次数，方便编程和提高数控机床的加工效率。

② 工件内槽及缘板间的过渡圆角半径不应过小。

③ 工件槽底圆角半径不宜过大。

④ 定位基准的选择。数控加工工艺特别强调定位加工，尤其是正反两面都采用数控加工的零件，其工艺基准的统一是十分必要的，否则很难保证两次安装加工后两个面上的轮廓位置及尺寸协调。如果零件上没有合适的基准，可以考虑在零件上增加工艺凸台或工艺孔，在加工成后再将其去除。

4. 数控加工工艺路线设计

数控加工工艺路线设计是下一步工序设计的基础，其设计质量将直接影响零件的加工质量和生产效率。设计数控加工工艺路线时，要对零件图、锻件图认真分析，把数控加工的特点和普通加工工艺的一般原则结合起来，才能使数控加工工艺路线设计得更为合理。

（1）工序的划分。在划分工序时，要根据数控加工的特点以及零件的结构与工艺性，机床的功能，零件数控加工内容的多少，安装次数及本单位生产组织状况等综合考虑。

① 根据安装次数划分工序。这种方法一般适应于加工内容不多的工件，主要是将加工部位分为几个部分，每道工序加工其中一部分。如加工外形时，以内腔夹紧；加工内腔时，以外形夹紧。

② 按所用刀具划分工序。同一把刀具完成的那一部分工艺过程为一道工序，对于工件的待加工表面较多，机床连续工作时间较长的情况，可以采用刀具集中的原则划分工序，在一次装夹中用一把刀完成可以加工的全部加工部位，然后再换第二把刀，加工其他部位。在专用数控机床或加工中心上大多采用这种方法。

③ 以粗、精加工划分工序。对易产生加工变形的零件，考虑到工件的加工精度、变形等因素，可按粗、精加工分开的原则来划分工序，即先粗后精。即以粗加工中完成的那部分工艺过程为一道工序，精加工中完成的那部分工艺过程为另一道工序。一般来说，在一次安装中不允许将工件的某一表面粗、精不分地加工至精度要求后，再加工工件的其他表面。

④ 按加工部位划分工序。以完成相同型面的那一部分工艺过程为一道工序。有些零件加工表

面多而复杂，构成零件轮廓的表面结构差异较大，可按其结构特点（如内形、外形、曲面或平面等）划分成多道工序。

工序的划分，要根据工件的结构要求、工件的安装方式、工件的加工工艺性、数控机床的性能以及工厂生产组织与管理等因素灵活掌握，力求合理。

（2）加工顺序的安排。加工顺序的安排应根据工件的结构和毛坯状况，选择工件的定位和安装方式，重点保证工件的刚度不被破坏，尽量减少变形。因此，加工顺序的安排应遵循以下原则。

（a）上、下道工序的加工、定位与夹紧不能互相影响。

（b）先内后外，先加工工件的内腔，后进行外形加工。

（c）尽量减少装夹次数、换刀次数及空行程时间。

（d）在一次安装加工多道工序中，先安排对工件刚性破坏较小的工序。

（e）根据加工精度要求的情况，可将粗、精加工合为一道工序。

① 数控加工工序与普通工序的衔接。数控加工工序前后一般都穿插有其他普通工序，最好的办法是相互建立状态要求，如要不要留加工余量，留多少；定位面与孔的精度要求及几何公差；对校形工序的技术要求；对毛坯的热处理要求等。目的是达到相互能满足加工需要，且质量目标及技术要求明确，交接验收有依据。

② 数控机床加工工序和加工路线的设计。数控机床加工工序设计的主要任务：确定工序的具体加工内容、切削用量、工艺装备、定位安装方式及刀具运动轨迹，为编制程序作好准备。其中加工路线的设定是很重要的环节，加工路线是指刀具在切削加工过程中刀位点相对于工件的运动轨迹，它不仅包括加工工序的内容，也反映加工顺序的安排，因而加工路线是编写加工程序的重要依据。

提示

确定走刀路线和工步顺序的原则如下。

（1）加工路线应保证被加工工件的精度和表面粗糙度。

（2）设计最短的走刀路线以减少空行程时间，提高加工效率。

（3）简化数值计算和减少程序段，减小编程工作量。

（4）据工件的形状、刚度、加工余量和机床系统的刚度等情况，确定循环加工次数。

（5）合理设计刀具的切入与切出的方向。采用单向趋近定位方法，避免传动系统反向间隙而产生的定位误差。

（6）合理选用铣削加工中的顺铣或逆铣方式，一般来说，数控机床采用滚珠丝杠，运动间隙很小，因此顺铣优点多于逆铣。

③ 数控机床加工路线。

（a）数控车床加工路线。数控车床车削端面加工路线为 A-B-C-O_p-D，如图 1.45 所示，其中 A 为换刀点，B 为切入点，C-O_p 为刀具切削轨迹，O_p 为切出点，D 为退刀点。

数控车床车削外圆的加工路线为 A-B-C-D-E-F，如图 3.46 所示，其中 A 为换刀点，B 为切入点，C-D-E 为刀具切削轨迹，E 为切出点，F 为退刀点。

（b）数控铣床加工路线。立铣刀侧刃铣削平面零件外轮廓时，避免沿零件外轮廓的法向切入和切出。当铣削封闭内轮廓表面时，刀具也要沿轮廓线的切线方向进刀与退刀，如图 1.47 所示，A-B-C 为刀具切向切入轮廓轨迹路线，C-D-C 为刀具切削工件封闭内轮廓轨迹，C-E-A 为刀具切向切出轮廓轨迹路线。

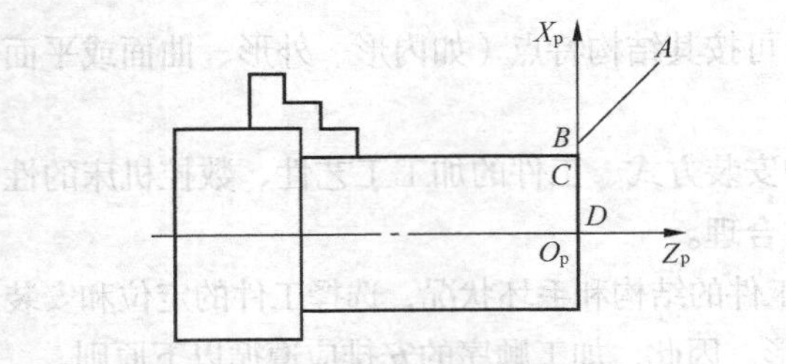

图 1.45　数控车床车削端面加工路线

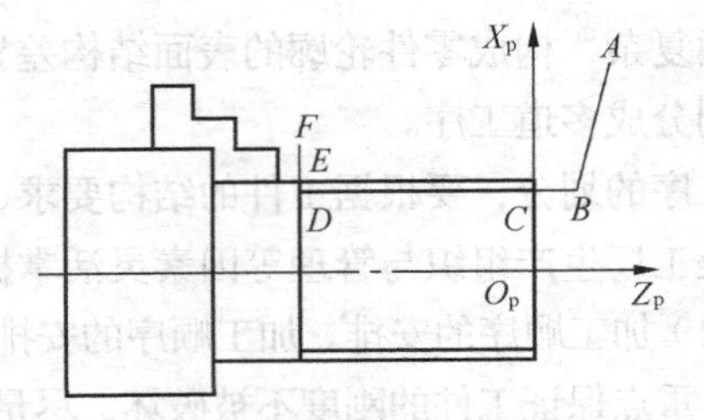

图 1.46　数控车床车削外圆加工路线

④ 孔加工定位路线。合理安排孔加工定位路线能提高孔的位置精度，如图 1.48 所示，在 *XY* 平面内加工 *A*、*B*、*C*、*D* 四孔，安排孔加工路线时一定要注意各孔定位方向的一致性，即采用单向趋近定位方法，完成 *C* 孔加工后往左多移动一段距离，然后返回加工 *D* 孔，这样的定位方法可避免因传动系统反向间隙而产生的定位误差，提高了 *D* 孔与其他孔之间的位置精度。

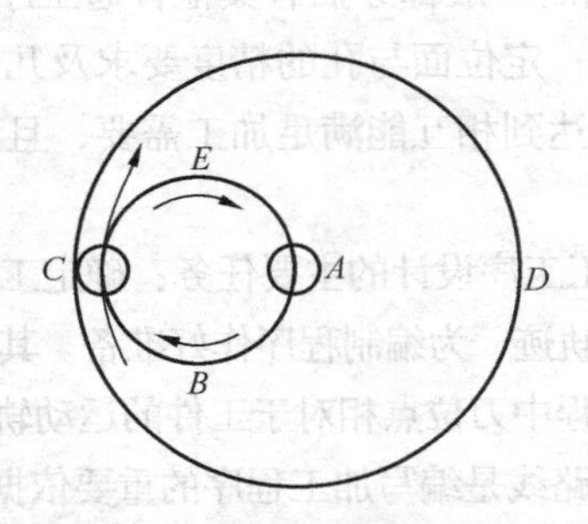

图 1.47　数控铣床内轮廓铣削的加工路线

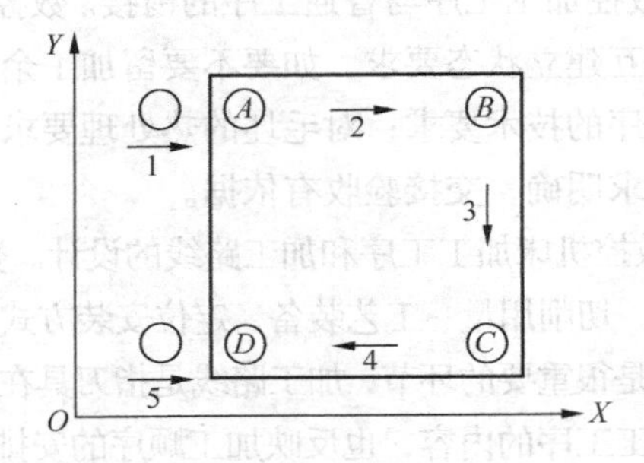

图 1.48　孔加工定位路线

（3）工件的安装与夹具的选择。

① 工件的安装

（a）力求符合设计基准、工艺基准、安装基准和工件坐标系的基准统一原则。

（b）减少装夹次数，尽可能做到在一次装夹后能加工全部待加工表面。

（c）尽可能采用专用夹具，减少占机装夹与调整的时间。

② 夹具的选择

根据数控机床的加工特点，协调夹具坐标系、机床坐标系与工件坐标系的三者关系，此外还要考虑以下几点。

（a）小批量加工零件时，尽量采用组合夹具、可调式夹具以及其他通用夹具。

（b）成批量生产考虑采用专用夹具，力求装卸方便。

（c）夹具的定位及夹紧机构元件不能影响刀具的走刀运动。

（d）装卸零件要方便可靠，成批量生产可采用气动夹具、液压夹具和多工位夹具。

（e）夹具上各零部件应不妨碍机床对零件各表面的加工，即夹具要敞开，其定位、夹紧元件不能影响加工中的走刀（如产生碰撞等）。

（f）为提高数控加工的效率，批量较大的零件加工可采用气动或液压夹具、多工位夹具。

（4）刀具的选择。数控加工对刀具的刚性及寿命的要求比普通加工严格。在选择刀具时，要注意对工件的结构及工艺性认真分析，结合工件材料、毛坯余量及具体加工部位综合考虑。在如何配置刀具、辅具方面应掌握一条原则：质量第一，价格第二。只要质量好，耐用度高，即使价格高些也值得购买。同时数控加工中配套使用的各种刀具、辅具（刀柄、刀套、夹头等）的要求也比普通加工严格一些。

提示

刀具选择总的原则是：既要求精度高、强度大、刚性好、寿命长，又要求尺寸稳定，安装调整方便。在满足加工要求的前提下，尽量选择较短的刀柄，以提高刀具的刚性。

现在广泛使用的金属切削刀具材料主要有五类:高速钢、硬质合金、陶瓷、立方氮化硼（CBN)、聚晶金刚石。

（5）确定对刀点与换刀点。

① 对刀点就是刀具相对工件运动的起点。在编程时不管实际上是刀具相对工件移动，还是工件相对刀具移动，都把工件看作静止而刀具在运动，因此常把对刀点称为程序原点。

对刀点选择的原则：主要是考虑对刀点在机床上对刀方便、便于观察和检测，编程时便于数学处理和有利于简化编程。对刀点可选在零件或夹具上。为提高零件的加工精度，减少对刀误差，对刀点应尽量选在零件的设计基准或工艺基准上，如以孔定位的零件，应将孔的中心作为对刀点；对车削加工，则通常将对刀点设在工件外端面的中心上。

对刀点选定后，就确定了机床坐标系和工件坐标系之间的相互位置关系。刀具在机床上的位置是由“刀位点”的位置来表示的。不同的刀具，刀位点不同。对平头立铣刀、端铣刀类刀具，刀位点为它们的底面中心；对钻头，刀位点为钻尖，对球头铣刀，刀位点为球心；对车刀、镗刀类刀具，刀位点为其刀尖。对刀点找正的准确度直接影响加工精度，对刀时，应使“刀位点”与“对刀点”一致。

② 换刀点是为加工中心、数控车床等多刀加工的机床程编而设置的，因为这些机床在加工过程中间要进行换刀。为防止换刀时碰伤零件或夹具，换刀点常常设置在被加工零件的外面，并有一定的安全量。

对数控车床、镗铣床、加工中心等多刀加工数控机床，在加工过程中需要进行换刀，故编程时应考虑不同工序之间的换刀位置（即换刀点）。为避免换刀时刀具与工件及夹具发生干涉，换刀点应设在工件的外部。

（6）测量方法的确定。一般情况下，数控加工后零件尺寸的测量方法与通用机床加工后的测量方法没有多大区别。如果需要在加工中随时掌握工件质量情况，可安排几次计划停车，用人工介入的方法进行中间检测，也可采用在线测量的方法。

（7）确定切削用量。切削用量的选择原则与通用机床加工相同。具体数值应根据数控机床使用说明书和金属切削原理中规定的方法及原则，结合实际加工经验来确定。

切削用量的确定除了遵循切削用量的选择有关规定外，还应考虑如下因素。

① 刀具差异。不同厂家生产的刀具质量差异较大，因此切削用量须根据实际所用刀具和现场经验加以修正。

② 机床特性。切削用量受机床电动机的功率和机床刚性的限制，必须在机床说明书规定的范围内选取。避免因功率不够而发生闷车、刚性不足而产生大的机床变形或振动，影响加工精度和表面粗糙度。

③ 数控机床的生产率。数控机床的工时费用较高，刀具损耗费用所占比重较低，应尽量用高的切削用量，通过适当降低刀具寿命来提高数控机床的生产率。

训练与提高

（1）制订数控车削加工工艺方案时应遵循哪些基本原则？

（2）编制数控加工工艺应注意的问题有哪些？

（3）在数控车床上加工如图1.49所示零件，工件材料为45钢，试确定加工工序。

（4）根据图1.50所示零件的加工要求，工件材料为45钢，试确定加工顺序。

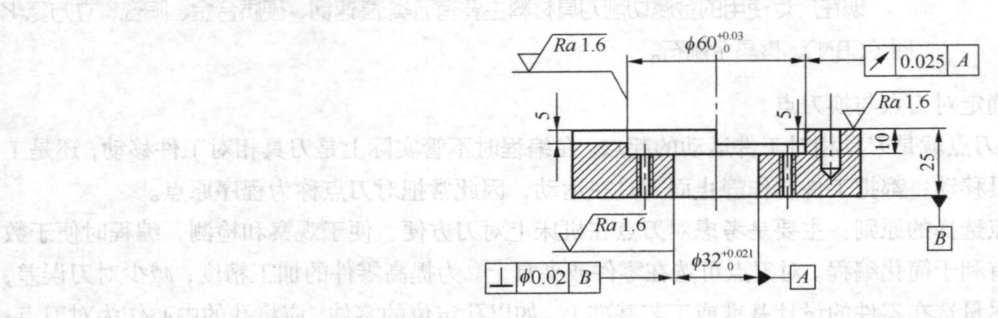

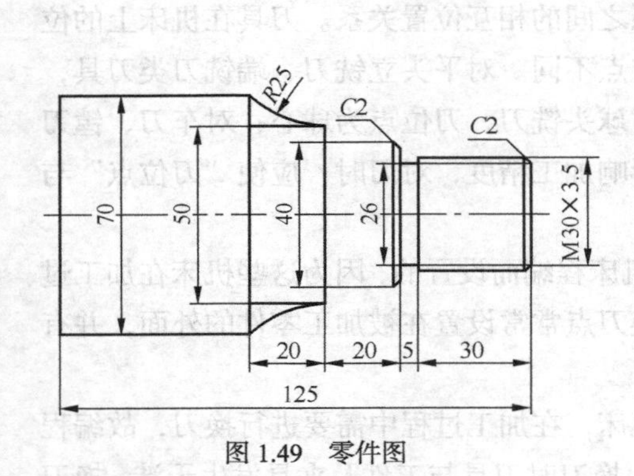

图1.49 零件图

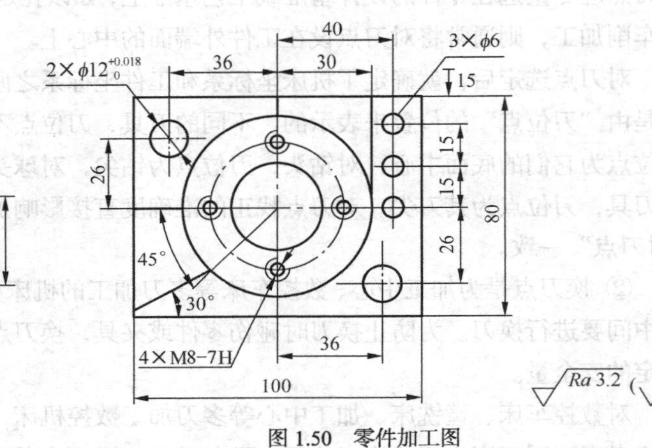

图1.50 零件加工图

提示

可以先在普通机床上把底面和四个轮廓面加工好（基面先行），其余的顶面、孔及沟槽安排在立式加工中心上完成（工序集中原则），加工中心工序按“先粗后精”、“先主后次”、“先面后孔”等原则可以划分为如下一些工步。

① 粗铣顶面。

② 钻ϕ32、ϕ12等孔的中心孔（预钻中心孔）。

③ 钻ϕ32、ϕ12孔至ϕ11.5。

④ 扩ϕ32孔至ϕ31。

⑤ 钻3×ϕ6的孔至尺寸。

⑥ 粗铣ϕ60沉孔及沟槽。

⑦ 钻4×M8底孔至ϕ6.8。

⑧ 镗ϕ32孔至ϕ31.7。

⑨ 精铣顶面。

⑩ 铰ϕ12 孔至尺寸。

⑪ 精镗ϕ32 孔至尺寸。

⑫ 精铣ϕ60 沉孔及沟槽至尺寸。

⑬ ϕ12 孔口倒角。

⑭ 3 × ϕ6.4 × M8 孔口倒角。

⑮ 攻 4 × M8 螺纹完成。

任务 5　数控加工工艺文件的编制

数控加工工艺文件不仅是进行数控加工和产品验收的依据，也是需要操作者遵守和执行的规程，同时还为产品零件重复生产积累了必要的工艺资料和技术储备。它是编程员在编制加工程序单时会同工艺人员作出的与程序单相关的技术文件。文件包括了编程任务书、数控加工工序卡、数控机床调整单、数控刀具调整单、数控加工进给路线图、数控加工程序单等。

在数控加工中，常常要注意并防止刀具在运动中与夹具、工件等发生碰撞，为此，必须设法告诉操作者关于编程中的刀具运动路线的情况（如从哪里下刀，在哪里抬刀，哪里是斜下刀等），使操作者在加工前就对刀具运动路线有所了解并计划好被加工零件的夹紧位置及控制夹紧元件的高度，这样可以减少上述事故的发生。此外，对有些被加工零件，由于工艺性问题，必须在加工过程中挪动夹紧位置，也需要事先告诉操作者：在哪个程序段前挪动，夹紧点在零件的什么地方，然后更换到什么地方，需要在什么地方事先备好夹紧元件等，以防到时候手忙脚乱或出现安全问题。

1. 数控加工工序卡片

数控加工工序卡片是编制数控加工程序的主要依据和操作人员配合数控程序进行数控加工的主要指导性文件。主要包括:工步顺序、工步内容、各工步所用刀具、切削用量等。当工序加工内容十分复杂时，也可把工序简图画在工序卡片上。表 1.4 所示为常见的数控加工工序卡片。

表 1.4　　数控加工工序卡片

工　厂	数控加工工序卡片				产品名称或代号	零件名称	材　料	零件图号
工序号	程序编号	夹具名称			夹具编号	使用设备		车间
工步号	工步内容	加工面	刀具号	刀具规格/mm	主轴转速（$r \cdot min^{-1}$）	进给速度（$mm \cdot min^{-1}$）	背吃刀量/mm	备注
编制		审核		批准		共　页		第　页

2. 数控加工刀具卡片

刀具卡片是组装刀具和调整刀具的依据。内容包括刀具号、刀具名称、刀柄型号、刀具直径和长度等，通常如表1.5和表1.6所示。

表1.5　　　　数控车床刀具卡片

产品名称或代号			零件名称		零件图号	
序号	刀具号	刀具规格名称	数量	加工表面	刀尖半径/mm	备注
编制		审核		批准	共　页	第　页

表1.6　　　　数控铣刀具卡片

产品名称或代号			零件名称		零件图号	程　序号	
工步号	刀具号	刀具名称	刀柄型号	刀具		补偿量/mm	备注
				直径/mm	刀长/mm		
编制		审核		批准		共　页	第　页

3. 数控加工走刀路线图

走刀路线（进给路线）主要反映加工过程中刀具的运动轨迹，其作用一方面是方便编程人员编程；另一方面是帮助操作人员了解刀具的进给轨迹，以便确定夹紧位置和夹紧元件的高度。用数控加工工序卡片和数控加工刀具卡片难以表达清楚的，为简化走刀路线，一般可采取统一约定的符号来表示。当前，数控加工工序卡片、数控加工刀具卡片及数控加工走刀路线图还没有统一的标准格式，都是由各个单位结合具体情况自行确定，不同的机床可以采用不同图例与格式。

项目小结

本项目主要讲述了数控机床的组成、分类与特点、数控加工的切削基础、数控加工工艺基础等内容。通过学习要求了解数控加工的特点、切削运动、切削要素，以及影响数控加工精度的因素等；掌握刀具几何角度的选择方法、量具的使用方法、数控加工工艺分析与设计和数控加工工艺文件的编制方法等。要求学生能够正确制定加工工艺，正确填写数控加工工序卡片和数控加工刀具卡片。

项目巩固与提高

巩固与提高1

1. 判断题（在题目的括号内，正确的填“√”，错误的填“×”）

（1）工艺尺寸链中的组成环是指那些在加工过程中直接获得的公称尺寸。　　（　　）

（2）工艺尺寸链中封闭环的确定是随着零件的加工方案的变化而改变。　　（　　）

（3）零件的机械加工质量包括加工精度和表面质量两部分。（　　）

（4）尺寸链封闭环的公称尺寸，是其他组成环公称尺寸的代数差。（　　）

（5）主轴的纯径向跳动对工件的圆度影响很大，使车出的工件呈椭圆截面。（　　）

（6）原始误差等于工艺系统的几何误差。（　　）

（7）一般的切削加工，由于切削热大部分被切屑带走，因此被加工件表面层金相组织变化可以忽略不计。（　　）

（8）主轴轴承在承受载荷条件下运转时用来提高轴向和径向刚度。（　　）

（9）导轨面之间放置滚柱、钢球、滚针等滚动体，使导轨面之间的摩擦为滚动摩擦性质，这种导轨称为滚动导轨。（　　）

（10）滚动导轨在低速运动时会产生爬行。（　　）

（11）滚珠丝杠副可以将旋转运动转换成直线运动，但不可以从直线运动转换成旋转运动。（　　）

（12）采用不完全定位时，由于限制工件的自由度少于六点，而使工件的定位精度受到影响。（　　）

（13）较短的V形面对工件的外圆柱面定位时，它可限制工件的两个自由度。（　　）

（14）工件在定位时，当支撑点的布局不合理，会产生既是过定位，又是欠定位的情况。（　　）

（15）工件定位基准与设计基准重合时，基准不符误差等于零。（　　）

（16）工件以外圆柱面在V形块中定位，当设计基准是外圆上母线时，则定位误差最小。（　　）

（17）选择定位基准时，主要从定位误差小和有利于夹具结构简化两方面考虑。（　　）

（18）数控装置给步进电动机发送一个脉冲，使步进电动机转过一个步距。（　　）

2. 选择题

（1）规定产品或零部件制造工艺过程和操作方法等的工艺文件，称为（　　）。

a. 工艺规程　　b. 工艺系统　　c. 生产计划　　d. 生产纲领

（2）在尺寸链中，当其他尺寸确定后，新产生的一个环是（　　）。

a. 增环　　b. 减环　　c. 增环或减环　　d. 封闭环

（3）封闭环公差等于（　　）。

a. 各组成环公差之和　　b. 减环公差

c. 增环、减环代数差　　d. 增环公差

（4）在工艺过程卡片或工艺卡片的基础上，按每道工序所编制的一种工艺文件，称机械加工（　　）。

a. 工艺卡片　　b. 工序卡片　　c. 工艺过程卡片　　d. 调整卡片

（5）下列机床中，（　　）导轨在水平面内的直线度误差将直接反映在工件加工表面上。

a. 龙门刨床　　b. 龙门铣床　　c. 转塔车床　　d. 普通车床

（6）床身导轨在垂直平面（　　）误差，直接反映为被加工零件的直线度误差。

a. 精度　　b. 直线度　　c. 平行度

（7）给与滚珠丝杆螺母副适当预紧，可消除丝杆和螺母的间隙，目的是提高刚性，消除反向时的（　　），提高定位精度和重复定位精度。

a. 反向间隙　　b. 间隙　　c. 死区

（8）造成车床主轴工作时的回转误差，主要因素除主轴本身误差外，还有（　　）。

a. 刀具振动的影响　　b. 主轴支承系统的误差 c. 传动系统的误差

（9）在夹具中，用来保证工件在夹具中具有正确位置的元件，称为（　　）。

a. 定位元件　　b. 引导元件　　c. 夹紧元件

（10）在夹具中，一般所指的基础件是指（　　）。

a. 支承钉　　b. 支承板　　c. 自位支承　　d. 夹具体

（11）选择定位基准时，应尽量与工件的（　　）一致。

a. 工艺基准　　b. 度量基准　　c. 起始基准　　d. 设计基准

（12）基准不重合误差也就是（　　）。

a. 加工尺寸公差　　b. 联系尺寸公差　　c. 定位尺寸公差

（13）计算定位误差时，设计基准与定位基准之间的尺寸，称之为（　　）。

a. 定位尺寸　　b. 计算尺寸　　c. 联系尺寸

（14）工件以外圆定位，放在V形块中，则此时工件在（　　）无定位误差。

a. 水平方向　　b. 垂直方向　　c. 加工方向

（15）数控机床又称（　　）机床，就是用电子计算机数字化指令控制机床各运动部件的动作，从而实现机床加T过程的自动化。

a. CNC　　b. CPU　　c. RAM

（16）不能用游标卡尺去测量（　　），因为游标卡尺存在一定的示值误差。

a. 齿轮　　b. 毛坯件　　c. 成品件　　d. 高精度件

（17）下列哪种千分尺不存在（　　）。

a. 深度千分尺　　b. 螺纹千分尺　　c. 蜗杆千分尺　　d. 公法线千分尺

（18）百分表的示值范围通常有：0～3mm，0～5mm和（　　）三种。

a. 0～8mm　　b. 0～10mm　　c. 0～12mm　　d. 0～15mm

巩固与提高2

1. 根据图1.51所示十字凹型板零件形状和尺寸，填写零件的数控加工工序卡片和数控加工刀具卡片。

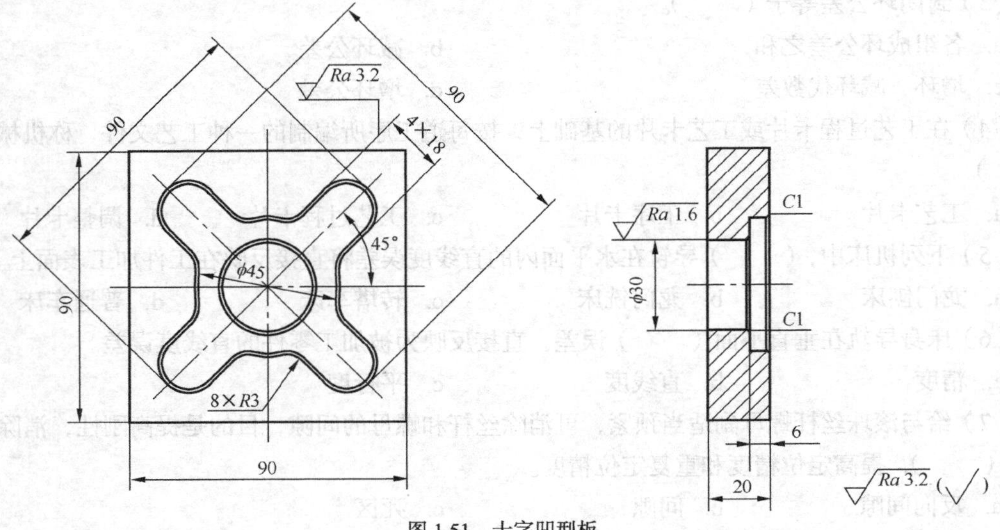

图1.51　十字凹型板

2. 试根据如图 1.52 所示零件，制定加工工艺路线（毛坯材料为 45#钢）。

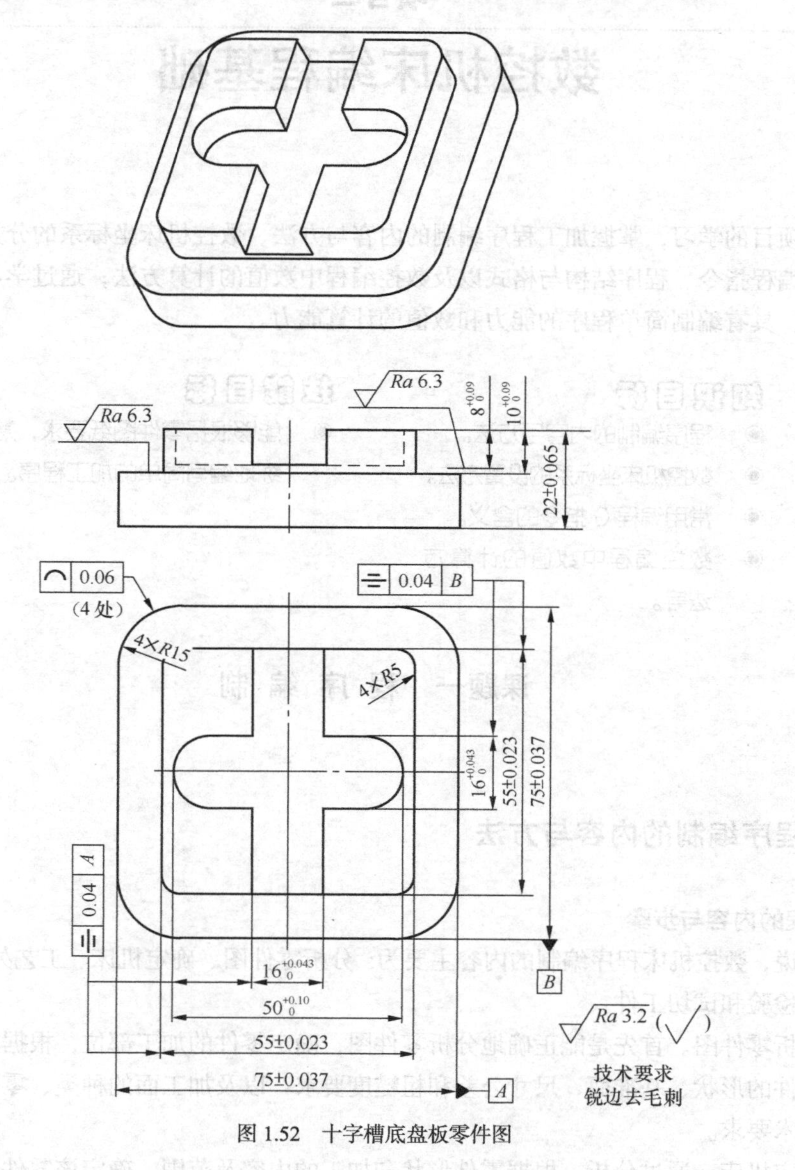

图 1.52　十字槽底盘板零件图

提示

① 确定装夹方案。

② 确定加工路线和走刀路线。

③ 选择刀具与切削用量。

④ 拟定数控铣削加工工序卡片。

项目二

数控机床编程基础

通过本项目的学习，掌握加工程序编制的内容与方法、数控机床坐标系的分类和坐标的确定方法、常用编程指令、程序结构与格式以及数控编程中数值的计算方法；通过学习能够理解各程序段的含义，具有编制简单程序的能力和数值的计算能力。

知识目标

- 程序编制的内容与方法。
- 数控机床坐标系的设置方法。
- 常用编程 G 指令的含义。
- 数控编程中数值的计算方法等。

技能目标

- 能够根据零件图纸要求，熟练地编写简单的加工程序。

课题一 程 序 编 制

任务 1 程序编制的内容与方法

1. 编程的内容与步骤

一般来说，数控机床程序编制的内容主要为：分析零件图、确定机床、工艺处理、数值计算、编写程序及检验和试切工件。

（1）分析零件图。首先是能正确地分析零件图，确定零件的加工部位，根据零件图的技术要求，分析零件的形状、基准面、尺寸公差和粗糙度要求，以及加工面的种类、零件的材料、热处理等其他技术要求。

（2）确定机床。通过分析，根据零件形状和加工的内容及范围，确定该零件或哪些表面适宜在数控机床上加工，即在数控车床、数控铣床、加工中心和其他机床上加工。

（3）工艺处理。在对零件图进行分析并确定好机床之后，确定零件的装夹定位方法、加工路线（如对刀点、换刀点、进给路线）、刀具及切削用量等工艺参数（如进给速度、主轴转速、切削宽度、切削深度等）。在该阶段要确定加工的顺序和步骤，一般分粗加工、半精加工、精加工三个阶段。粗加工一般留 1mm 的加工余量，半精加工留约 0.2mm 的加工余量，精加工直接形成产品的最终尺寸精度和表面粗糙度。对于要求较高的表面要分别进行加工，要求不高时粗加工面留约 0.5mm 的加工余量，半精和精加工一次完成。根据粗、精加工的要求，合理选用刀具，所采用的刀具要满足加工质量和效率的要求。

（4）数值计算。根据零件图、刀具的加工路线和设定的编程坐标系来计算刀具运动轨迹的坐标值。

对于表面由圆弧、直线组成的简单零件，只需计算出零件轮廓上相邻几何元素的交点或切点（基点）的坐标值，得出直线的起点、终点，圆弧的起点、终点和圆心坐标值。

对于较复杂的零件，计算会复杂一些，如对于非圆曲线需用直线段或圆弧段来逼近。对于自由曲线、曲面等加工，要借助计算机辅助编程来完成。

（5）编写程序及检验。根据所计算出的刀具运动轨迹坐标值和已确定的切削用量以及辅助动作，结合数控系统规定使用的指令代码及程序段格式，编写零件加工程序单。

将编好的程序输入到数控系统的方法有两种：一种是通过操作面板上的按钮手工直接把程序输入数控系统，另一种是通过计算机 RS-232 接口与数控机床连接传送程序。

为了检验程序是否正确，可通过数控系统图形模拟功能来显示刀具轨迹或用机床空运行来检验机床运动轨迹，检查刀具运动轨迹是否符合加工要求。

（6）试切工件。用图形模拟功能和机床空运行来检验机床运动轨迹，只能检验刀具的运动轨迹是否正确，不能检查加工精度。因此，还应进行零件的试切。如果通过试切发现零件的精度达不到要求，则应对程序进行修改，以及采用误差补偿的方法，直至达到零件的加工精度要求为止。

在试切削工件时可用单步执行程序的方法，即按一次按钮执行一个程序段，发现问题及时处理。

2. 编程的方法

数控加工程序的编制方法有以下两种。

（1）手工编程。分析零件图、确定机床、工艺处理、数值计算、编写程序及检验等各个阶段均由人工完成的编程方法，称为手工编程。

当零件形状简单或加工程序不太长时，用手工编程较为经济而且及时，因此，手工编程被广泛用于点位加工和形状简单的轮廓加工中。

但是，加工形状较复杂的零件、几何元素或形状并不复杂但程序量很大的零件以及铣削轮廓编程中的数值计算相当烦琐且程序量大，所费时间多且易出错，甚至有时手工编程根本难以完成时，需要自动编程。

（2）自动编程。自动编程是计算机通过自动编程软件完成对刀具运动轨迹的自动计算，自动生成加工程序并在计算机屏幕上动态地显示出刀具的加工轨迹的方法。对于加工零件形状复杂，特别是涉及三维立体形状或刀具运动轨迹计算烦锁时，需采用自动编程。

在自动编程中，编程人员只需按零件图样的要求，将加工信息输入到计算机中，计算机在完成数值计算和后置处理后，编制出零件加工程序单。编制的加工程序还可通过计算机仿真进行检查。

自动编程可以大大减轻编程人员的劳动强度，将编程效率提高几十倍甚至上百倍。同时解决了手工编程无法解决的复杂零件的编程难题。自动编程是提高编程质量和效率的有效手段，有时甚至是实现某些零件的加工程序编制的唯一手段。但是手工编程是自动编程的基础，自动编程中的许多核心经验，都来源于手工编程。

任务 2　数控机床的坐标系

在本任务中，学生可以掌握机床和工件坐标系的含义以及确定的方法，并具有能够熟练确定工件坐标系和计算点坐标的技能。

1. 坐标值编程方式

数控加工程序中表示几何点的坐标位置有绝对值和增量值两种方式。绝对值是以“工件原点”为依据来表示坐标位置，如图 2.1（a）所示。增量值是以相对于“前一点”位置坐标尺寸的增量来表示坐标位置，如图 2.1（b）所示。如编程时要根据零件的加工精度要求及编程方便与否选用坐标类型。在数控程序中绝对坐标与增量坐标可单独使用，也可在不同程序段上交叉设置使用，数控车床上还可以在同一程序段中混合使用，使用原则主要是看何种方式编程更方便。

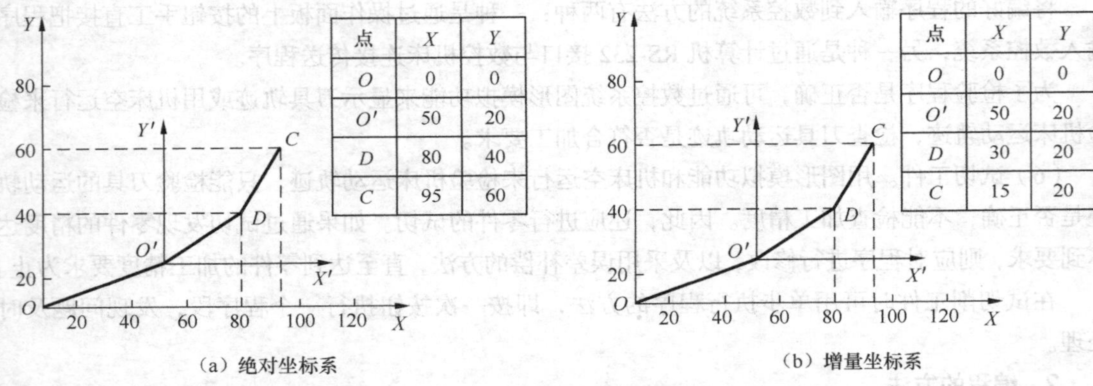

点	X	Y
O	0	0
O'	50	20
D	80	40
C	95	60

点	X	Y
O	0	0
O'	50	20
D	30	20
C	15	20

（a）绝对坐标系　　（b）增量坐标系

图 2.1　绝对坐标与增量坐标系

数控铣床或加工中心大都以 G90 指令设定程序中 X、Y、Z 坐标值为绝对值；用 G91 指令设定 X、Y、Z 坐标值为增量值，图 2.2 所示刀具路线分别用绝对坐标与增量坐标编程如下：

```
G90 绝对方式指令：            G91 增量方式指令：
G90 X50.0  Y50.0;            G91  X-20.0  Y30.0;
(X-60.0)  Y-50.0;            X-110.0  Y-20.0;
X-20.0  Y-30.0;              X40.0  Y20.0;
X50.0  Y-60.0;               X70.0  Y-30.0;
```

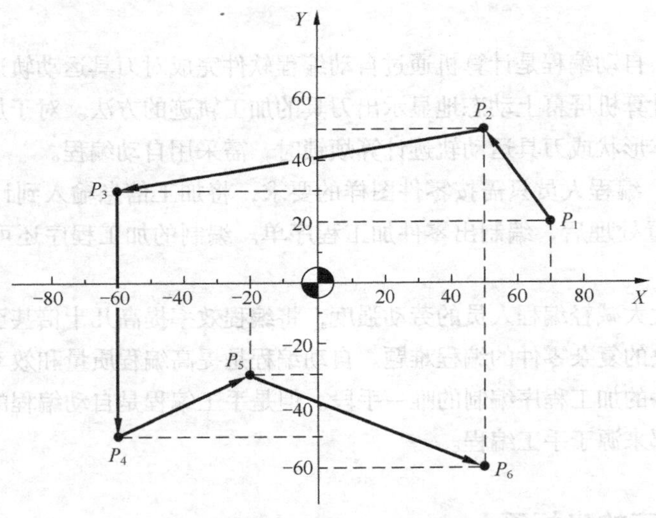

图 2.2　绝对坐标与增量坐标编程示例

其中（　）内的内容可以省略。一般数控车床上绝对值的坐标以地址 X、Z 表示；增量值的坐标以

地址 U、W 分别表示 X、Z 轴向的增量。X 轴向的坐标无论是绝对值还是增量值，一般都用直径值表示（称为直径编程），这样会给编程带来方便，这时刀具实际的移动距离是直径值的一半。

2. 机床原点与参考点

（1）机床原点。现代数控机床一般都有一个基准位置，称为机床原点（machine origin 或 home position）或机床绝对原点（machine absolute origin），又称为机械原点，它是机床坐标系的原点。该点是机床上的一个固定的点，其位置是由机床设计和制造单位确定的，通常不允许用户改变，用 M 表示。机床原点是机床制造商设置在机床上的一个物理位置，其作用是使机床与控制系统同步，建立测量机床运动坐标的起始点。机床坐标系建立在机床原点之上，是机床上固有的坐标系。

机床原点是工件坐标系、机床参考点的基准点。数控车床的机床原点一般设在卡盘前端面或后端面的中心，如图 2.3（a）所示。数控铣床的机床原点，各生产厂不一致，有的设在机床工作台的中心，有的设在进给行程的终点，如图 2.3（b）所示。

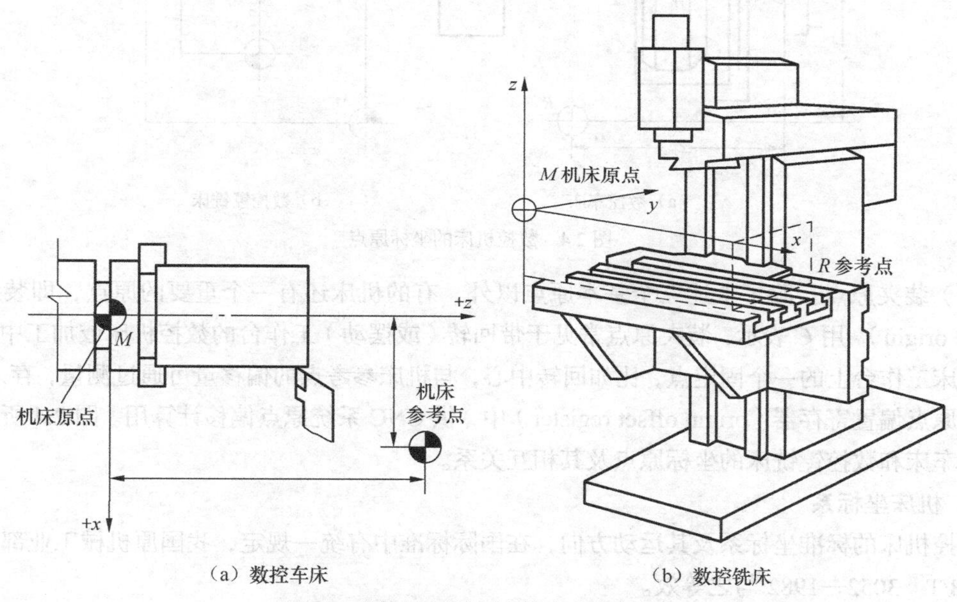

（a）数控车床　　（b）数控铣床

图 2.3　数控机床的机床原点与机床参考点

（2）机床参考点。与机床原点相对应的还有一个机床参考点（reference point），用 R 表示，它是机床制造商在机床上用行程开关设置的一个物理位置，与机床原点的相对位置是固定的，机床出厂之前由机床制造商精密测量确定。机床参考点一般不同于机床原点。一般来说，加工中心的参考点为机床的自动换刀位置。

机床参考点是机床坐标系中一个固定不变的位置点，是用于对机床工作台、滑板与刀具相对运动的测量系统进行标定和控制的点。机床参考点通常设置在机床各轴靠近正向极限的位置（见图 2.3），通过减速行程开关粗定位，然后由零位点脉冲精确定位。机床参考点对机床原点的坐标是一个已知定值，也就是说，可以根据机床参考点在机床坐标系中的坐标值间接确定机床原点的位置。在机床接通电源后，通常都要做回零操作，即利用 CRT/MDI 控制面板上的功能键和机床操作面板上的有关按钮，使刀具或工作台退离到机床参考点。回零操作又称为返回参考点操作，当返回参考点的工作完成后，显示器即显示出机床参考点在机床坐标系中的坐标值，表明机床坐标系已自动建立。可以说回零操作是对基准的重新核定，可消除由于种种原因产生的基准偏差。

在数控加工程序中可用相关指令使刀具经过一个中间点自动返回参考点。机床参考点已由机床制造厂测定后输入数控系统，并且记录在机床说明书中，用户不得更改。

一般数控车床、数控铣床的机床原点和机床参考点位置，如图 2.3 所示。但有些数控机床机床原点与机床参考点重合。

（3）程序原点。对于数控编程和数控加工来说，还有一个重要的原点就是程序原点（program origin），用 W 表示，是编程员在数控编程过程中定义在工件上的几何基准点，有时也称为工件原点（part origin），如图 2.4 所示。程序原点一般用 G92 或 G54 ~ G59（对于数控镗铣床）和 G50（对于数控车床）设置。

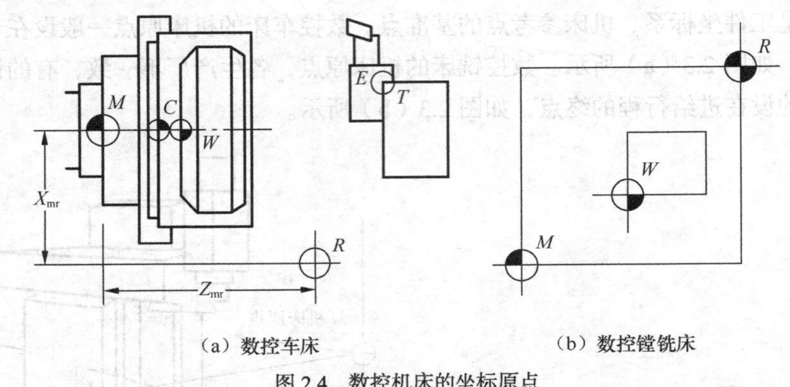

（a）数控车床　　（b）数控镗铣床

图 2.4　数控机床的坐标原点

（4）装夹原点。除了上述三个基本原点以外，有的机床还有一个重要的原点，即装夹原点（fixture origin），用 C 表示，装夹原点常见于带回转（或摆动）工作台的数控机床或加工中心，一般是机床工作台上的一个固定点，比如回转中心，与机床参考点的偏移量可通过测量，存入 CNC 系统的原点偏置寄存器（origin offset register）中，供 CNC 系统原点偏移计算用。图 2.4 所示描述了数控车床和数控镗铣床的坐标原点及其相互关系。

3. 机床坐标系

数控机床的标准坐标系及其运动方向，在国际标准中有统一规定，我国原机械工业部制订的标准 JB/T　3052—1982 与之等效。

（1）规定原则。

① 右手直角笛卡尔坐标系。标准的机床坐标系是一个右手直角笛卡尔坐标系，用右手法则判定，如图 2.5 所示。右手的拇指、食指、中指互相垂直，并分别代表$+X$、$+Y$、$+Z$ 轴。围绕$+X$、$+Y$、$+Z$ 轴的回转运动分别用$+A$、$+B$、$+C$ 表示，其正向用右手螺旋定则确定。与$+X$、$+Y$、$+Z$、$+A$、$+B$、$+C$ 相反的方向用“$+X'$ 、$+Y'$ 、$+Z'$ 、$+A'$ 、$+B'$ 、$+C'$ ”表示。

② 刀具运动坐标与工件运动坐标。数控机床的坐标系是机床运动部件进给运动的坐标系。由于进给运动可以是刀具相对工件的运动（如数控车床），也可以是工件相对刀具的运动（如数控铣床），所以统一规定：不论机床的具体结构是工件静止、刀具运动，还是工件运动、刀具静止，在确定坐标系时，一律看做是刀具相对“静止的工件”运动，且坐标轴名（X、Y、Z、A、B、C）不带“ ′ ”的表示刀具相对“静止工件”而运动的刀具运动坐标，带“ ′ ”的表示工件相对“静止刀具”而运动的工件运动坐标。

③ 运动的正方向。规定使刀具与工件距离增大的方向为运动的正方向。

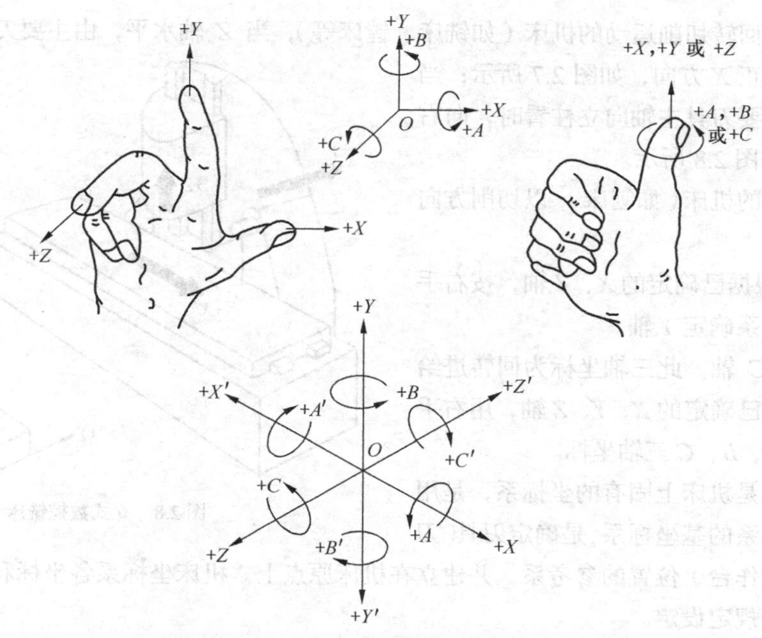

图 2.5 右手直角笛卡尔坐标系

（2）坐标轴确定的方法及步骤。

① Z 轴。一般取产生切削力的主轴轴线为 Z 轴，刀具远离工件的方向为正向，如图 2.6～图 2.8 所示。当机床有几个主轴时，选一个与工件装夹面垂直的主轴为 Z 轴。当机床无主轴时，选与工件装夹面垂直的方向为 Z 轴。

② X 轴。X 轴一般位于平行工件装夹面的水平面内。对于工件做回转切削运动的机床（如车床、磨床等），在水平面内取垂直工件回转轴线（Z 轴）的方向为 X 轴，刀具远离工件的方向为正方向，如图 2.6 所示。

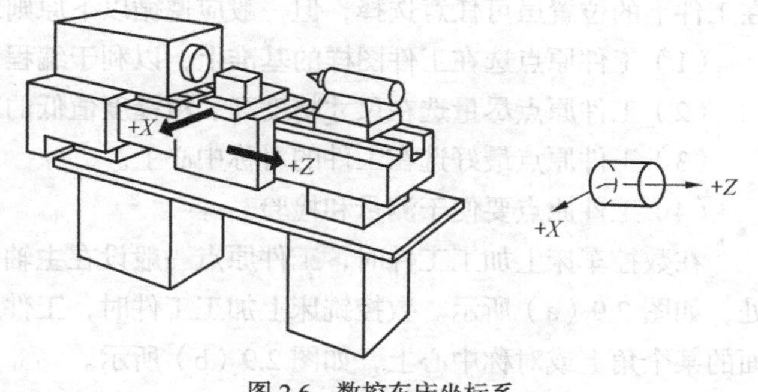

图 2.6 数控车床坐标系

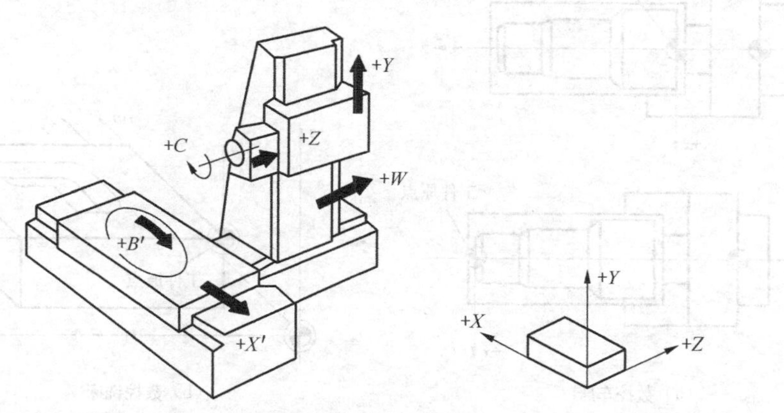

图 2.7 卧式数控铣床

对于刀具做回转切削运动的机床（如铣床、镗床等），当 Z 轴水平，由主要刀具主轴向工件看时，则向右为正 X 方向，如图 2.7 所示；当 Z 轴垂直，由主要刀具主轴向立柱看时，向右为正 X 方向，如图 2.8 所示。

对于无主轴的机床（如刨床），以切削方向为正 X 方向。

③ Y 轴。根据已确定的 X、Z 轴，按右手直角笛卡尔坐标系确定 Y 轴。

④ A、B、C 轴。此三轴坐标为回转进给运动坐标。根据已确定的 X、Y、Z 轴，用右手螺旋定则确定 A、B、C 三轴坐标。

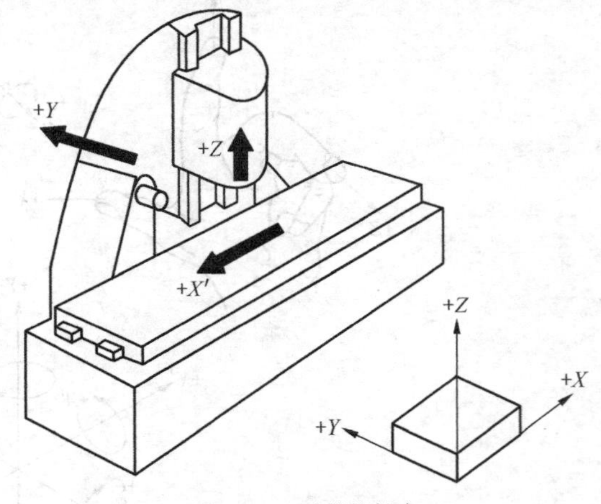

图 2.8　立式数控铣床

机床坐标系是机床上固有的坐标系，是用来确定工件坐标系的基坐标系，是确定刀具（刀架）或工件（工作台）位置的参考系，并建立在机床原点上。机床坐标系各坐标和运动正方向按前述标准坐标系规定设定。

4. 工件坐标系

工件坐标系是在数控编程时用来定义工件形状和刀具相对工件运动的坐标系，为保证编程与机床加工的一致性，工件坐标系也应是右手笛卡尔坐标系。工件装夹到机床上时，应使工件坐标系与机床坐标系的坐标轴方向保持一致。工件坐标系的原点称为工件原点或编程原点，工件原点在工件上的位置虽可任意选择，但一般应遵循以下原则。

（1）工件原点选在工件图样的基准上，以利于编程。

（2）工件原点尽量选在尺寸精度高、粗糙度值低的工件表面上。

（3）工件原点最好选在工件的对称中心上。

（4）工件原点要便于测量和检验。

在数控车床上加工工件时，工件原点一般设在主轴中心线与工件右端面（或左端面）的交点处，如图 2.9（a）所示。数控铣床上加工工件时，工件原点一般设在进刀方向一侧工件外轮廓表面的某个角上或对称中心上，如图 2.9（b）所示。

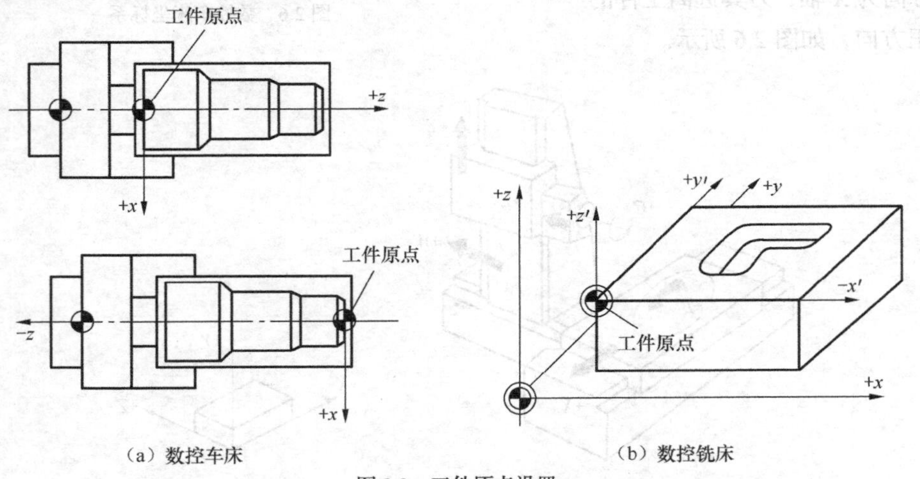

（a）数控车床　（b）数控铣床

图 2.9　工件原点设置

➤ 训练与提高

（1）根据如图 2.10 所示走刀路线图中图示点的位置，将各转折点的坐标值填入表中。

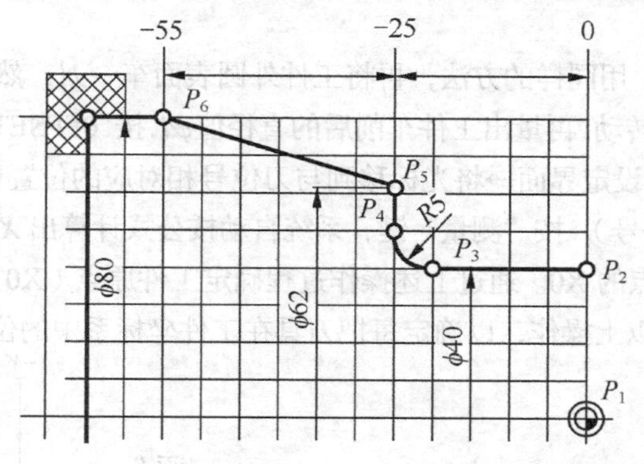

	X	Z
P_1		
P_2		
P_3		
P_4		
P_5		
P_6		

图 2.10　走刀路线图

（2）根据如图 2.11 所示零件形状中图示点的位置，将各转折点的坐标值填入表中（选做题）。

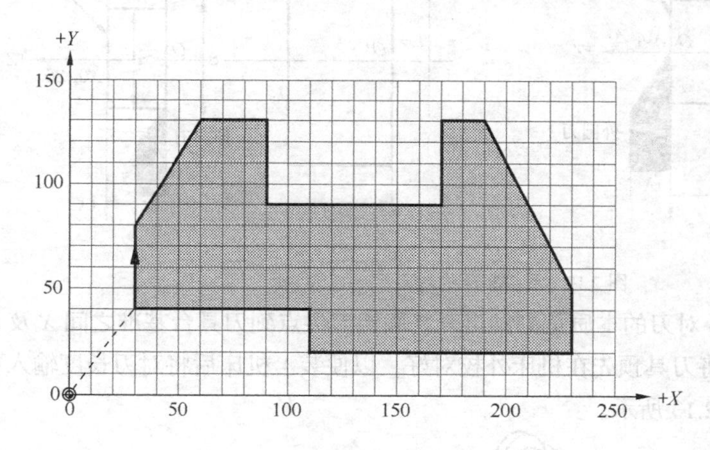

N	G	X	Y	Z
1				
2				
3				
4				
5				
6				
7				
8				
9				
10				
11				
12				
13				
14				
15				
16				
17				

图 2.11　零件形状简图

任务 3　对刀

1. 数控车削加工中的对刀

在加工程序执行前，调整每把刀的刀位点，使其尽量重合于某一理想基准点，这一过程称为对刀。理想基准点可以设在基准刀的刀尖上，也可以设定在对刀仪的定位中心（如光学对刀镜内的十字刻线交点）上。数控车床常用的对刀方法有 3 种：试切对刀、机械对刀仪对刀（接触式）和自动对刀（非接触式）。

（1）试切对刀。数控车床常用的试切对刀方法，如图 2.12 所示。试切对刀的具体方法如下。

① Z 向对刀。如图 2.12（a）所示，将工件安装好后，先用手动方式（进给量大时）加步进方式（进给量为脉冲当量的倍数时）或 MDI 方式操作机床，用已装好和选好的刀具将工件端面车一刀，然后保持刀具在 Z 向尺寸不变，沿 X 向退刀。按“0FFSET SETTING”键→进入“形状”

补偿参数设定界面→将光标移到与刀位号相对应的位置后，输入 Z0，按“测量”键，系统自动按公式计算出 Z 方向刀具偏移量，即在机床坐标系中找到了工件原点的 Z0。

当取工件左端面 O' 为工件原点时，停止主轴转动，需要测量从内端面到加工面的长度尺寸 β，此时对刀输入为 Zβ。

② X 向对刀。如图 2.12（b）所示，用同样的方法，再将工件外圆表面车一刀，然后保持刀具在 X 向尺寸不变，从 Z 向退刀，停止主轴转动，再量出工件车削后的直径值 ϕd，按“0FFSET SETTING”（偏移设置）键→进入“形状”补偿参数设定界面→将光标移到与刀位号相对应的位置后，输入 Xd（注意：此处的 d 代表直径值，而不是符号），按“测量”键，系统自动按公式计算出 X 方向刀具偏移量，即在机床坐标系中找到了工件原点的 X0。通过上述操作过程确定工件原点（X0，Z0），从而建立了工件坐标系。其他各刀都需进行以上操作，以确定每把刀具在工件坐标系中的位置。

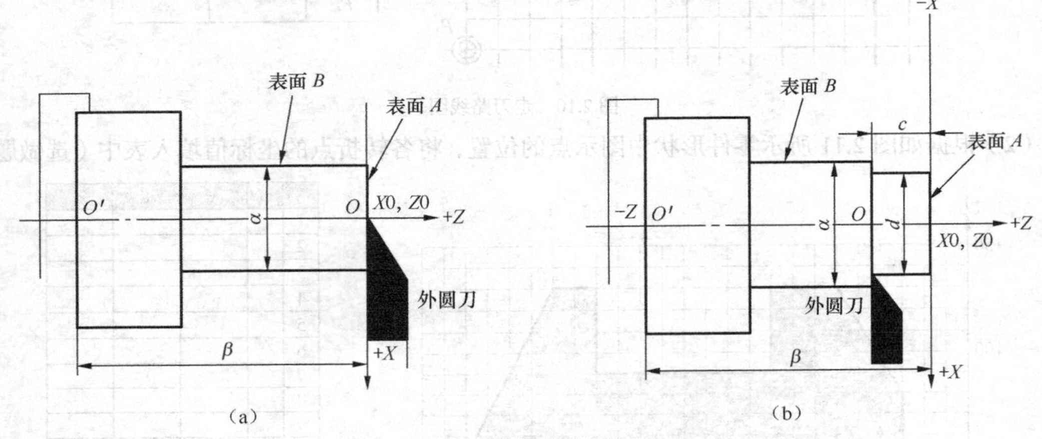

图 2.12　数控车床的对刀

（2）机外对刀仪对刀。机外对刀的本质是测量出刀具假想刀尖点到刀具台基准之间 X 及 Z 方向的距离。利用机外对刀仪可将刀具预先在机床外校对好，以便装上机床后将对刀长度输入相应刀具补偿号即可以使用，如图 2.13 所示。

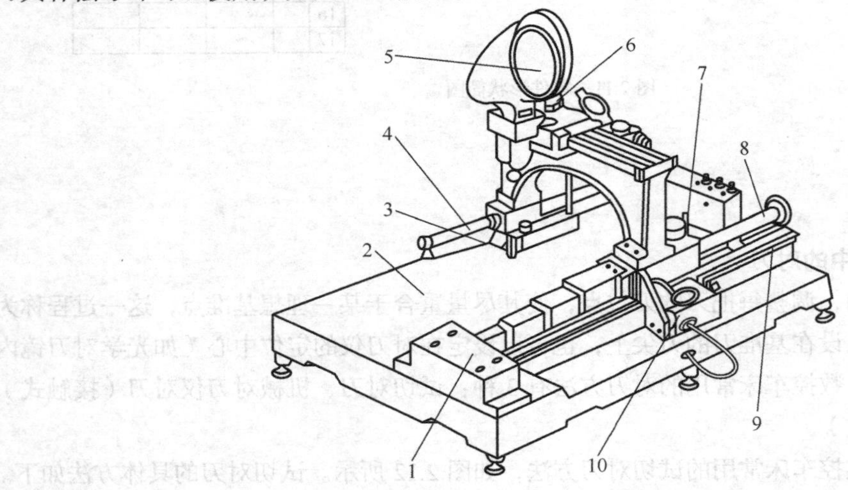

图 2.13　机外对刀仪对刀

1—刀具台安装座；2—底座；3—光源；4、8—轨道；5—投影放大镜；
6—X 向进给手柄；7—Z 向进给手柄；9—刻度尺；10—微型读数器

（3）自动对刀。自动对刀是通过刀尖检测系统实现的，刀尖以设定的速度向接触式传感器接近，当刀尖与传感器接触并发出信号，数控系统立即记下该瞬间的坐标值，并自动修正刀具补偿值。自动对刀过程，如图 2.14 所示。

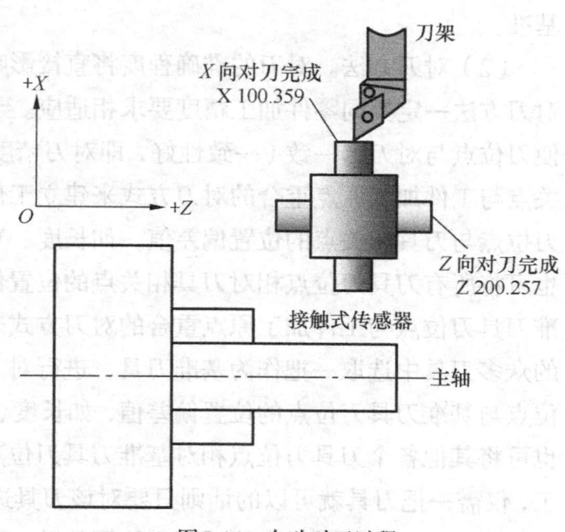

图 2.14　自动对刀过程

2. 数控镗铣削加工中的对刀

数控加工中的对刀与普通机床的对刀有所不同，普通机床的对刀只是找正刀具与加工面间的位置关系，而数控加工中的对刀本质是建立工件坐标系，确定工件加工坐标系在机床坐标系中的位置，使刀具运动的轨迹有一个参考依据。

（1）数控镗铣削加工中有关“点”的概念。数控镗铣削加工中有关的“点”：有对刀点、刀位点、刀具相关点、起刀点、机床原点、机床参考点、换刀点等。

一般来说，数控镗铣削加工的对刀点可选在工件加工坐标系原点上，这样有利于保证对刀精度，减少对刀误差。也可以将对刀点或对刀基准设在夹具定位元件上，这样可直接以定位元件为对刀基准对刀，有利于批量加工时工件坐标系位置的准确。下面仅以立式数控镗铣床加工为例介绍对刀基准的确定方法及各“点”之间的关系。

对刀基准是对刀时为确定对刀点的位置所依据的基准，该基准可以是点、线或面，它可设在工件上、夹具上或机床上。图 2.15 所示为某工件在立式数控镗铣床上定位装夹后各点之间的关系图。从图中可以看出，点 M 为机床零点，点 R 为机床参考点，点 C 为刀具相关点。当执行返回机床参考点操作后，刀具相关点 C 与机床参考点 R 重合，建立了以点 M 为机床零点的机床坐标系。当采用 G92 X20 Y20 Z10 建立工件加工坐标系，用立铣刀加工图示零件的上轮廓面时，选 D、E、F 面为对刀基准面，起刀点与对刀点是重合的，均为点 A、点 B 为刀位点，点 W 为工件加工原点，当对刀操作完成后，点 A 应与点 B 重合；当采用 G54～G59 指令通过 CRT/MDI 方式建立工件加工坐标系时，仍选 D、E、F 面为对刀基准面，对刀操作完成后，对刀点与刀位点 B 及工件加工原点应重合，若在程序中输入 G54 G90 G00 X20 Y20 Z10 时，则起刀点为点 A，它与对刀点不重合。批量生产时，工件采用夹具定位装夹时，可选与工件 E、F、G 面相接触的夹具定位元件表面为基准对刀，此时，定位元件上的这些表面即为对刀

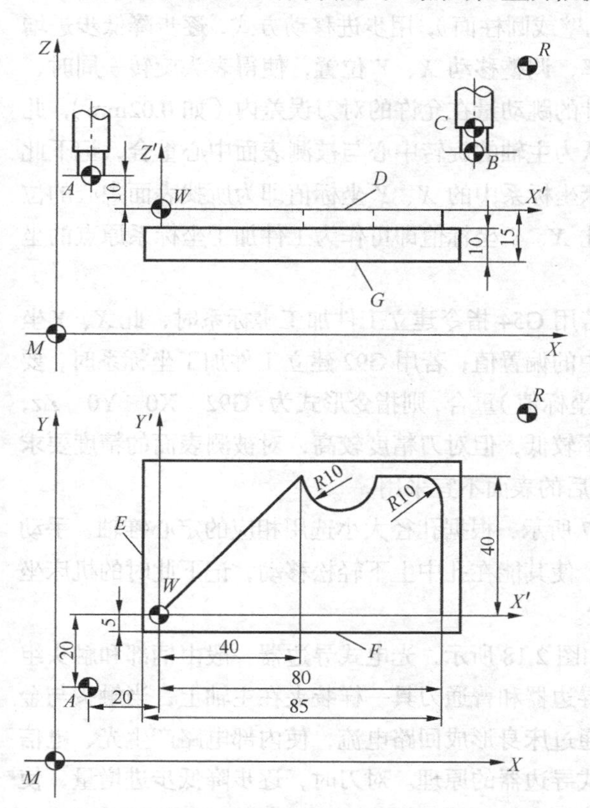

图 2.15　立式数控镗铣床各点之间的关系

基准。

（2）对刀方法。对刀的准确程度将直接影响零件的加工精度，因此，对刀操作一定要仔细，对刀方法一定要同零件加工精度要求相适应。当零件加工精度要求高时，可采用千分表找正对刀，使刀位点与对刀点一致（一致性好，即对刀精度高），但效率较低。在数控镗铣床上若采用刀具相关点与工件加工原点重合的对刀方式来建立工件加工坐标系，可用机外测刀仪分别测出所有刀具刀位点与刀具相关点的位置偏差值，如长度、直径等，这样就不必对每把刀具都去做对刀操作；也可将所有刀具刀位点相对刀具相关点的位置偏差值都在机上测量出来。数控镗铣床上若采用基准刀具刀位点与工件加工原点重合的对刀方式来建立工件加工坐标系，可先从某零件加工所用到的众多刀具中选取一把作为基准刀具，进行对刀操作，再用机外测刀仪分别测出其他各个刀具刀位点与基准刀具刀位点的位置偏差值，如长度、直径等，这样也不必对每把刀具都去做对刀操作；也可将其他各个刀具刀位点相对基准刀具刀位点的位置偏差值在机上测量出来。如果某零件的加工，仅需一把刀具就可以的话则只要对该刀具进行对刀操作即可。下面介绍几种具体的对刀方法。

① *X*、*Y* 方向的对刀。对刀点为圆柱孔、面的中心线或为轮廓面的对称中心时，采用该方法对刀时，对刀基准面常为圆柱孔、面或轮廓面，对刀点为圆柱孔、面的中心线或轮廓面的对称中心。该对刀点也常常是工件加工坐标系原点。

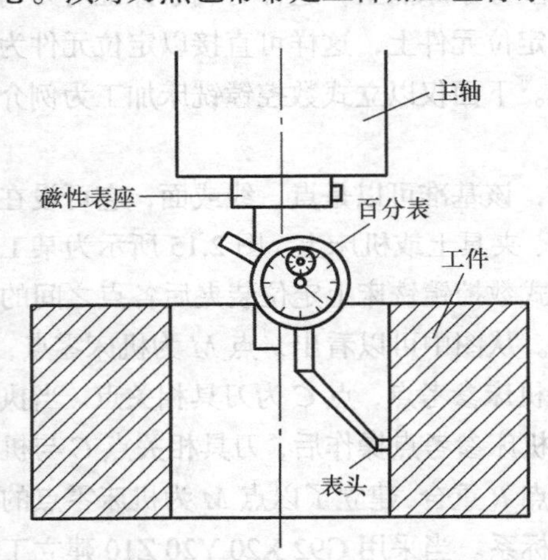

图 2.16　百分表找孔中心对刀

（a）采用杠杆百分表（或千分表）对刀。如图 2.16 所示，用磁性表座将杠杆百分表吸在机床主轴端面上，用手动操作方式或 MDI 方式使主轴低速正转。然后，手动操作使旋转的表头依 *X*、*Y*、*Z* 的顺序逐渐靠近被测表面（孔壁或圆柱面），用步进移动方式，逐步降低步进增量倍率，调整移动 *X*、*Y* 位置，使得表头旋转一周时，其指针的跳动量在允许的对刀误差内（如 0.02mm），此时可认为主轴的旋转中心与被测表面中心重合，记下此时机床坐标系中的 *X*、*Y* 坐标值即为所找表面中心的位置。此 *X*、*Y* 坐标值即可作为工件加工坐标系原点的坐标值。

若用 G54 指令建立工件加工坐标系时，此 *X*、*Y* 坐标值可作为工件加工坐标系原点在机床坐标系中的偏置值；若用 G92 建立工件加工坐标系时，要使起刀点、对刀点与工件加工坐标系原点（*X*、*Y* 坐标值）重合，则指令形式为：G92　X0　Y0　Zz，z 值由 *Z* 向对刀，这种对刀方法比较麻烦，效率较低，但对刀精度较高，对被测表面的精度要求也较高（最好是经过精加工的表面），仅粗加工后的表面不宜采用。

（b）以定心锥轴找小孔中心对刀。如图 2.17 所示，根据孔径大小选用相应的定心锥轴，手动操作使锥轴逐渐靠近基准孔的中心，移动 *Z* 轴，使其能在孔中上下轻松移动，记下此时的机床坐标系中的 *X*、*Y* 坐标值，即为所找孔中心的位置。

（c）采用寻边器对刀。寻边器的工作原理如图 2.18 所示，光电式寻边器一般由柄部和触头组成，它们之间有一个固定的电位差。将光电式寻边器和普通刀具一样装夹在主轴上，当触头与金属工件接触时，金属工件与触头电位相同，即通过床身形成回路电流，使内部电路产生光、电信号，寻边器上的指示灯就被点亮。这就是光电式寻边器的原理。对刀时，逐步降低步进增量，使触头与工件表面处于极限接触（进一步即点亮，退一步则熄灭），即认为定位到工件表面的位置处。

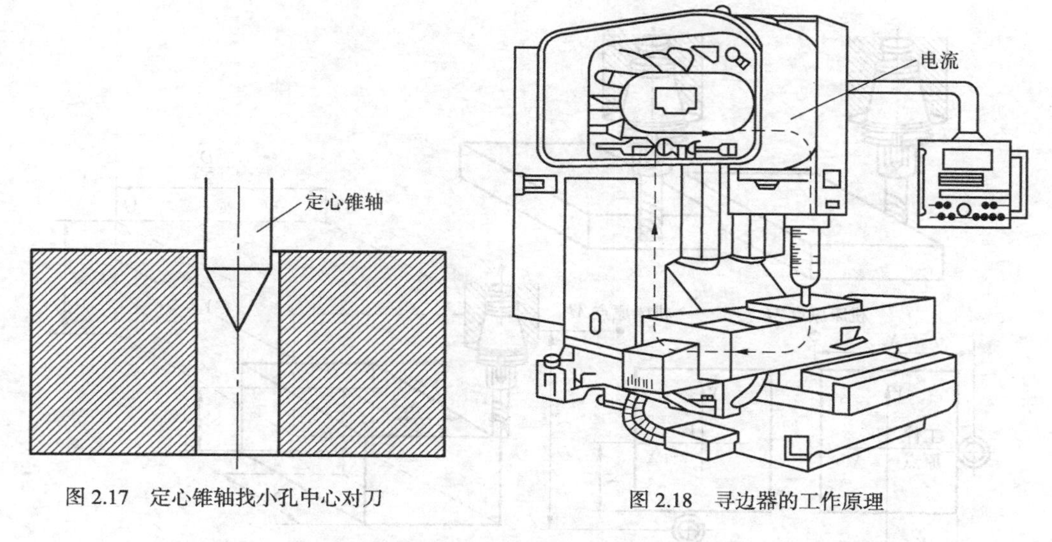

图 2.17 定心锥轴找小孔中心对刀

图 2.18 寻边器的工作原理

如图 2.19 所示，将寻边器先后定位到工件正对的两侧表面，记下对应的 X_1、X_2、Y_1、Y_2 坐标值，则对称中心在机床坐标系中的坐标应是（(X_1+ X_2）/2，(Y_1 ＋ Y_2）/2）。

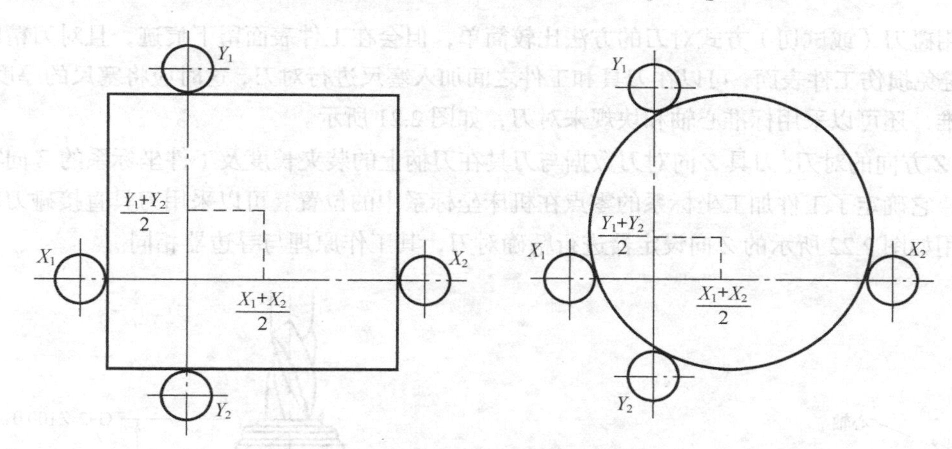

图 2.19 寻边器找对称中心对刀

这种对刀方法操作简便、直观，对刀精度高，应用广泛，但被测表面应有较高的精度。

（d）采用碰刀（或试切）方式对刀。如果对刀精度要求不高，为方便操作，可以采用加工时所使用的刀具直接进行碰刀（或试切）对刀，如图 2.20 所示。

提示

采用碰刀（或试切）方式对刀的操作步骤如下。

按 X、Y 轴移动方向键，令刀具移到工件左（或右）侧空位的上方。再让刀具下行，最后调整移动 X 轴，使刀具圆周刃口接触工件的左（或右）侧面，记下此时刀具在机床坐标系中的 X 坐标 X_a，然后按 X 轴移动方向键使刀具离开工件左（或右）侧面。

用同样的方法调整移动到刀具圆周刃口接触工件的前（或后）侧面，记下此时的 Y 坐标 Y_a，最后，让刀具离开工件的前（或后）侧面，并将刀具回升到远离工件的位置。

如果已知刀具的直径为 D，则基准边线交点处的坐标应为（X_a+D/2，Y_a+D/2）。

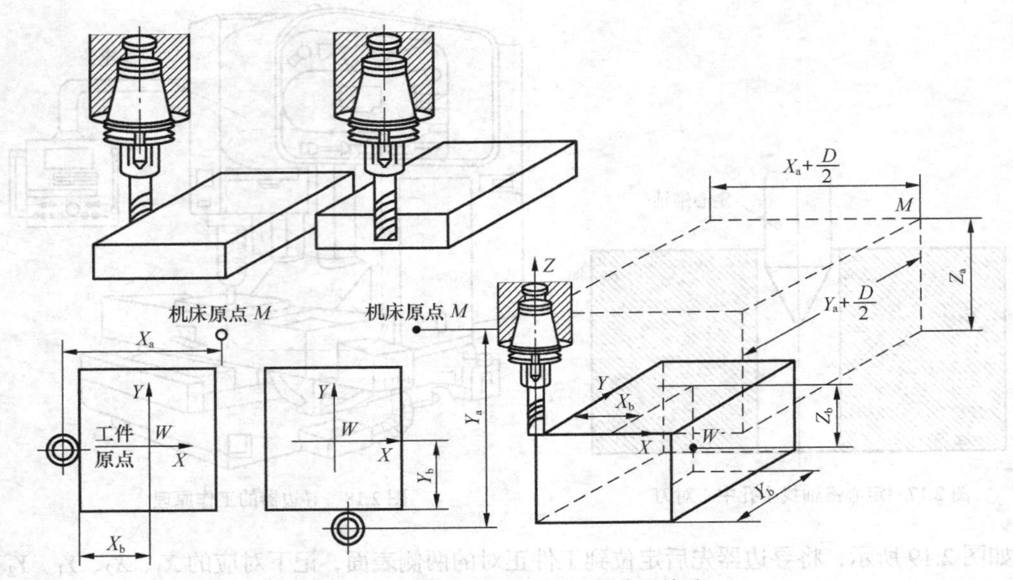

图 2.20　试切对刀操作时的坐标位置关系

采用碰刀（或试切）方式对刀的方法比较简单，但会在工件表面留下痕迹，且对刀精度不够高。为避免损伤工件表面，可以在刀具和工件之间加入塞尺进行对刀，这时应将塞尺的厚度减去。以此类推，还可以采用标准心轴和块规来对刀，如图 2.21 所示。

② Z 方向的对刀。刀具 Z 向对刀数据与刀具在刀柄上的装夹长度及工件坐标系的 Z 向零点位置有关，它确定了工件加工坐标系的零点在机床坐标系中的位置。可以采用刀具直接碰刀对刀，也可利用如图 2.22 所示的 Z 向设定器进行精确对刀，其工作原理与寻边器相同。

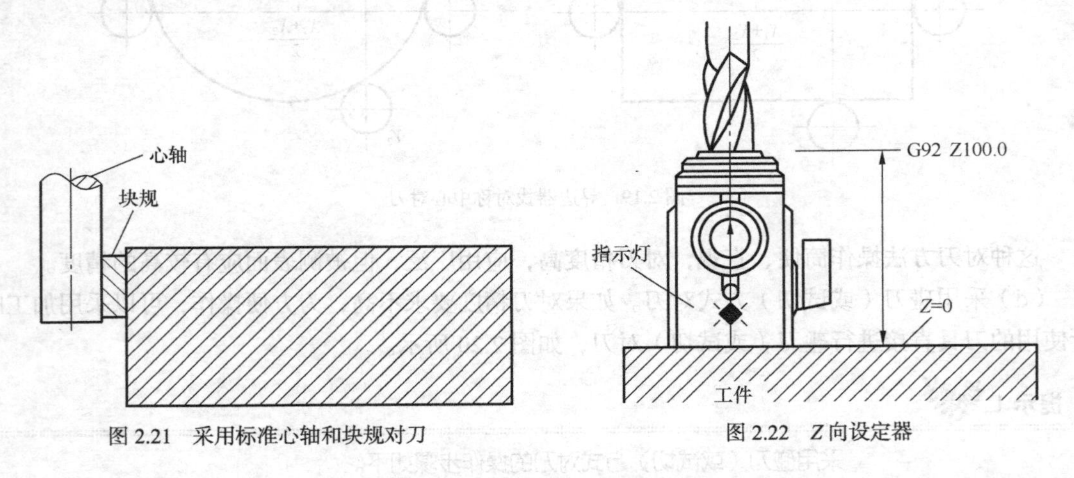

图 2.21　采用标准心轴和块规对刀　　图 2.22　Z 向设定器

对刀时，将刀具的端刃与工件表面或 Z 向设定器的测头接触，利用机床坐标的显示来确定对刀值。当使用 Z 向设定器对刀时，要将 Z 向设定器的高度考虑进去。

另外，由于加工中心刀具较多，每把刀具到机床 Z 坐标零点的距离都不相同（采用基准刀具对刀时，可将这些距离的差值设置为刀具的长度补偿值），因此需要在机床上或专用对刀仪上测量每把刀具的长度（即刀具预调），并记录在刀具明细表中，供机床操作人员使用。

Z 向对刀一般有下面两种方法。

（a）机上对刀。可将每把刀具的刀位点与工件表面相接触依次确定每把刀具与工件在机床坐标系中的相互位置关系，也可采用 Z 向设定器依次确定每把刀具与工件在机床坐标系中的相互位置关系。其操作步骤如下。

① 依次将刀具装在主轴上，利用 Z 向设定器确定每把刀具到工件加工坐标系 Z 向零点的距离，如图 2.23 所示的 A、B、C，并记录下来。

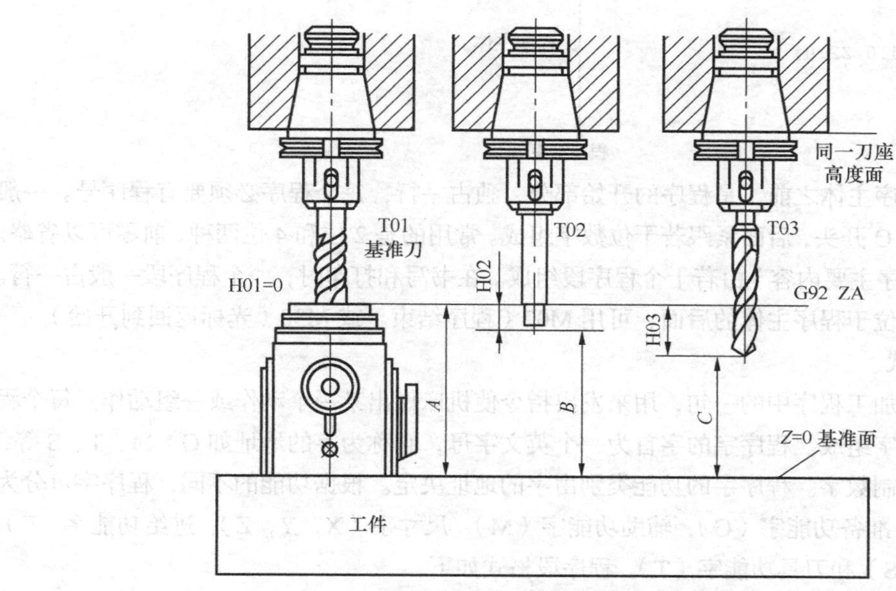

图 2.23　基准刀对刀时刀具长度补偿的设定

② 选定其中的一把刀具，作为基准刀具，如图中的 T01，将其对刀值 A 作为工件加工坐标系的 Z 值，此时 T01 的长度补偿值 H01=0。

③ 确定其他刀具的长度补偿值，采用 G43 时，T02 的长度补偿值 H02=$A-B$，T03 的长度补偿值 H03=$A-C$。

这种方法对刀效率和精度较高，投资少，但若基准刀具磨损会影响零件的加工精度；另外，这种方法对刀工艺文件编写不便，对生产组织有一定影响。

（b）机外刀具预调+机上对刀。这种方法是先在机床外利用刀具预调仪精确测量每把刀具的轴向尺寸，确定每把刀具的长度补偿值，然后在机床上以主轴轴线与主轴前端面的交点进行 Z 向对刀（即采用刀具相关点进行 Z 向对刀），确定工件加工坐标系，此时，H01、H02、H03 的值分别为 T01、T02、T03 的刀具长度值。这种方法对刀精度和效率高，便于工艺文件的编写及生产组织，但投资较大。

总之，Z 向对刀无论是机内对刀还是机外对刀都可采用基准刀具对刀或采用刀具相关点对刀，加工时，要根据具体情况而定。

任务 4　程序结构与格式

在本任务中，学生可以掌握数控机床程序的结构与格式形式，并具有能够正确指出各程序段功能的技能。

1. 程序的结构

一个完整的数控加工程序，由程序号、程序内容和程序结束指令三部分组成。下面以FANUC 0i Mate-TC 数控车床的控制系统为例来说明程序的结构。

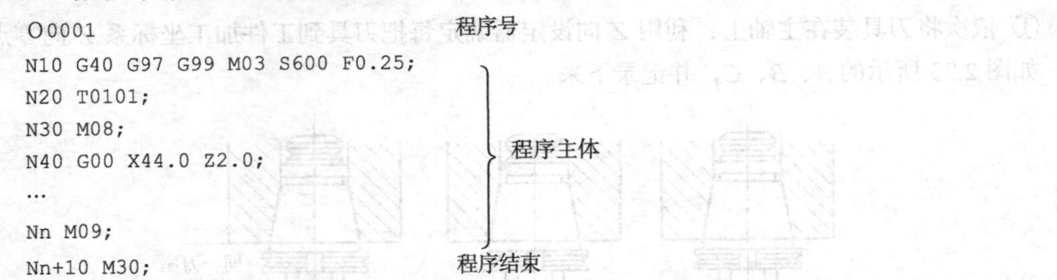

程序号位于程序主体之前，是程序的开始部分，独占一行，每个程序必须要有程序号。一般由规定的英文字母O开头，后面紧跟若干位数字组成。常用的是2位和4位两种，前零可以省略。

程序主体（程序主要内容）由若干个程序段组成。在书写和打印时，一个程序段一般占一行。

程序结束指令位于程序主体的后面，可用M02（程序结束）或M30（光标返回到开始）。

2. 程序段格式

程序段是数控加工程序中的一句，用来发出指令使机床做出某一个动作或一组动作。每个程序段由若干个程序字组成。程序字的字首为一个英文字母，它称为字的地址如G、M、T、S等，随后为若干位十进制数字。程序字的功能类别由字的地址决定。根据功能的不同，程序字可分为程序段序号（N）、准备功能字（G）、辅助功能字（M）、尺寸字（X，Y，Z）、进给功能字（F）、主轴转速功能字（S）和刀具功能字（T）。程序段格式如下：

N_G_X_Z_F_S_T_M_LF

（1）准备功能G指令。准备功能G指令由G后一位或两位数值组成，它用来规定刀具和工件的相对运动轨迹、机床坐标系、坐标平面、刀具补偿、坐标偏置等多种加工操作。

（2）主轴功能S指令。主轴功能S指令用来控制主轴转速，其后的数值表示主轴速度，单位为r/min。恒线速度（G96恒线速度有效、G97取消恒线速度）功能时S指定切削线速度，其后的数值单位为m/min。S是模态指令，只有在主轴速度可调节时有效。S所编程的主轴转速可以借助机床控制面板上的主轴倍率开关来控制。

（3）进给功能F指令。进给功能字又称为F功能或F指令，由地址符F与其后的若干位数字组成，用来表示刀具的进给速度（或称进给率），单位一般为mm/min。当进给速度与主轴转速有关时（如车削螺纹），单位为mm/r，在准备功能中常使用G98代码来指定每分钟进给率、G99代码来指定每转进给率。

（4）刀具功能T指令。T表示刀具地址符，T代码用于选择刀架或刀具库中的刀具，前两位数表示刀具号，后两位数表示刀具补偿号。对于数控车床，当执行了T××××指令后进行换刀，而在加工中心上，T××指令通常并不执行换刀操作，只是选刀，而M06指令用于启动换刀操作。T××指令不一定要放在M06指令之前，只要放在同一程序段中即可执行功能。

（5）辅助功能M指令。辅助功能由地址字M和其后的一或两位数字组成，主要用于控制零件程序的走向，以及机床各种辅助功能的开关动作。M功能有非模态M功能和模态M功能两种形式。非模态M功能（当段有效代码）只在书写了该代码的程序段中有效。常用代码有以下几种。

① 执行M00指令之后，主轴停转、进给停止、冷却液关闭、程序停止。

② 选择程序停止指令（M01）。

③ 程序结束指令（M02）。

④ M03，M04，M05 分别为主轴顺时针旋转、主轴逆时针旋转及主轴停止指令。

⑤ 换刀指令（M06），该指令用于具有刀库的数控机床（如加工中心）的换刀功能。

⑥ 冷却液开指令（M08）。

⑦ 冷却液关指令（M09）。

⑧ 程序结束并返回指令（M30）。

3. 主程序和子程序

在程序中，若某一固定的加工操作重复出现时，可把这部分操作编制成子程序，然后根据需要调用，这样可使程序变得非常简单。调用第 1 层子程序的指令所在的加工程序叫做主程序。一个子程序调用语句，可以多次重复调用子程序。子程序可以由主程序调用，已被调用的子程序还可以调用其他子程序，这种方式称为子程序嵌套。子程序嵌套可达 4 次，如图 2.24 所示。

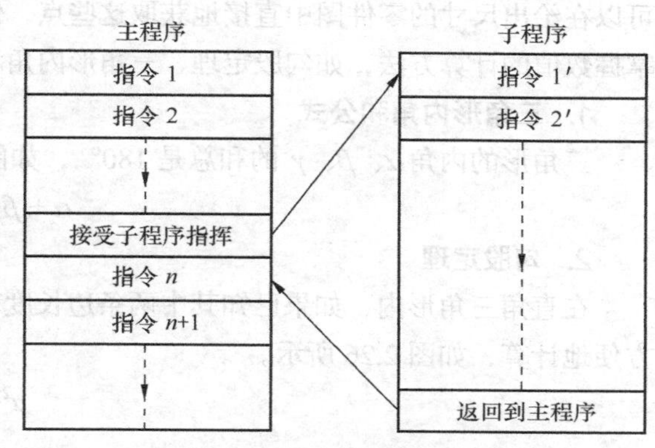

图 2.24　主程序和子程序

（1）子程序调用指令 M98 及从子程序返回指令 M99。

M98：用来调用子程序。

M99：表示子程序结束，执行 M99 使控制返回到主程序。

（2）子程序的格式。

```
O(%)××××
⋮
M99
```

在子程序开头，必须规定子程序号，以作为调用入口地址。在子程序的结尾用 M99 指令，以控制执行完该子程序后返回主程序。

（3）调用子程序的格式

```
M98 P_ L_
```

P：被调用的子程序号。

L：重复调用次数。

训练与提高

指出下列程序中各程序段的作用。

```
O0002;
N1 T0101;
N2 M03 S600;
N3 G00 X46.0 Z0;
N4 G01 X-0.1 F0.15;
N5 Z1.0;
N6 G00 X46.0 ;
N7 X100.0 Y100.0;
```

```
N8 X43.0 Z-45.0;
N9 T0202;
⋮
Nn M30
```

课题二　数控编程中数值的计算方法

当编制一个CNC程序时，被机床加工的轮廓上的对应点必须被编入程序，在大多数情况下，可以在给出尺寸的零件图中直接地获取这些点，但有时这些点必须进行计算才能获得。这就需要掌握数值的计算方法，如勾股定理、三角形内角和公式、三角函数公式等。

1. 三角形内角和公式

三角形的内角α、β、γ的和总是180°，如图2.25所示。

$$\alpha+\beta+\gamma=180°$$

2. 勾股定理

在直角三角形内，如果已知其中两条边长度就可以计算出未知边的长度，利用勾股定理可以方便地计算，如图2.26所示。

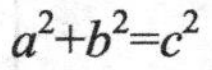

$$a^2+b^2=c^2$$

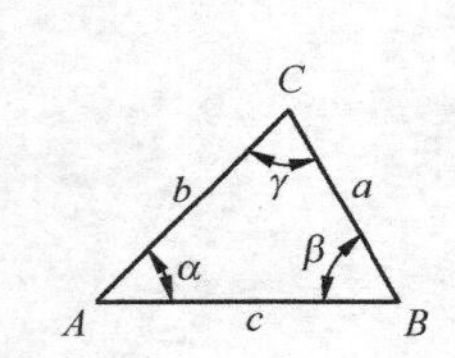

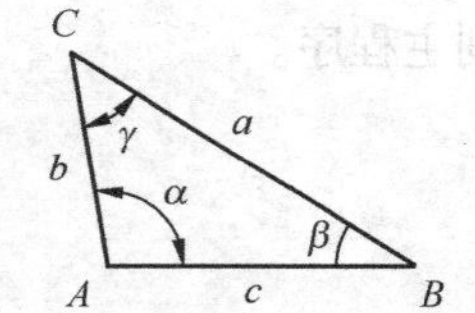

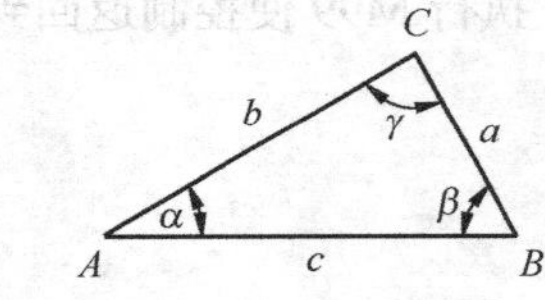

图2.25　三角形内角和的关系

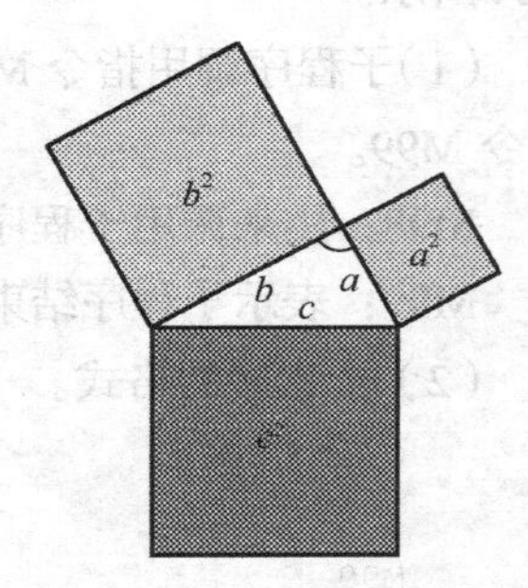

图2.26　勾股定理

3. 三角函数计算法

三角函数计算法简称三角计算法。在手工编程工作中，因为这种方法比较容易被掌握，所以应用十分广泛，是进行数学处理时应重点掌握的方法之一。三角计算法主要应用三角函数关系式及部分定理，现将有关定理的表达式列出如下。

（1）正弦定理。

$$\frac{a}{\sin A}=\frac{b}{\sin B}=\frac{c}{\sin C}=2R$$

式中，

a、b和c——分别为$\angle A$、$\angle B$和$\angle C$所对应边的边长；

R——三角形外接圆半径。

（2）余弦定理。

$$a^2=b^2+c^2-2bc\cos A\text{，}\quad b^2=a^2+c^2-2ac\cos B\text{，}\quad c^2=a^2+b^2-2ab\cos C$$

4. 平面解析几何法

三角计算法虽然在应用中具有分析直观、计算简便等优点，但有时为计算一个简单图形，却需要添加若干条辅助线，并要在分析完数个三角形间的关系后才能进行。而应用平面解析几何法则可省掉一些复杂的三角形关系，用简单的数学方程即可准确地描述零件轮廓的几何图形，使分析和计算的过程都得到简化，并可减少多层次的中间运算，使计算误差大大减小，计算结果更加准确，且不易出错。在绝对编程坐标系中，应用这种方法所解出的坐标值一般不产生累积误差，减少了尺寸换算的工作量，还可提高计算效率等。因此，在数控机床的手工编程中，平面解析几何计算法是应用较普遍的计算方法之一。

项目小结

本项目主要讲述了程序编制的内容与方法、数控机床的坐标系、对刀、程序结构与格式和编程中数值的计算方法。通过学习了解编程的内容与步骤、编程的方法和程序段格式；掌握坐标系的选择方法、对刀方法、常用指令的含义和编程中数值的计算方法；能够正确编写程序和数值计算。

项目巩固与提高

巩固与提高1

1. 判断题（在题目的括号内。正确的填“√，错误的填“×”）

（1）数控机床开机“回零”的目的是为了建立工件坐标系。（　　）

（2）内径千分尺可用来测量两平行完整孔的中心距。（　　）

（3）驱动装置是数控机床的控制核心。（　　）

（4）数控装置是数控机床的控制系统，它采集和控制着机床所有的运动状态和运动量。（　　）

（5）数控机床由主机、数控装置、驱动装置和辅助装置组成。（　　）

（6）数控装置是由中央处理单元、只读存储器、随机存储器和相应的总线和各种接口电路所构成的专用计算机。（　　）

（7）数控车床的回转刀架刀位的检测一般采用角度编码器。（　　）

（8）数控车床传动系统的进给运动有纵向进给运动和横向进给运动。（　　）

（9）数控系统按照加工路线的不同，可分为点位控制系统、点位直线控制系统和轮廓控制系统。（　　）

（10）数控机床的机床坐标系和工件坐标系零点相重合。（　　）

（11）数控装置是数控机床执行机构的驱动部件。（　　）

（12）机床坐标系零点简称机床零点，机床零点是机床直角坐标系的原点，一般用符号 W 表示。（　　）

（13）数控程序由程序号、程序段和程序结束符组成。（　　）

（14）数控机床的插补可分为直线插补和圆弧插补。（　　）

（15）当编程时，如果起点与目标点有一个坐标值没有变化时，此坐标值可以省略。（　　）

（16）在程序中，X、Z 表示绝对坐标值地址，U、W 表示相对坐标值地址。（　　）

（17）在程序中，F 只能表示进给速度。（　　）

（18）刀具位置偏置补偿可分为刀具形状补偿和刀具磨损补偿两种。（ ）

（19）刀具形状补偿是对刀具形状及刀具安装的补偿。（ ）

（20）辅助功能M00为无条件程序暂停，执行该程序指令后，所有运转部件停止运动，且所有模态信息全部丢失。（ ）

2. 选择题

（1）参考点与机床原点的相对位置由 Z 向 X 向的（ ）挡块来确定。

a. 测量 b. 电动 c. 液压 d. 机械

（2）工件原点设定的依据是：既要符合图样尺寸的标注习惯，又要便于（ ）。

a. 操作 b. 计算 c. 观察 d. 编程

（3）在下列G功能代码中，（ ）是一次有效G代码。

a. G00 b. G04 c. G01

（4）在下列G功能代码中，（ ）是直线插补。

a. G02 b. G00 c. G01

（5）在下列G功能代码中，（ ）是顺时针圆弧插补。

a. G02 b. G03 c. G30

（6）刀具补偿功能是数控系统所具有的为方便用户精确编程而设置的功能，它可分为（ ）和刀尖圆弧补偿。

a. 刀具形状补偿 b. 刀具磨损补偿 c. 刀具位置偏置补偿

（7）数控机床的标准坐标系为（ ）。

a. 机床坐标系 b. 工件坐标系 c. 右手直角笛卡尔坐标系

（8）在数控机床中（ ）是由传递切削动力的主轴所确定。

a. x 轴坐标 b. y 轴坐标 c. z 轴坐标

巩固与提高2

（1）已知中心点到坐标原点 X 轴方向的距离为65mm，圆弧半径 r 为25mm，试根据图2.27所示零件示意图的尺寸关系，计算坐标原点到点 C 的距离 X_C。

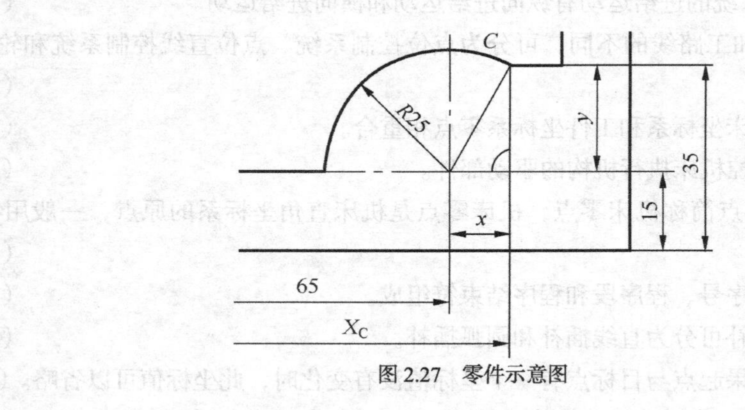

图2.27 零件示意图

提示

$$x=\sqrt{r^2-y^2}=\left(\sqrt{25^2-20^2}\right)\text{mm}=15\text{ mm}$$

$$X_C=(65+15)\text{mm}=80\text{mm}$$

（2）试根据图 2.28 所示条件，输入各点的坐标。

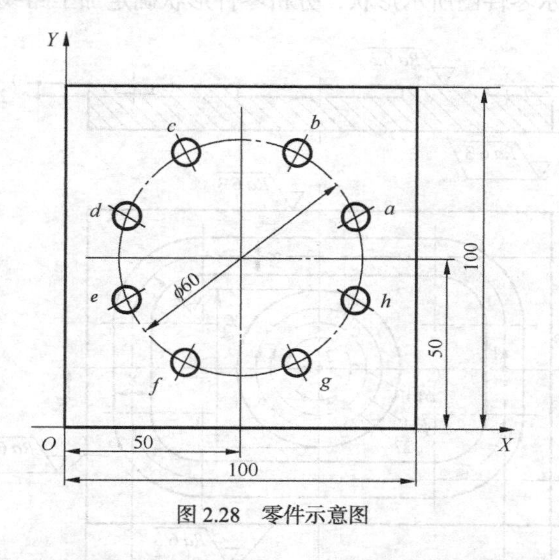

图 2.28　零件示意图

（3）试根据图 1.51 所示零件图中尺寸的要求，求解图形上各过渡点的坐标。

提示

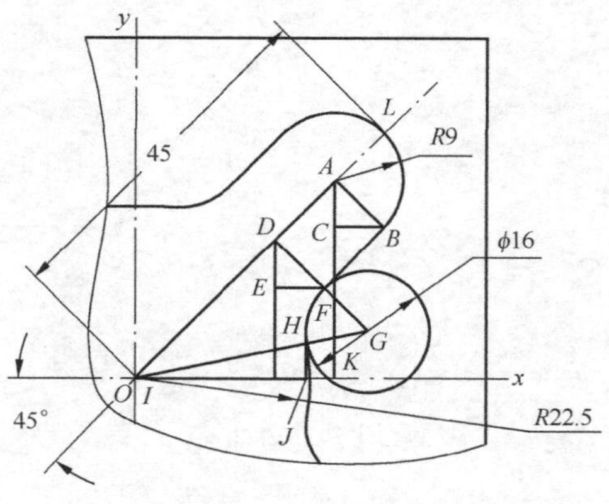

图 2.29　示意图

先求出几个关键点，作图过程如图 2.29 所示。已知：∠*AIK*=45°、*IL*=45mm、*AB*=9mm、*FG*=8mm、*IH*=22.5mm。则点 *B*、*F*、*H* 坐标的求解过程分别如下。

点 *B*：由于 *IL* 与 *AB* 长已知，则可求 *IA* 长度。根据 *IA* 长度、∠*AIK*=45° 求出点 *A* 的坐标，过点 *A* 作 *x* 轴的垂线交于点 *K*，通过点 *B* 作 *AK* 的垂直线交于点 *C*，根据 *AB* 长度、∠*BAC* 可求出 *AC* 和 *BC* 长度，从而得出点 *B* 坐标。

点 *F*：连接点 *G* 和切点 *F* 并延长至线段 *LA* 交于点 *D*，且 *GD* 垂直于 *IA*。已知 *FD*=*AB*，

又知 FG 长，因此可根据 DG 和 IG 求出 ID 长和∠DIG、∠AIK=45°，可求出点 D 的坐标，再根据 DF 长以及∠FDE 求出 DE 和 EF 长度，从而得到点 F 坐标。

点 H：从以上可知∠DIG 和∠DIJ，又已知 IH 长，因此可求出点 H 的坐标。

计算好点 B、F、H 的坐标之后，由于图形是对称的，所以其他点可通过变换各点 x、y 的坐标值来求得。

（4）根据图 2.30 所示零件图所示形状，分析零件形状确定加工路线、刀具和切削用量。

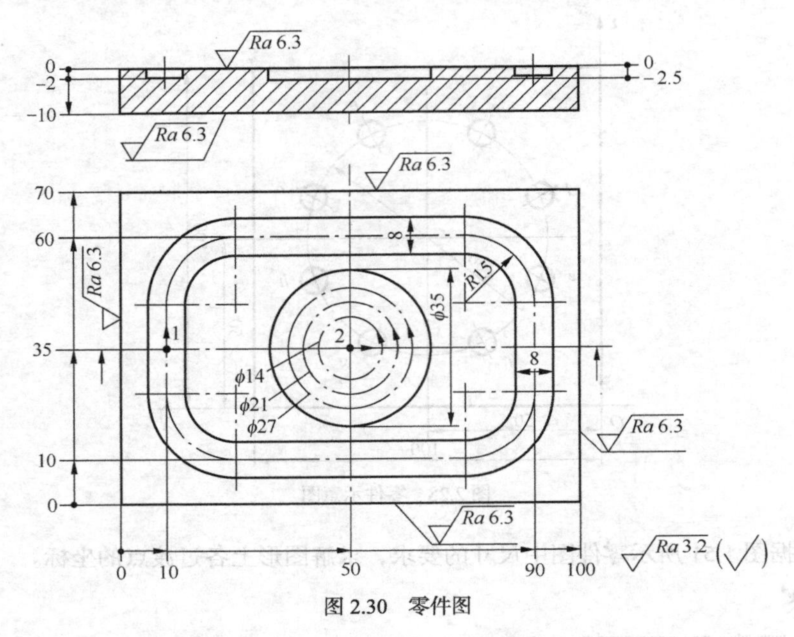

图 2.30　零件图

项目三

数控车削加工工艺与编程方法

本项目主要介绍了数控车削加工工艺,常见数控系统指令的使用方法以及零件的加工方法等。本章重点掌握零件车削的加工工艺与编程方法。通过本章的学习使学生具有对回转类零件进行工艺分析和编程的技能。

知识目标

- 了解数控车削加工的主要对象以及数控车削加工的特点。
- 掌握数控车削加工工艺的分析方法。
- 掌握复合循环指令的使用方法。

技能目标

- 能够根据图样要求，正确制定加工工艺和编程。

课题一　数控车削加工工艺

任务 1　数控车削加工的主要对象与特点

1. 数控车削加工的主要对象

数控车床是在普通车床的基础上发展而来的，除了具有普通车床的性能外，还具有加工通用性好、加工精度高、加工效率高、加工质量稳定等特点，广泛用于回转体零件的加工。它不仅可以进行回转类零件的端面、外圆柱面、内圆柱面的车削加工，还可以进行钻孔、攻螺纹加工以及复杂外形轮廓回转面的车削加工。一般采用手工编程，复杂表面可以采用自动编程。

数控车床比较适合于车削加工具有以下要求和特点的回转体零件。

（1）精度要求高的回转体零件。由于数控车床的刚性好，制造和对刀精度高，以及能方便和精确地进行人工补偿甚至自动补偿，所以它能够加工尺寸精度要求高的零件。由于数控车床车削时刀具运动是通过高精度插补运算和伺服驱动来实现的，再加上机床的刚性好和制造精度高，所以，它能加工对母线直线度、圆度、圆柱度要求高的零件。对于圆弧以及其他曲线轮廓，加工出的形状与图纸上所要求的几何形状的接近程度比用仿形车床要高得多。另外工件的一次装夹可完成多道工序的加工，提高了加工工件的位置精度。

（2）表面粗糙度要求好的回转体零件。数控车床能加工出表面粗糙度值小的零件，不但是因为机床的刚性和制造精度高，还由于它具有恒线速度切削功能。在材质、精车余量和刀具已定的情况下，表面粗糙度取决于进给量和切削速度。切削速度的变化，致使车削后的表面粗糙度不一致，使用数控车床的恒速度切削功能，就可以用最佳线速度来切削锥面、球面和端面等，使车削后的表面粗糙度值既小又一致。

（3）表面轮廓形状复杂的回转体零件。数控车床具有直线和圆弧插补功能，可以车削由任意直线和曲线组成的形状复杂的回转体零件。图 3.1 所示的壳体零件封闭内腔的成形面，在普通车床上是无法加工的，而在数控车床上则很容易地加工出来。

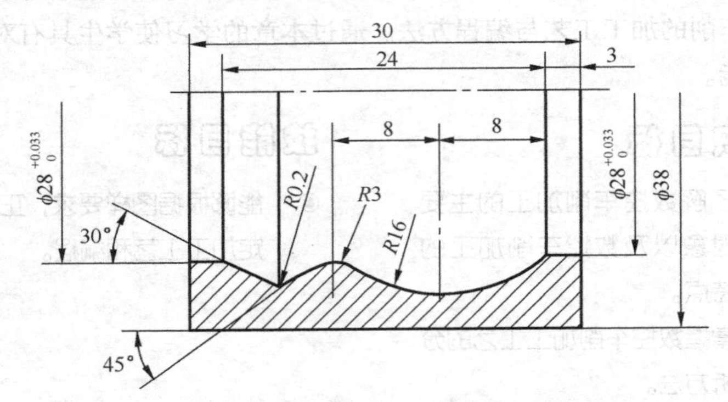

图 3.1　成型内腔零件简图

（4）带一些特殊类型螺纹的回转体零件。普通车床所能车削的螺纹相当有限，它只能车等导程直、锥面公、英制螺纹，而且一台车床只能限定加工若干种导程。数控车床不但能车任何等导程的直、锥和端面螺纹，而且能车增导程、减导程，以及要求等导程、变导程之间平滑过渡的螺纹。数控车床车削螺纹时主轴转向不必像普通车床那样交替变换，它可以一刀又一刀不停地循环，直到完成。所以,它车削螺纹的效率很高。数控车床可以配备精密螺纹切削功能，再加上一般采用硬质合金成型刀片，以及可以使用较高的转速，所以车削出来的螺纹精度高、表面粗糙度小。可以说，包括丝杠在内的螺纹零件都适合于在数控车床上加工。

（5）超精密、超低表面粗糙度值的零件。磁盘、录像机磁头、激光打印机的多面反射体、复印机的回转鼓、照相机等光学设备的透镜等零件机器模具，以及隐形眼镜等要求超高的轮廓精度和超低的表面粗糙度值，它们适合于在高精密、高性能的数控车床上加工。以往很难加工的塑料散光用的透镜，现在也可以用数控车床来加工。超精密加工的轮廓精度可达到 0.1μm，表面粗糙度可达到 *Ra*0.02μm，超精加工所用数控系统的最小分辨率应达到 0.01μm。

2. 数控车削加工的基本特点

由于数控车床自身的特点，使其在生产加工过程中有着与普通车床不同的加工特点，具体表现在以下几个方面。

（1）适应性强，适于多品种小批量零件的加工。在传统的自动或半自动车床上加工一个新零件，一般需要通过调整机床或机床附件，以使机床适应被加工零件的要求。而使用数控车床加工不同形状的零件时，只要重新编制或修改加工程序（软件），就可以迅速达到加工新零件的要求，省去了调整机床的时间，从而大大缩短技术准备时间。因此，适用于多品种、单件或小批量加工。

（2）加工精度高，加工质量稳定。数控车床的加工过程是通过预先输入的加工程序进行控制的，这就避免了人为误差或失误。另外，由于数控车床本身的重复定位精度高，在加工同一批零件时，能保证加工工件的一致性，并有稳定的质量。

（3）具有较高的生产效率和较低的加工成本。机床生产效率主要是指加工一个零件所需要的时间，其中包括机动时间和辅助时间。数控车床的主轴转速和进给速度变化范围很大，并可实现无级调速，加工时可选用最佳的切削用量，从而有效缩短机动时间。数控车床的自动换刀、快速空行程、循环加工功能及装夹简单等特点，可大大缩短辅助时间。数控车床的生产效率一般为普通车床的 2 ~ 6 倍，应用数控车床，可降低加工成本，同时减少普通车床的类型和台数，有效节省设备投资，有利于工厂更好地发展再生产。

（4）改善劳动条件，减轻操作者的劳动强度。数控车床不需人工手动操作，使操作过程简化，生产环境比较整洁，既改善了劳动条件，又减轻了操作者的劳动强度。

任务 2　数控车削刀具

1. 数控车削刀具的特点

数控车床刚性好，精度高，可一次装夹完成工件的粗加工、半精加工和精加工。为使粗加工能采用大切深、大走刀，要求粗车刀具强度高、耐用度好。精车时保证加工精度及其稳定性是关键，刀具应满足安装调整方便、刚性好、精度高、耐用度好的要求。数控车床一般选用硬质合金可转位车刀。这种车刀就是使用可转位刀片的机夹车刀，把经过研磨的可转位多边形刀片用夹紧组件夹在刀杆上。车刀在使用过程中，一旦切削刃磨钝后，通过刀片的转位，即可用新的切削刃继续切削，只有当多边形刀片所有的刀刃都磨钝后，才需要更换刀片。数控车床与普通车床用的可转位车刀，一般无本质的区别，其基本结构、功能特点是相同的。但数控车床工序是自动化的，因此，对用于其上的可转位车刀的要求侧重点又有别于普通车床的刀具，具体要求和特点如表 3.1 所示。

表 3.1　可转位车刀的特点

要　求	特　点	目　的
精度高	刀片采用 M 级或更高精度等级的；刀杆多采用精密级的；用带微调装置的刀杆在机外预调好	保证刀片重复定位精度，方便坐标设定。保证刀尖位置精度
可靠性高	用断屑可靠性高的断屑槽形或有断屑台和断屑器的车刀；采用结构可靠的车刀，采用复合式夹紧结构和夹紧可靠的其他结构	断屑稳定，不能有紊乱和带状切屑；适应刀架快速移动和换位以及整个自动切削过程中夹紧不得有松动的要求
换刀迅速	用车削工具系统；采用快换小刀夹	迅速更换不同形式的切削部件，完成多种切削加工，提高生产效率
刀片材料	较多采用涂层刀片	满足生产节拍要求，提高加工效率
刀杆截形	较多采用正方形刀杆，但因刀架系统结构差异大，有的需采用专用刀杆	刀杆与刀架系统匹配

2. 机夹可转位车刀的选用

刀具的选择是数控车削加工工艺设计的重要内容之一。数控车削加工对刀具的要求较普通车床高，不仅要求其刚性好、切削性能好、耐用度高，而且安装调整方便。数控机床大都采用已经系列化、标准化的刀具，刀柄和刀头可以进行拼装和组合。刀头包括多种结构如可调镗刀头、不重磨刀片等。

为了减少换刀时间和方便对刀，便于实现机械加工的标准化，数控车削加工时应尽量采用机夹式刀杆和机夹式刀片。

（1）刀片的选择。

① 刀片材质的选择。车刀刀片的材料主要有高速钢、硬质和涂层硬质合金、陶瓷、立方氮化硼、金刚石等。其中应用最多的高速钢、硬质合金和涂层硬质合金刀片。高速钢的韧性较硬质合金好，硬度、耐磨性和热硬性较硬质合金差，不适于切削硬度较高的材料，也不适宜高速切削。高速钢刀具使用前需生产者自行刃磨，且刃磨方便，适应于各种特殊需要的非标准刀具。硬质合金刀片和涂层硬质合金刀片切削性能优异，在数控车削中被广泛使用。选择刀片材质，主要依据被加工工件的材料、被加工表面的精度、表面质量要求、切削载荷的大小以及切削过程中有无冲击和振动等。

② 刀片尺寸的选择。刀片尺寸的大小取决于必要的有效切削刃长度。有效切削刃长度与背吃刀量和车刀的主偏角有关，使用时可查阅有关刀具手册选取。

③ 刀片形状的选择。刀片形状主要依据被加工工件的表面形状、切削方法、刀具寿命和刀片的转位次数等因素选择。刀片是机夹式可转位车刀的一个最重要组成元件。按照 GB/T 2076—1987，大致可分为带圆孔、带沉孔以及无孔三大类。形状有三角形、正方形、五边形、六边形、圆形以及菱形等共 17 种。图 3.2 所示为常见的几种刀片形状及角度。刀片角度选择时主要考虑后角是否发生干涉，在不发生干涉的前提下，粗加工尽量选用刀尖角度大的车刀。

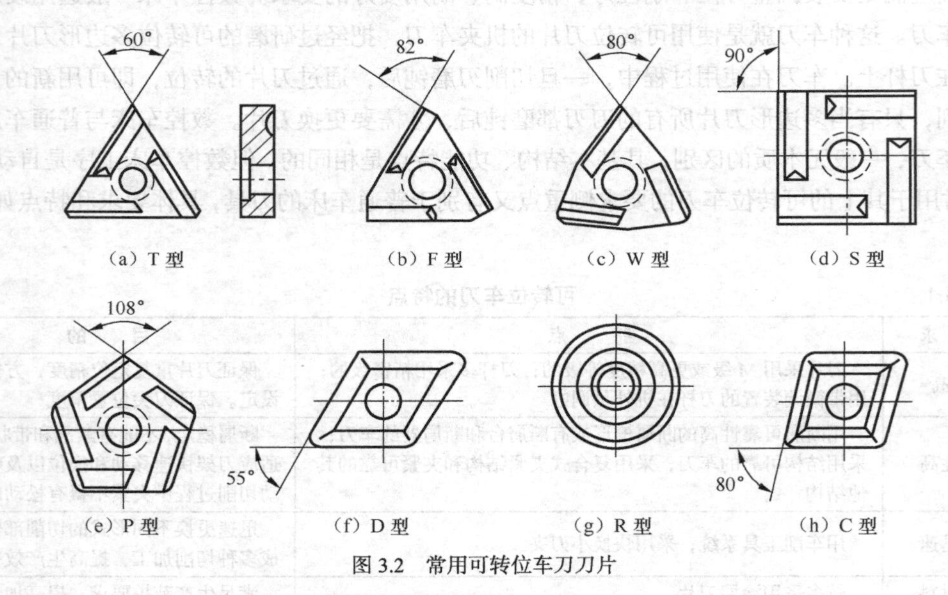

图 3.2 常用可转位车刀刀片

（2）根据加工种类选择刀具。

① 外圆加工，一般选用外圆左偏粗车刀、外圆左偏精车刀、外圆右偏粗车刀、外圆右偏精车刀、端面刀等类型。

② 挖槽一般选外（内）圆车槽刀。

③ 螺纹加工选外（内）圆螺纹车刀。

④ 孔加工主要选择麻花钻、粗镗孔刀和精镗孔刀、扩孔钻、铰刀。

（3）选择刀具的大小。

① 尽可能选择大的刀具，因为刀具大则刚性高，刀具不易断，可以采用大的切削用量，提高

加工效率，加工质量有保证。

② 根据加工的背吃刀量选择刀具，背吃刀量越大，刀具越大。

③ 根据工件大小选刀具，工件大的选大刀具，反之选取小刀具。

上面所述只是一般情况下的选择，具体加工时情况千变万化，要根据工件的材料性质、硬度、要求精度及刀具情况具体选择。此外，对所选择的刀具，在使用前都需对刀具尺寸进行严格的测量以获得精确数据，并由操作者将这些数据输入控制系统，经程序调用而完成加工过程，从而加工出合格的工件。

粗车时，要选强度高、寿命长的刀具，以便满足粗车时大背吃刀量、大进给量的要求。精车时，要选精度高、寿命长的刀具，以保证加工精度的要求。此外，为减少换刀时间和方便对刀，应尽可能采用机夹刀具。夹紧刀片的方式要选择合理，刀片最好选择涂层硬质合金刀片。根据零件的材料种类、硬度以及加工表面粗糙度要求和加工余量等已知条件来决定刀具的几何结构、进给量、切削速度和刀片牌号，各个生产厂家所生产的刀具质量不一，选择时最好根据厂家提供的标准选择。

3. 数控车削用工具系统

数控车床的刀架是机床的重要组成部分，刀架是用于夹持切削刀具的。因此，其结构直接影响机床的切削性能和切削效率。随着数控车床不断发展，刀架结构形式也在不断创新，但总体来说刀架大致可以分两大类，即排刀式刀架和转塔式刀架。有的车削中心还采用带刀库的自动换刀装置。排刀式刀架一般用于小型数控车床，各种刀具排列的夹持在可移动的滑板上，换刀时可实现自动定位。

转塔式刀架也称刀塔或者刀台或称回转刀架，转塔式刀架是用转塔头各刀座来安装或夹持各种不同用途的刀具，转塔式刀架有立式和卧式两种结构型式。转塔式刀架是一多刀位的自动定位装置，通过转塔头的旋转、分度和定位来实现机床的自动换刀动作。加工所需的各种切削刀具（车刀、镗刀、钻头等）是通过刀柄座、镗刀座、刀柄套、定位环等刀辅具紧固在转塔刀架的回转刀盘上的。转塔刀盘按外形可分为圆鼓形、星形和伞形（冕形）三种，以前两种应用较多，三种型式都可在其径向和轴向安装刀具。一般来说，圆鼓形转塔刀架上沿径向安装的刀具适于作圆柱面加工，沿轴向安装的刀具可用于工件的孔和圆柱面加工，一般星形转塔刀架的回转轴与主轴轴线成垂直布置也可用于工件的孔和圆柱面加工，但以加工圆柱面为主，可安装受力较大的刀具。刀位数有 4、6、8、12 和 16 及 20 刀位。立式转台刀架的工具（刀辅具）系统，如图 3.3 所示。

训练与提高

（1）刀具材料高速钢、硬质合金各有何特点？

（2）如何选择数控车削加工刀具？

任务 3　数控车床常用夹具

数控车床主要用于加工工件的内外圆柱面、圆锥面、回转成型面、螺纹及端平面等。根据加工特点和夹具在数控车床上安装的位置，将夹具分为两种基本类型：一类是安装在数控车床主轴上的夹具，这类夹具和数控车床主轴相连接并带动工件一起随主轴旋转，除了各种卡盘、顶尖等通用夹具或其他机床附件外，往往根据加工的需要设计出各种心轴或其他专用夹具；另一类是安装在滑板或床身上的夹具，对于某些形状不规则和尺寸较大的工件，常常把夹具装在数控车床滑板上，刀具则安装在数控车床主轴上做旋转运动，夹具做进给运动。

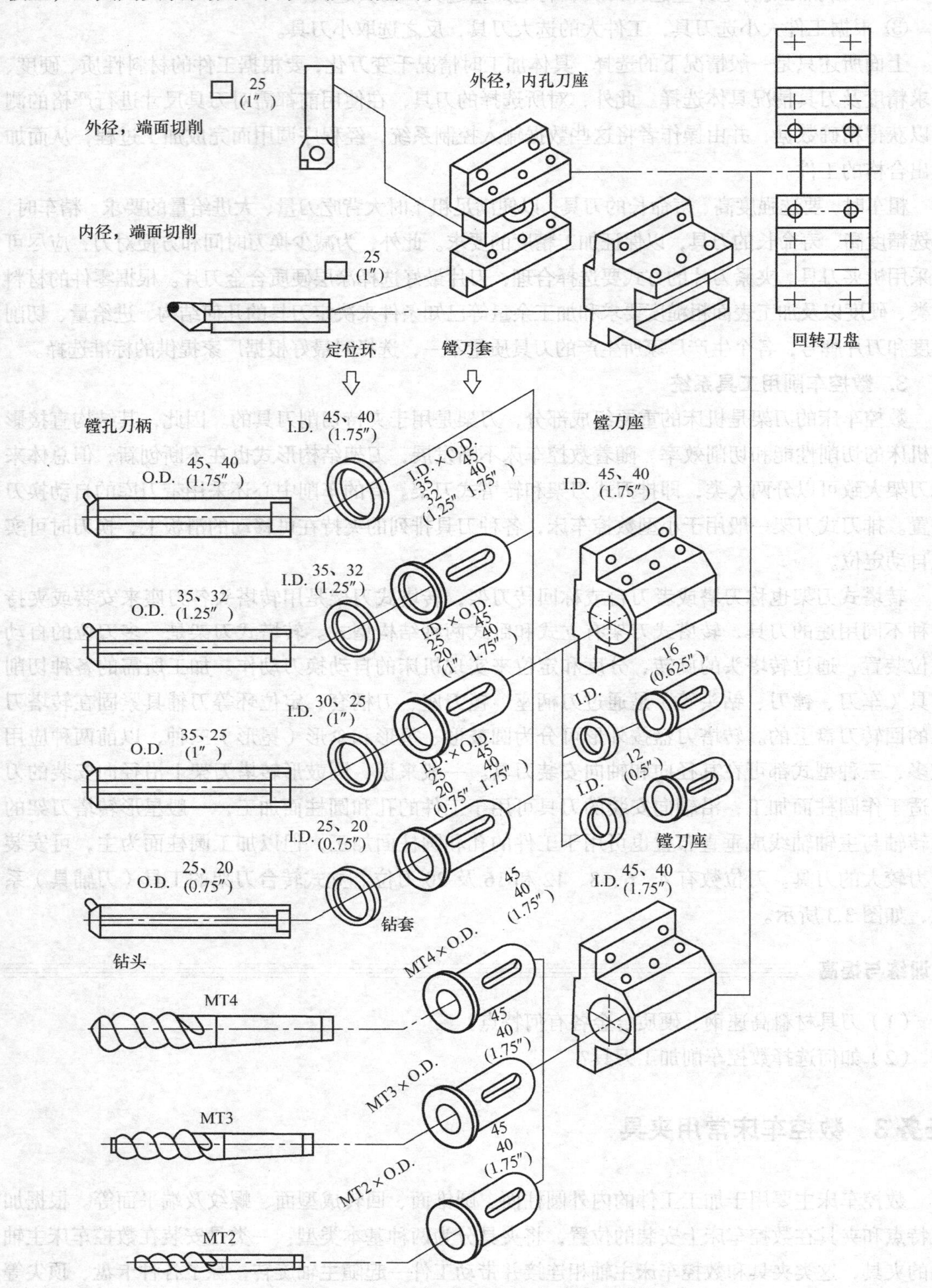

图3.3 立式转台刀架的工具（刀辅具）系统

数控车床夹具可分为通用夹具和专用夹具两大类。通用夹具是指能够装夹两种或两种以上工件的同一夹具，例如，数控车床上的三爪卡盘、四爪卡盘、弹簧卡套和通用心轴等；专用夹具是专门为加工某一指定工件的某一工序而设计的夹具。数控车床通用夹具与普通车床及专用车床相同。

1. 三爪卡盘

三爪卡盘如图 3.4 所示，是最常用的车床通用夹具，三爪卡盘最大的优点是可以自动定心，夹持范围大，装夹速度快，但定心精度存在误差，不适于同轴度要求高的工件的二次装夹。

三爪卡盘常见的有机械式和液压式两种。液压卡盘装夹迅速、方便，但夹持范围变化小、尺寸变化大时需重新调整卡爪位置。数控车床经常采用液压卡盘，液压卡盘还特别适用于批量加工。

2. 软爪

由于三爪卡盘定心精度不高，当二次装夹加工同轴度要求高的工件时，常常使用软爪。软爪是一种具有切削性能的夹爪，通常三爪卡盘为保证刚度和耐磨性要进行热处理，硬度较高，很难用常用刀具切削。软爪也有机械式和液压式两种，软爪是在使用前配合被加工工件特别制造的，加工软爪时要注意以下几方面的问题。

软爪要在与使用时相同的夹紧状态下加工，以免在加工过程中松动和由于反向间隙而引起定心误差。加工软爪内定位表面时，要在软爪尾部夹紧一适当的棒料，以消除卡盘端面螺纹的间隙，如图 3.5 所示。当被加工件以外圆定位时，软爪内圆直径应与工件外圆直径相同，略小更好。

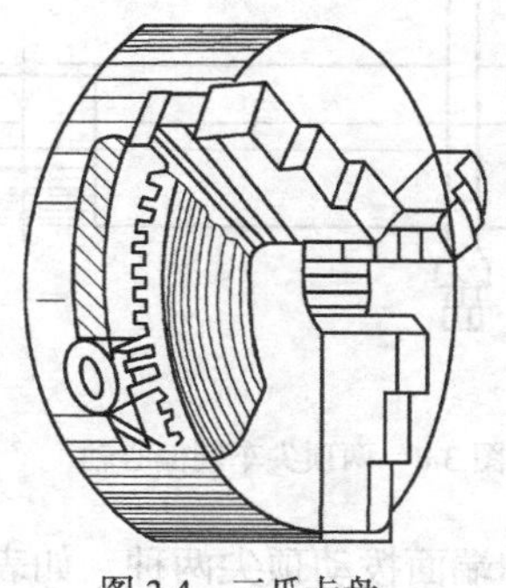

图 3.4　三爪卡盘

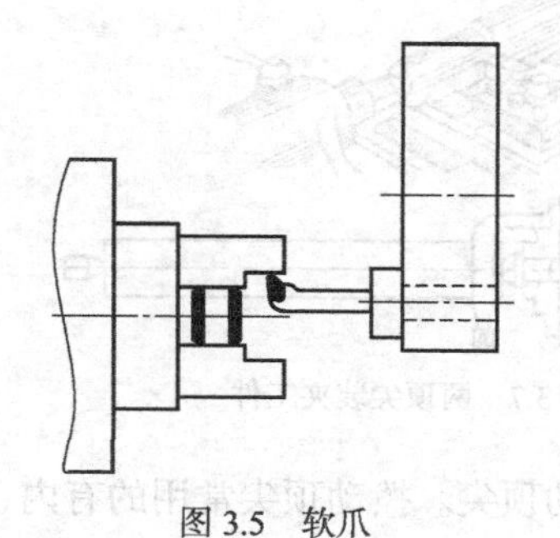

图 3.5　软爪

3. 弹簧夹套

弹簧夹套定心精度高，装夹工件快捷、方便，常用于精加工的外圆表面定位。弹簧夹套特别适用于尺寸精度较高、表面质量较好的冷拔圆棒料，若配以自动送料器，可实现自动上料。弹簧夹套夹持工件的内孔是标准系列，并非任意直径。

4. 四爪卡盘

加工精度要求不高、偏心距较小、零件长度较短的工件时，可采用四爪卡盘，如图 3.6 所示。

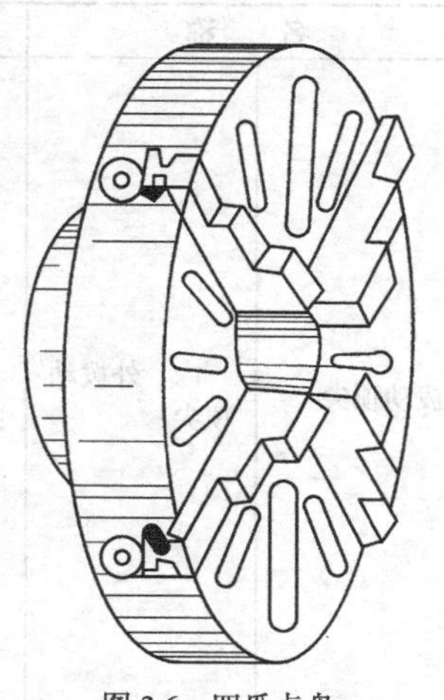

图 3.6　四爪卡盘

5. 中心孔定位夹具

（1）两顶尖拨盘。两顶尖定位的优点是定心正确可靠，安装方便。顶尖作用是定心、承受工件的重量和切削力。顶尖分前顶尖和后顶尖两种，前顶尖和主轴一起旋转，与主轴中心孔不产生摩擦，后顶尖插入尾座套筒，其结构特点如表3.2所示。

表3.2　两顶尖拨盘

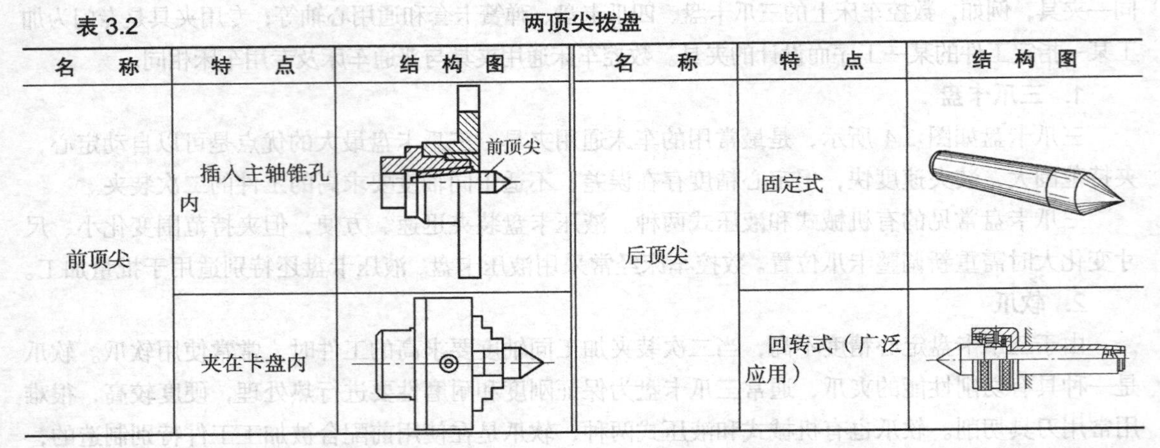

名　称	特　点	结构图	名　称	特　点	结构图
前顶尖	插入主轴锥孔内	前顶尖	后顶尖	固定式	
	夹在卡盘内			回转式（广泛应用）	

工件安装时用对分夹头或鸡心夹头夹紧工件一端，拨杆伸向端面。两顶尖只对工件有定心和支承作用，必须通过对分夹头或鸡心夹头的拨杆带动工件旋转，如图3.7所示，利用两顶尖定位还可加工偏心工件，如图3.8所示。

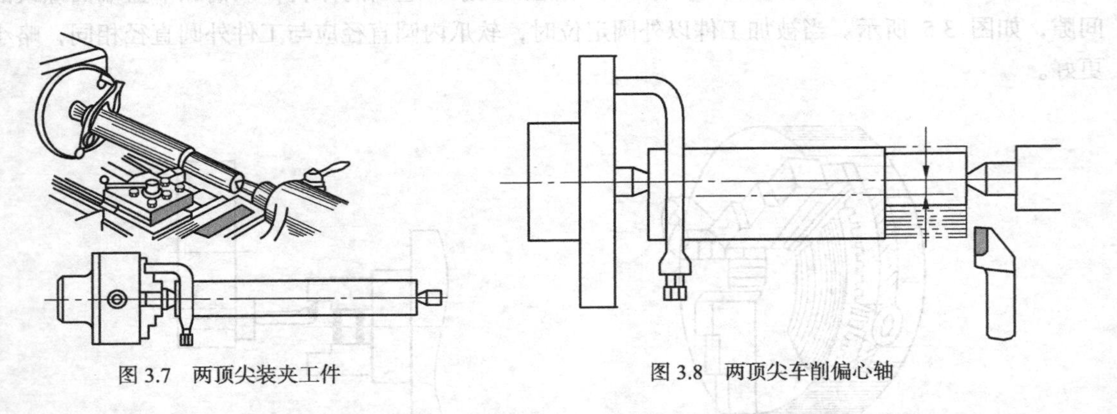

图3.7　两顶尖装夹工件　　　图3.8　两顶尖车削偏心轴

（2）拨动顶尖。拨动顶尖常用的有内、外拨动顶尖和端面拨动顶尖两种，如表3.3所示。

表3.3　拨动顶尖

名　称		特　点	结构图
拨动顶尖	内、外拨动顶尖	锥面带齿，能嵌入工件，拨动工件旋转	内拨动顶尖 外拨动顶尖 A A

续表

名称		特点	结构图
拨动顶尖	端面拨动顶尖	利用端面拨爪带动工件旋转，适合装夹工件的直径在 $\phi50 \sim \phi150$mm 之间	拨爪

（3）中心孔。用顶尖装夹工件时，必须先在工件的端面上加工出中心孔。中心孔的类型和选择如下。

国家标准 GB/T 145—2001 规定中心孔有 A 型（不带护锥）、B 型（带护锥）、C 型（带护锥和螺纹）和 R 型（弧形）四种。

① A 型中心孔。A 型中心孔由圆柱部分和圆锥部分组成，圆锥孔的圆锥角为 60°，与顶尖锥面配合，因此锥面表面质量要求较高。一般适用于不需要多次装夹或不保留中心孔的工件，适用于精度要求一般的工件。其结构如图 3.9 所示。

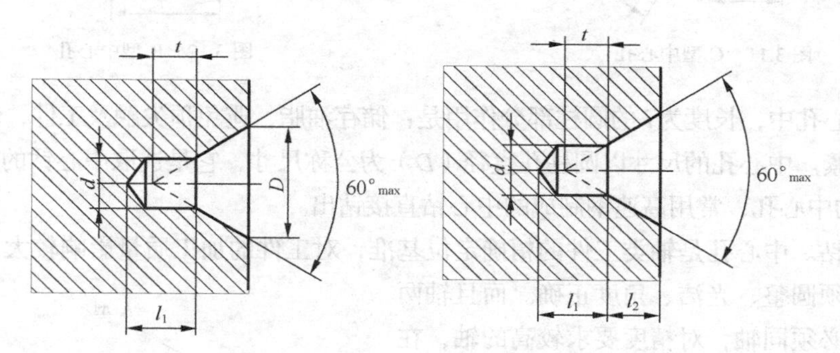

图 3.9　A 型中心孔

② B 型中心孔。B 型中心孔是在 A 型中心孔的端部多一个 120° 的圆锥面，目的是保护 60° 锥面，不让其拉毛碰伤。一般应用于多次装夹的工件或精度要求较高的工件，结构如图 3.10 所示。

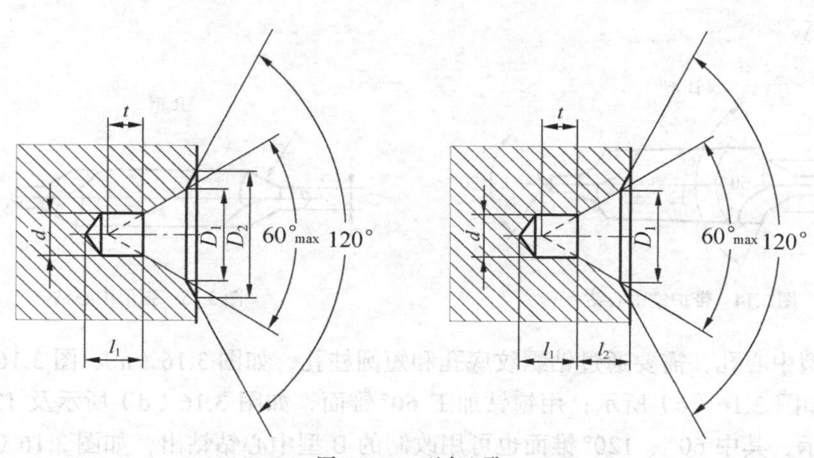

图 3.10　B 型中心孔

③ C型中心孔。C型中心孔外端形似B型中心孔，里端有一个比圆柱孔还要小的内螺纹，它可以将其他零件轴向固定在轴上，或将零件吊挂放置。适用于当其他零件轴向固定在轴端时，其结构如图3.11所示。

④ R型中心孔。R型中心孔是将A型中心孔的圆锥母线改为圆弧线而形成的。将圆锥母线改为圆弧线可以减少中心孔与顶尖的接触面积，减少摩擦力，提高定位精度。适用于轻型和高精度轴类工件，其结构如图3.12所示。

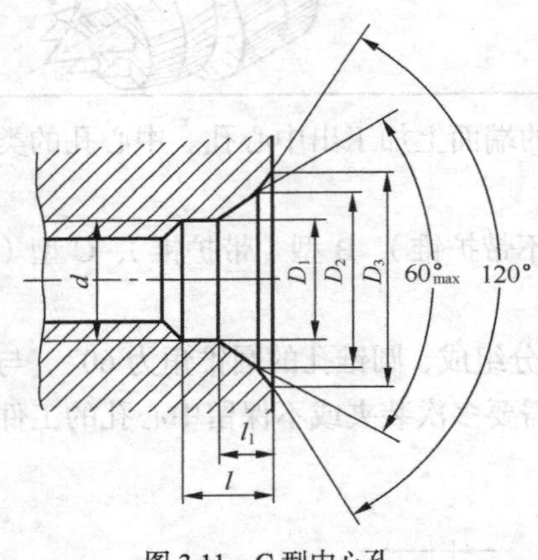

图3.11　C型中心孔

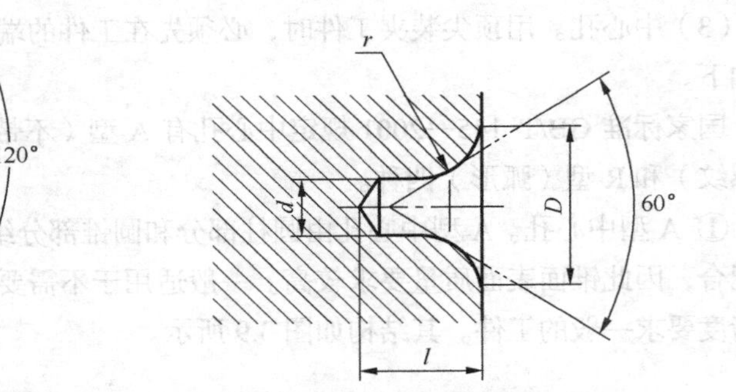

图3.12　R型中心孔

在四种中心孔中，长度为l的圆柱部分作用是：储存油脂，避免顶尖触及工件，使顶尖与60°圆锥面配合贴紧。中心孔的尺寸以圆柱孔直径（D）为公称尺寸，它是选取中心钻的依据。直径在ϕ6.3mm以下的中心孔，常用高速钢制成的中心钻直接钻出。

（4）中心钻。中心孔是轴类工件的精确定位基准，对工件的加工质量影响较大。因此，所钻出的中心孔必须圆整、光洁、角度正确。而且轴两端中心孔轴线必须同轴，对精度要求较高的轴，在热处理后及精加工前均应对中心孔进行修研。不同类型的中心孔加工工具及方法是有区别的。加工A、B、R三种类型中心孔需分别采用不带护锥的中心钻、带护锥中心钻和弧形中心钻，如图3.13、图3.14和图3.15所示。

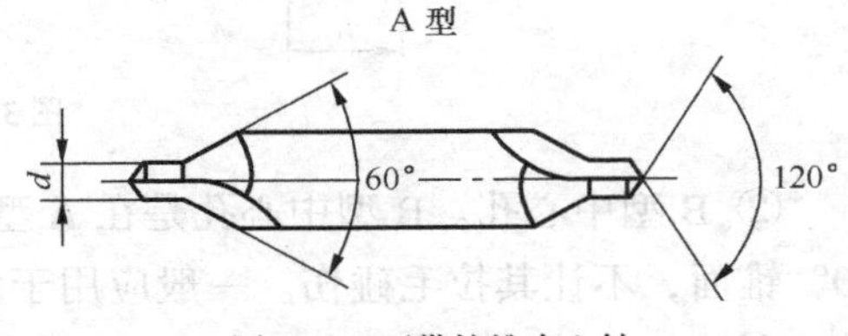

图3.13　不带护锥中心钻

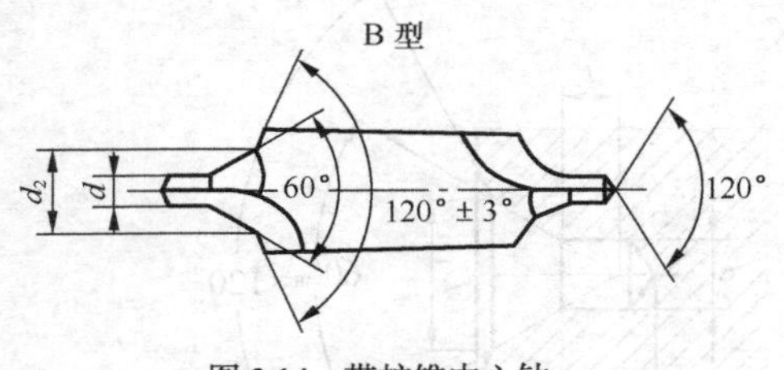

图3.14　带护锥中心钻

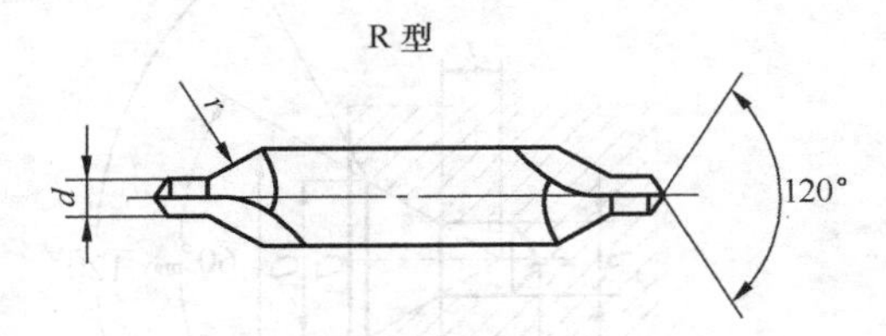

图3.15　弧形中心钻

加工C型中心孔，需要通过钻螺纹底孔和短圆柱孔，如图3.16（a）、图3.16（b）所示；攻内螺纹，如图3.16（c）所示；用锪钻加工60°锥面，如图3.16（d）所示及120°锥面如图3.16（e）所示，其中60°、120°锥面也可用改制的B型中心钻钻出，如图3.16（f）所示。

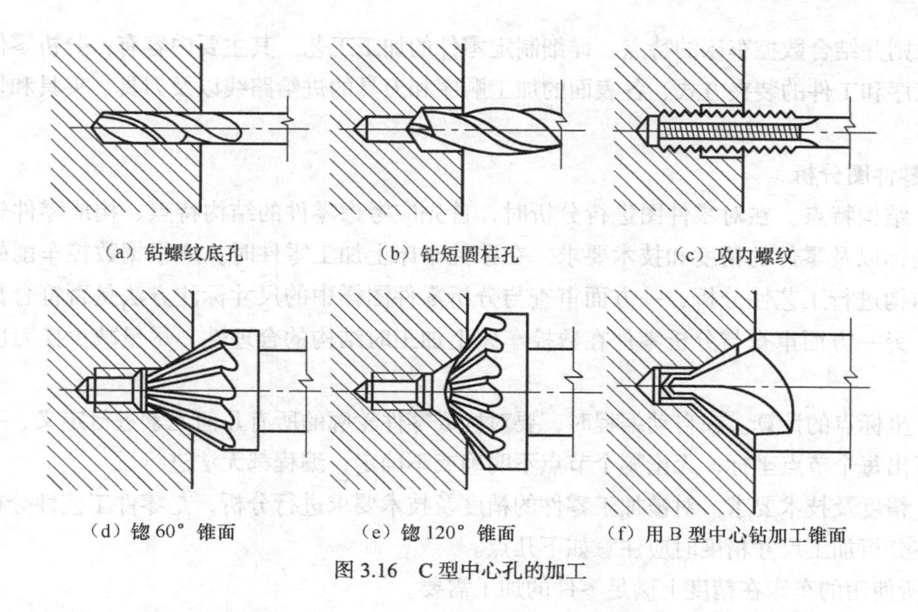

图 3.16 C 型中心孔的加工

6. 其他车削工装夹具

数控车削加工中有时会遇到一些形状复杂和不规则的零件，不能用三爪卡盘或四爪卡盘装夹，需要借助其他工装夹具，如花盘、角铁等。

（1）花盘。加工表面的回转轴线与基准面垂直、外形复杂的零件可以装夹在花盘上加工，图 3.17 所示为用花盘装夹双孔连杆的方法。

（2）角铁。加工表面的回转轴线与基准面平行、外形复杂的工件可以装夹在角铁上加工，图 3.18 所示为角铁的安装方法。

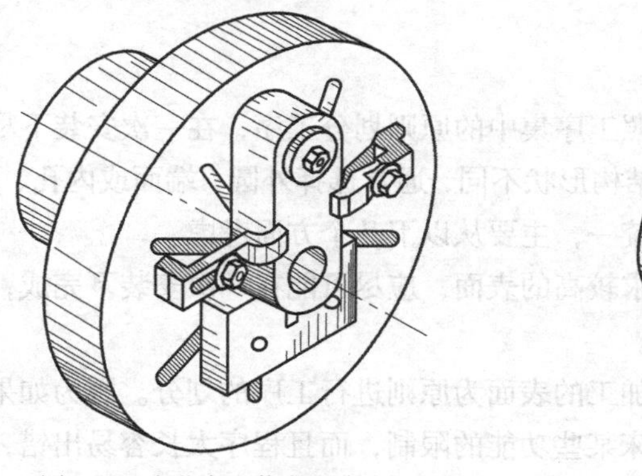

图 3.17 在花盘上装夹双孔连杆

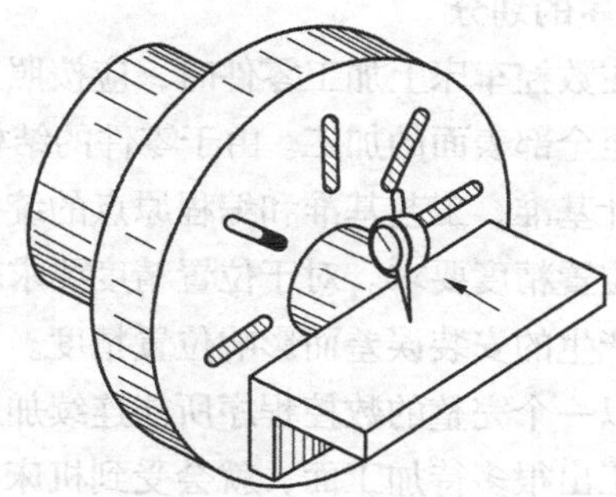

图 3.18 角铁的安装方法

训练与提高

（1）三爪卡盘和四爪卡盘各有何特点？

（2）中心孔有哪几种类型？每种类型使用何种中心钻加工？

任务 4 数控车削加工工艺分析

制定零件加工工艺是数控车削加工之前应准备的工艺工作，制定数控车削工艺时应遵循一般的工艺原则并结合数控车床的特点，详细制定零件的加工工艺。其主要内容有：分析零件图、确定加工工序和工件的装夹方式、各表面的加工顺序和刀具的进给路线以及刀具、夹具和切削用量的选择等。

1. 零件图分析

（1）结构特点。在对零件图进行分析时，首先应考虑零件的结构特点、构成零件轮廓变化的各点坐标以及零件的精度和技术要求。在数控车床上加工零件时，应根据数控车削的特点，对零件结构进行工艺性分析，一方面审查与分析零件图样中的尺寸标注方法是否符合数控加工的特点；另一方面审查与分析零件在数控车床上加工时结构的合理性，尽量减少换刀次数和刀具数量。

（2）坐标点的计算。在自动编程时，要对构成零件轮廓的所有几何元素进行定义，手工编程时要计算出每个节点坐标，无论哪个节点不明确或不确定，编程都无法进行。

（3）精度及技术要求。对被加工零件的精度及技术要求进行分析，是零件工艺性分析的重要内容。在分析加工尺寸精度时应注意如下几点。

① 所使用的车床在精度上满足零件的加工需要。

② 对用来定位和作为基准使用的面和孔，可以适当提高加工精度。

③ 为了满足组合件的装配精度，在单件加工零件时要进行公差分配，加工工艺好的零件精度可适当提高，加工工艺性差的零件精度可适当降低。

④ 当基准转换后，有些尺寸公差要进行尺寸链计算。

⑤ 在定位和装夹可靠的情况下，或切削要素选择正确的情况下，许多位置和形状精度是由设备和工艺保证的。

⑥ 装配后以及零件加工完毕，因测量的需要，基准支承面、找正面、找正孔等，应与加工基准有尺寸关系，加工精度应比零件精度高。

2. 工序的划分

一般在数控车床上加工零件时，应按照工序集中的原则划分工序，在一次安装下尽可能完成大部分甚至全部表面的加工。由于零件的结构形状不同，通常选择外圆、端面或内孔、端面装夹，并力求设计基准、工艺基准和编程原点的统一，主要从以下几个方面考虑。

（1）位置精度要求。对于位置精度要求较高的表面，应尽可能在一次安装下完成，以避免多次安装所产生的安装误差而影响位置精度。

（2）以一个完整的数控程序所能连续加工的表面为原则进行工序的划分。因为如果在一次安装中需加工出很多待加工面，就会受到机床某些功能的限制，而且程序太长容易出错，检查也困难，因此程序不能太长。

（3）按粗、精加工划分。对毛坯余量较大和加工精度要求较高的零件，应将粗车和精车分开，划分成两道或更多的工序。

总之，在加工中要根据零件的结构与工艺性要求、零件的批量、机床的功能，以及零件数控加工内容的多少、程序的大小、安装次数及本单位生产组织状况灵活掌握。

3. 加工顺序的确定

在分析了零件图样和确定了工序之后，接下来即要确定零件的加工顺序。制订零件车削加工顺序一般遵循以下几个原则。

（1）先粗后精。表面进行半精加工和精加工，逐步提高加工精度。粗加工要求在较短的时间内切除工件各表面上的大部分多余的金属，并留有精加工的余量。根据需要可以安排半精车，以此为精车做准备，进一步保证零件的加工精度。

（2）先近后远。先近后远即先从起刀点开始加工，逐步向远离起刀点的部位加工（一般从右向左，逐渐向卡盘方向靠近），以便缩短刀具移动距离，减少空行程时间。同时，先近后远还有利于保持坯件或半成品的刚性，改善其切削条件。

（3）内外交叉。对既有内表面，又有外表面需加工的零件，安排加工顺序时，应先进行内、外表面粗加工，后进行内、外表面精加工，不可将零件上一部分表面（外表面或内表面）加工完毕后，再加工其他表面（内表面或外表面）。

（4）减少换刀次数。对于能满足加工要求的刀具，应尽可能多地利用它完成工件表面的加工，缩短刀具的移动距离。有时为了保证加工精度要求，精加工时一定要用一把刀具完成同一表面的连续切削加工。

4. 进给路线的确定

进给路线是指数控机床加工过程中，刀具相对零件的运动轨迹和方向，也称走刀路线。它泛指刀具从起刀点（或机床参考点）开始运动起，直至返回该点并结束加工程序所经过的路径，包括切削加工的路径及刀具切入、切出等非切削空行程。它不但包括了工步的内容，也反映出工步顺序。确定进给路线的工作重点，主要在于确定粗加工及空行程的进给路线，因精加工切削过程的进给路线基本上都是沿着零件轮廓顺序的。

（1）原则。

① 根据工件表面形状和精度要求确定工序和工步，并由此确定各表面加工进给路线的顺序。为保证工件轮廓表面加工后的表面粗糙度要求，最终轮廓应安排最后一次走刀连续加工出来。

② 在保证工件轮廓表面加工后精度和粗糙度要求的前提下，寻求最短进给路线（包括空行程路线和切削路线），减少走刀时间以提高加工效率，尽量减少程序段数。

③ 对横截面积小的细长零件或薄壁零件应采用分几次进给加工的方式，防止切削深度过大，造成切削力过大，工件变形。

④ 刀具的进、退刀点应避免在轮廓处，避免因停刀而在工件表面留下刀痕，也要避免在工件轮廓面上垂直下刀而划伤工件。

（2）进给路线的确定。由于精加工的进给路线基本上都是沿其零件轮廓顺序进行的，因此确定进给路线的工作重点是确定粗加工及空行程的进给路线。

① 最短的切削进给路线。切削进给路线最短，可有效提高生产效率，降低刀具损耗。安排最短切削进给路线，同时还要保证工件的刚性和加工工艺性等要求。图 3.19 所示给出了三种不同的粗车切削进给路线，其中图 3.19（c）所示矩形循环进给路线最短。因此在同等切削条件下的切削时间最短，刀具损耗最少。

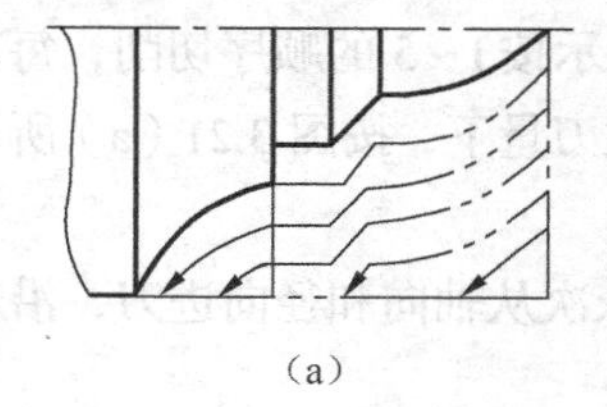
(a)

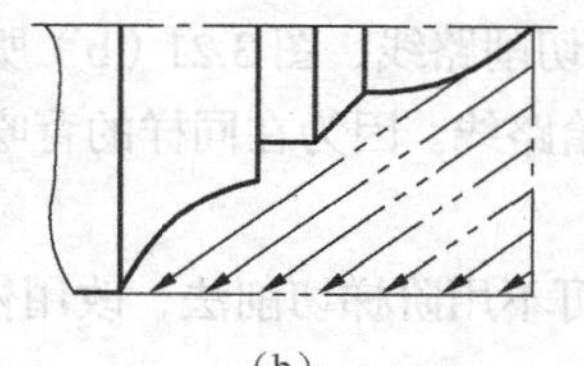
(b)

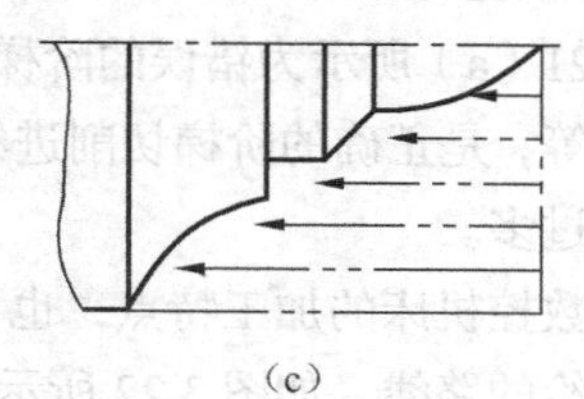
(c)

图 3.19　粗车切削进给路线示例

② 最短的空行程路线。

（a）巧用起刀点。图3.20（a）所示为采用矩形循环方式进行粗车的一般情况示例。其对刀点A的设定是考虑到精车等加工过程中需方便地换刀，故设置在离毛坯件较远的位置处，同时将起刀点与其对刀点重合在一起，按三刀粗车的进给路线安排如下。

第一刀：$A \to B \to C \to D \to A$

第二刀：$A \to E \to F \to G \to A$

第三刀：$A \to H \to I \to J \to A$

图3.20（b）所示则是将起刀点B与对刀点A分离，并设于图示点B位置，仍按相同的切削量进行，三刀粗车，其进给路线安排如下。

起刀点与对刀点分离的空行程为$A \sim B$。

第一刀：$B \to C \to D \to E \to B$

第二刀：$B \to F \to G \to H \to B$

第三刀：$B \to I \to J \to K \to B$

显然，图3.20（b）所示的进给路线短。该方法也可用在其他循环（如螺纹车削）切削的加工中。

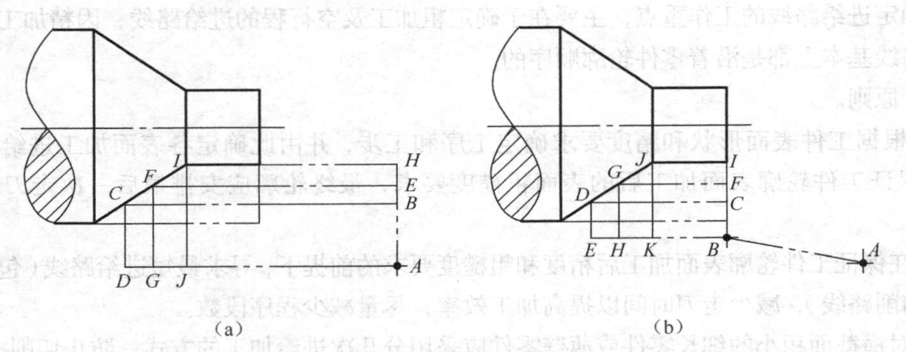

图3.20 巧用起刀点

（b）巧设换刀点。为了考虑换刀的方便和安全，有时将换刀点也设置在离毛坯件较远的位置处（如图3.20中的点A），那么，当换第二把刀后，进行精车时的空行程路线必然也较长；如果将第二把刀的换刀点也设置在图3.20（b）中的点B位置上，则可缩短空行程距离。

（c）合理安排“回零”路线。在手工编制复杂轮廓的加工程序时，要合理安排“回零”路线，应使前一刀的终点与后一刀的起点间的距离尽量短，或者为零，以满足进给路线最短的要求。另外，在选择返回对刀点指令时，在不发生干涉的前提下，宜尽可能采用X、Z轴双向同时“回零”指令，该功能“回零”路线是最短的。

③ 大余量毛坯的阶梯切削进给路线。图3.21所示列出了两种大余量毛坯的阶梯切削进给路线。图3.21（a）所示为错误的阶梯切削路线，图3.21（b）所示按1~5的顺序切削，每次切削所留余量相等，是正确的阶梯切削进给路线。因为在同样的背吃刀量下，按图3.21（a）所示加工所剩的余量过多。

根据数控机床的加工特点，也可不用阶梯切削法，改用依次从轴向和径向进刀，沿着工件毛坯轮廓进给的路线，如图3.22所示。

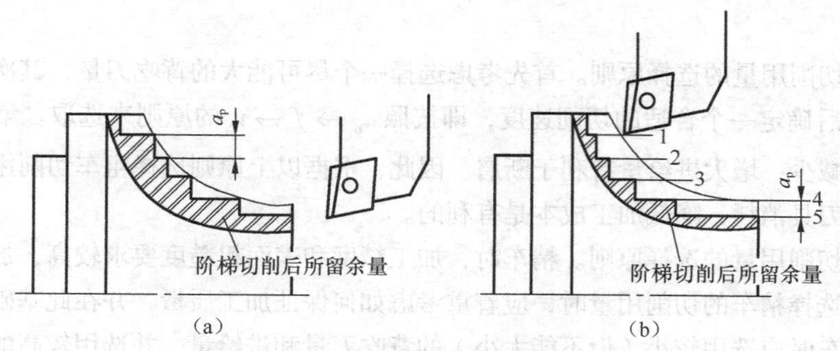

图 3.21 大余量毛坯的阶梯切削进给路线

④ 零件轮廓精加工的连续切削进给路线。零件轮廓的精加工可以安排一刀或几刀精加工工序，其完工轮廓应由最后一刀连续加工而成，此时刀具的进、退位置要选择适当，尽量不要在连续的轮廓中安排切入和切出或换刀及停顿，以免因切削力突然变化而破坏工艺系统的平衡状态，致使零件轮廓上产生划伤、形状突变或滞留刀痕。

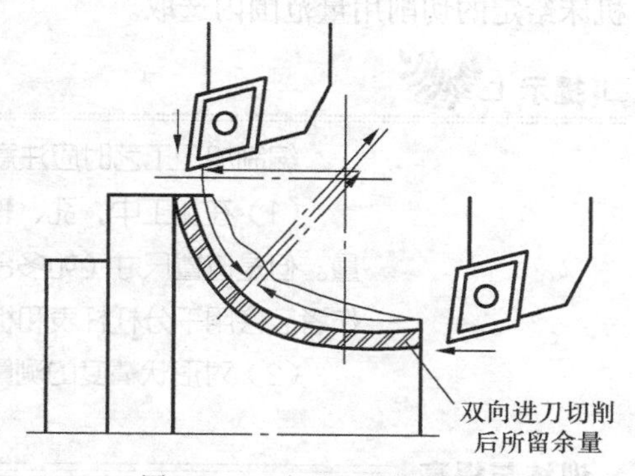

图 3.22 双向进刀的加工路线

⑤ 特殊的进给路线。在数控车削加工中，一般情况下，刀具的纵向进给是沿着坐标的负方向进给的，但有时按其常规的负方向安排进给路线并不合理，甚至可能损坏工件。

5. 夹具的选择

选择数控车床所用的夹具主要考虑以下几点。

（1）尽量采用组合夹具、可调式夹具及其他通用夹具。

（2）当成批量生产时才考虑采用专用夹具，但应力求结构简单。

（3）工件的加工部位要敞开，夹具上的任何部分都不能影响加工中刀具的正常走刀，不能产生碰撞。

（4）夹紧力应力求通过靠近主要支撑点或在支撑点所组成的三角形内；应力求靠近切削部位，并在刚性较好的地方；尽量不要在被加工孔的上方，以减小零件变形。

（5）装卸零件要方便、迅速、可靠，以缩短准备时间，有条件时，批量较大的零件应采用气动或液压夹具、多工位夹具。

6. 刀具的选择

刀具的选择是数控加工工艺中的重要内容之一，刀具选择的合理与否不仅影响机床加工的效率，而且还直接影响加工质量。粗车时，要选强度高、寿命长的刀具，以便满足粗车时大背吃刀量、大进给量的要求。精车时，要选精度高、寿命长的刀具，以保证加工精度的要求。此外，为减少换刀时间和方便对刀，应尽可能采用机夹刀具。夹紧刀片的方式要选择合理，刀片最好选择涂层硬质合金刀片。根据零件的材料种类、硬度以及加工表面粗糙度要求和加工余量等已知条件来决定刀具的几何结构、进给量、切削速度和刀片牌号，各个生产厂家所生产的刀具质量不一，选择时最好根据厂家提供的标准选择。

7. 切削用量的选择

数控车削加工的切削用量包括：背吃刀量、主轴转速或切削速度（用于恒线速度切削）、进给速度或进给量。

（1）粗车切削用量的选择原则。首先考虑选择一个尽可能大的背吃刀量，其次选择一个较大的进给量，最后确定一个合适的切削速度，即按照 $a_p \to f \to v_c$ 的原则来选取。增大背吃刀量，可使走刀次数减少，增大进给量有利于断屑。因此，根据以上原则选择粗车切削用量对于提高生产效率，减少刀具消耗，降低加工成本是有利的。

（2）精车切削用量的选择原则。精车时，加工精度和表面粗糙度要求较高，加工余量不大且较均匀，因此选择精车的切削用量时，应着重考虑如何保证加工质量，并在此基础上尽量提高生产率。因此精车时应选用较小（但不能太小）的背吃刀量和进给量，并选用较高的切削速度，即按照 $v_c \to f \to a_p$ 的原则来选取，以及切削性能高的刀具材料和合理的刀具几何参数。同时应在机床给定的切削用量范围内选取。

提示

编制加工工艺时应注意检测的问题有如下两个方面。

（1）在加工中，孔、轴、槽、深度和高度等，都可以用专用量具和通用量具直接测量。但是位置尺寸（如多台阶轴间的距离）在加工中就很难用通用量具去测量。这时操作者应会用千分杠杆表和机床手动方式对位置尺寸自检。

（2）对形状精度的测量，可以通过打表来自检。唯一不好测量的就是轮廓精度。

训练与提高

（1）根据图 3.23 所示，确定零件加工工序并填写加工工序卡。

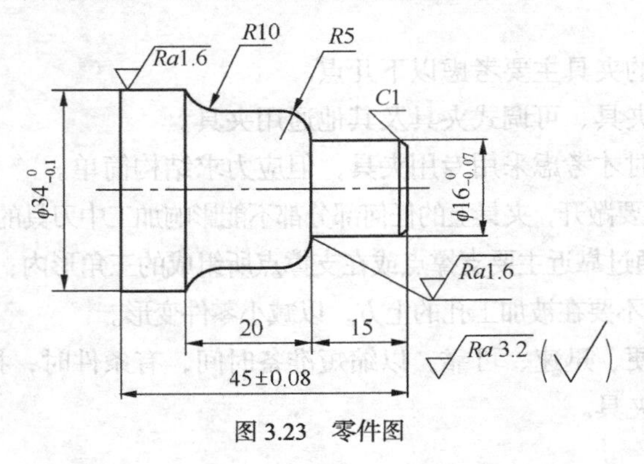

图 3.23 零件图

提示

加工该零件时一般先加工零件外形轮廓，切断后调头加工零件总长。使用 CAK6140 车床加工零件，工件棒料为 ϕ35mm × 80mm，具体零件加工工序和装夹方式如下所示。

① 工件装夹。用三爪自定心卡盘夹紧零件毛坯，并伸出卡盘长度 65mm。

② 工序 1。先车端面，而后粗加工零件外形轮廓，直径方向留 0.5mm 的余量，长度留 0.2mm 的余量，精车达到尺寸要求，切断零件，总长留 0.5mm 余量。

③ 工序 2。零件调头，夹 ϕ34 外圆（校正），加工零件总长至尺寸要求。

（2）根据图 3.24 所示零件的形状和精度要求，在数控车床上进行加工，试进行工艺分析并填写加工工序卡片。毛坯为ϕ45mm×80mm 棒料，其材料为铝材。

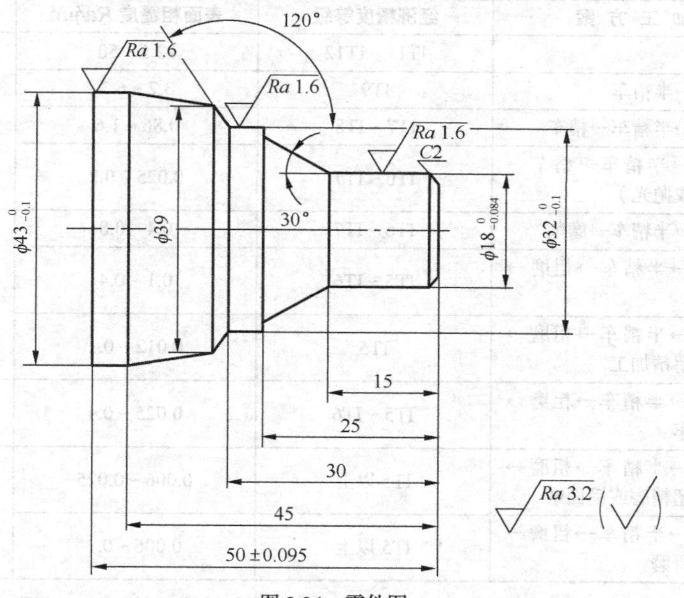

图 3.24 零件图

提示

采用三爪自定心卡盘夹紧工件，加工该零件时一般先加工零件外形轮廓，切断零件后调头加工零件总长。编程零点设置在零件右端面的轴心线上。刀具采用端面车刀、外圆车刀、切断刀（宽 4～5mm）。

加工操作步骤如下。

① 夹零件毛坯，伸出卡盘长度 70mm。

② 车端面。

③ 粗、精加工零件外形轮廓至尺寸要求。

④ 切断零件，总长留 0.5mm 余量。

⑤ 零件调头，夹ϕ43 外圆（校正）。

⑥ 加工零件总长至尺寸要求。

任务 5　数控车削加工方法的选择

1. 加工方法的选择

机械零件的结构形状是多种多样的，但它们都是由平面、外圆柱面、内圆柱面或曲面、成型面等基本表面组成的。每一种表面都有多种加工方法，在数控车床上，能够完成内外回转体表面的车削、钻孔、镗孔、铰孔和攻螺纹等加工操作，具体选择时应根据零件的加工精度、表面粗糙度、材料、结构形状、尺寸及生产类型等因素，选用相应的加工方法和加工方案。

（1）外圆表面加工方法的选择。外圆表面的主要加工方法是车削和磨削。当表面粗糙度 *Ra* 值要求较小时，还要经光整加工。表 3.4 所示为外圆表面的典型加工方案。可根据加工表面所要求的精度和表面粗糙度，毛坯种类和材料性质，零件的结构特点以及生产类型，并结合现场的设备等条件予以选用。

表 3.4　　外圆表面的加工方案

序　号	加 工 方 案	经济精度等级	表面粗糙度 Ra/μm	适 用 范 围
1	粗车	IT11 ~ IT12	12.5 ~ 50	适用于淬火钢以外的各种金属
2	粗车→半精车	IT9	3.2 ~ 6.3	
3	粗车→半精车→精车	IT7 ~ IT8	0.86 ~ 1.6	
4	粗车→半精车→精车→滚压（或抛光）	IT6 ~ IT7	0.025 ~ 0.2	
5	粗车→半精车→磨削	IT6 ~ IT7	0.4 ~ 0.8	主要用于淬火钢，也可用于未淬火钢，但不宜加工有色金属
6	粗车→半精车→粗磨→精磨	IT5 ~ IT6	0.1 ~ 0.4	
7、8	粗车→半精车→粗磨→精磨→超精加工	IT5	0.012 ~ 0.1	
9	粗车→半精车→粗磨→金刚石车	IT5 ~ IT6	0.025 ~ 0.4	主要用于要求较高的有色金属的加工
10	粗车→半精车→粗磨→精磨→超精磨或镜面磨	IT5 以上	0.006 ~ 0.025	极高精度的外圆加工
11	粗车→半精车→粗磨→精磨→研磨	IT5 以上	0.006 ~ 0.1	

（2）内孔表面加工方法的选择。内孔表面加工方法有钻孔、扩孔、铰孔、镗孔、拉孔、磨孔和光整加工，表 3.5 所示为常用的孔加工方案，应根据被加工孔的加工要求、尺寸、具体生产条件、批量的大小及毛坯上有无预制孔等情况合理选用。

表 3.5　　常用的孔加工方案

序　号	加 工 方 案	经济精度等级	表面粗糙度 Ra/μm	适 用 范 围
1	钻	IT11 ~ IT12	12.5	加工未淬火钢及铸铁的实心毛坯，也可用于加工有色金属，孔径小于 15 ~ 20mm
2	钻→铰	IT9	1.6 ~ 3.2	
3	钻→铰→精铰	IT7 ~ IT8	0.8 ~ 1.6	
4	钻→扩	IT10 ~ IT11	6.3 ~ 12.5	同上，但是孔径大于 15 ~ 20mm
5	钻→扩→铰	IT8 ~ IT9	1.6 ~ 3.2	
6	钻→扩→粗铰→精铰	IT7	0.8 ~ 1.6	
7	钻→扩→机铰→手铰	IT6 ~ IT7	0.2 ~ 0.4	
8	粗镗	IT11 ~ IT12	6.3 ~ 12.5	除淬火钢外各种材料，毛坯有铸出孔或锻出孔
9	粗镗→半精镗	IT8 ~ IT9	1.6 ~ 3.2	
10	粗镗→半精镗→精镗	IT7 ~ IT8	0.8 ~ 1.6	
11	粗镗→半精镗→精镗→浮动镗刀精镗	IT6 ~ IT7	0.2 ~ 0.4	

（3）平面加工方法的选择。平面的主要加工方法有铣削、刨削、车削、磨削和拉削等，精度要求高的平面还需要经研磨或刮削加工。常见平面加工方案如表 3.6 所示，其中尺寸公差等级是指平行平面之间距离尺寸的公差等级。

表 3.6　　平面加工方案

序　号	加 工 方 案	经济精度等级	表面粗糙度 Ra/μm	适 用 范 围
1	粗车→半精车	IT9	3.2 ~ 6.3	适用于工件的端面加工
2	粗车→半精车→精车	IT7 ~ IT8	0.8 ~ 1.6	
3	粗车→半精车→磨削	IT6 ~ IT7	0.4 ~ 0.8	

选择表面加工方案，一般是根据经验或查表来确定，再结合实际情况或工艺试验进行修改。

提示

表面加工方案的选择，应同时满足加工质量、生产率和经济性等方面的要求，具体选择时应考虑以下几方面的因素。

① 选择能获得相应经济精度的加工方法。例如，加工精度为 IT7、表面粗糙度为 *Ra*=0.4μm 的外圆柱面，通过精细车削是可以达到要求的，但不如磨削经济。

② 零件材料的可加工性能。例如，淬火钢的精加工要用磨削，有色金属圆柱面的精加工为避免磨削时堵塞砂轮，则要用高速精细车或精细镗。

③ 工件的结构形状和尺寸大小。例如，对于加工精度要求为 IT7 的孔，采用镗削、铰削、拉削和磨削均可达到要求。但箱体上的孔，一般不宜选用拉孔或磨孔，而宜选择镗孔（大孔）或铰孔。

2. 加工阶段的划分

当零件的加工质量要求较高时，往往不可能用一道工序来满足其要求，而要用几道工序逐步达到所要求的加工质量。为保证加工质量和合理地使用设备、人力，零件的加工过程通常按工序性质不同，可分为粗加工、半精加工、精加工和光整加工四个阶段。

（1）粗加工阶段。其任务是切除毛坯上大部分多余的金属，使毛坯在形状和尺寸上接近零件成品，因此，主要目标是提高生产率。

（2）半精加工阶段。其任务是使主要表面达到一定的精度，留有一定的精加工余量，为主要表面的精加工（如精车、精磨）做好准备。并可完成一些次要表面加工，如扩孔、攻螺纹、铣键槽等。

（3）精加工阶段。其任务是保证各主要表面达到规定的尺寸精度和表面粗糙度要求。主要目标是全面保证加工质量。

（4）光整加工阶段。对零件上精度和表面粗糙度要求很高（IT6 级以上，表面粗糙度为 *Ra* =0.2μm 以下）的表面，需进行光整加工，其主要目标是提高尺寸精度、减小表面粗糙度。一般不用来提高位置精度。

训练与提高

（1）外圆加工时如何选择加工方案？

（2）如何划分加工阶段？

课题二　数控车床编程方法

由于数控系统的不同，它们的 G 指令也存在一些差别，但基本指令基本一致，只是在个别指令上存在一些差别，在学习和编程时最好对比使用，开阔思路，做到举一反三。本课题以 FANUC 0*i* Mate-TC 数控系统为例。编程指令如表 3.7 所示。

表 3.7　　　　G 功能指令

G 代码			组	功　能
A	B	C		
G00	G00	G00	01	定位（快速）
G01	G01	G01	01	直线插补（切削进给）
G02	G02	G02	01	顺时针圆弧插补
G03	G03	G03	01	逆时针圆弧插补
G04	G04	G04	01	暂停
G10	G10	G10	01	可编程数据输入
G11	G11	G11	01	可编程数据输入方式取消
G18	G18	G18	16	*ZpXp* 平面选择
G20	G20	G70	06	英寸输入
G21	G21	G71	06	毫米输入
G22	G22	G22	09	存储行程检查接通
G23	G23	G23	09	存储行程检查断开
G27	G27	G27	00	返回参考点检查
G28	G28	G28	00	返回参考位置
G30	G30	G30	00	返回第 2、第 3 和第 4 参考点
G31	G31	G31	00	跳转功能
G32	G33	G33	01	螺纹切削
G34	G34	G34	01	变螺距螺纹切削
G40	G40	G40	07	刀尖半径补偿取消
G41	G41	G41	07	刀尖半径补偿左
G42	G42	G42	07	刀尖半径补偿右
G50	G92	G92	00	坐标系设定或最大主轴速度设定
G50.3	G92.1	G92.1	00	工件坐标系预置
G52	G52	G52	00	局部坐标系设定
G53	G53	G53	00	机床坐标系设定
G54	G54	G54	14	选择工件坐标系 1
G55	G55	G55	14	选择工件坐标系 2
G56	G56	G56	14	选择工件坐标系 3
G57	G57	G57	14	选择工件坐标系 4
G58	G58	G58	14	选择工件坐标系 5
G59	G59	G59	14	选择工件坐标系 6
G65	G65	G65	00	宏程序调用
G66	G66	G66	12	宏程序模态调用
G67	G67	G67	12	宏程序模态调用取消
G70	G70	G72	00	精加工循环
G71	G71	G73	00	粗车外圆
G72	G72	G74	00	粗车端面
G73	G73	G75	00	多重车削循环
G74	G74	G76	00	排屑钻端面孔
G75	G75	G77	00	外径/内径钻孔
G76	G76	G78	00	多头螺纹循环
G90	G77	G20	01	外径/内径车削循环

续表

G 代 码			组	功 能
A	B	C		
G92	G78	G21	01	螺纹切削循环
G94	G79	G24	01	端面车削循环
G96	G96	G96	02	恒表面切削速度控制
G97	G97	G97	02	恒表面切削速度控制取消
G98	G94	G94	05	每分进给
G99	G95	G95	05	每转进给
—	G90	G90	03	绝对值编程
—	G91	G91	03	增量值编程
—	G98	G98	11	返回到起始平面
—	G99	G99	11	返回到 *R* 平面

当加工余量较大需要多次进刀切削加工时，可采用循环指令编写加工程序，这样可减少程序段的数量、缩短编程时间和提高数控机床工作效率。根据刀具切削加工的循环路线不同，循环指令可分为单一固定循环指令和多重复合循环指令。

任务 1　常用基本编程指令

1. 快速移动指令 G00

（1）指令格式。

G00　X（U）___Z（W）___;

（2）指令说明。

① 表示刀具以机床给定的快速进给速度移动到程序段指定点的位置，又称为点定位指令。

② 采用绝对坐标编程时，*X*、*Z* 表示快速移动的终点位置在工件坐标系中的坐标。

③ 采用增量坐标编程时，*U*、*W* 表示快速移动的终点位置相对于起点位置的位移量。

2. 直线插补指令 G01

（1）指令格式。

G01　X（U）___Z（W）___F___;

（2）指令说明。

① G01 指令使刀具以程序中设定的进给速度从所在点出发，直线插补至指定点。

② 采用绝对坐标编程时，*X*、*Z* 表示程序段指定点在工件坐标系中的坐标位置；采用增量坐标编程时，*U*、*W* 表示程序段指定点相对当前点的移动距离与方向，其中 F 表示合成进给速度，在无新的 F 指令替代前一直有效。如图 3.25 所示零件，用 G01 指令可加工外圆。

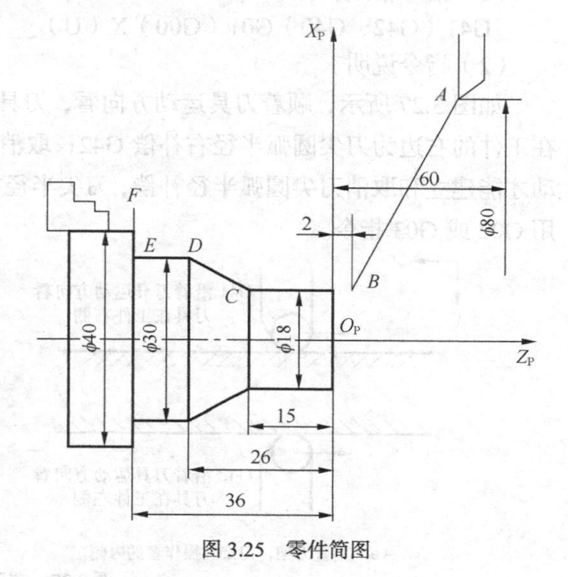

图 3.25　零件简图

③ G01 是模态代码，可由 G00、G02、G03 或 G32 功能注销。

3. 圆弧插补指令 G02、G03

（1）指令格式。

① 用圆弧终点坐标和圆心坐标表示时，指令格式：

G02/G03 X（U）___Z（W）I___K___F___；

②用圆弧终点坐标和圆弧半径 R 表示时，指令格式：

G02/ G03 X（U）___Z（W）R___F___；

（2）指令说明。

① G02、G03 指令表示刀具以 F 进给速度从圆弧起点向圆弧终点进行圆弧插补。

② G02 为顺时针圆弧插补指令，即凹圆弧的加工；G03 为逆时针圆弧插补指令，即凸圆弧的加工。

③ 采用绝对坐标编程，X、Z 为圆弧终点坐标值；采用增量坐标编程，U、W 为圆弧终点相对圆弧起点的坐标增量，R 是圆弧半径，当圆弧所对圆心角为 0°～180° 时，R 取正值；当圆心角为 180°～360° 时，R 取负值。I、K 为圆心在 X、Z 轴方向上相对圆弧起点的坐标增量（用半径值表示），I、K 为零时可以省略，如图 3.26 所示。

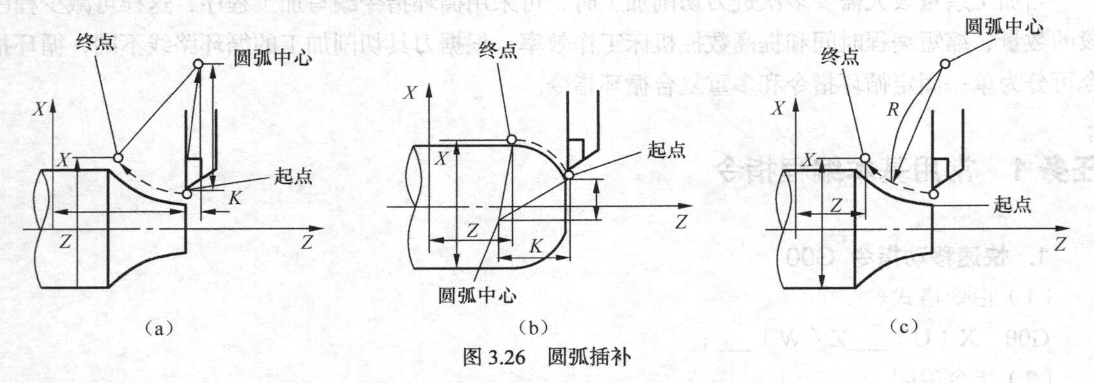

图 3.26 圆弧插补

④ 注意 G02、G03 在 G17（XY）、G18（ZX）、G19（YZ）平面上的变化。

4. 刀尖圆弧半径补偿指令

（1）指令格式。

G41（G42、G40）G01（G00）X（U）___Z（W）___；

（2）指令说明。

如图 3.27 所示，顺着刀具运动方向看，刀具在工件的左边为刀尖圆弧半径左补偿 G41；刀具在工件的右边为刀尖圆弧半径右补偿 G42；取消刀尖圆弧半径补偿 G40。只有通过刀具的直线运动才能建立和取消刀尖圆弧半径补偿，刀尖半径补偿的建立与取消只能用 G00 或 G01 指令，不能用 G02 或 G03 指令。

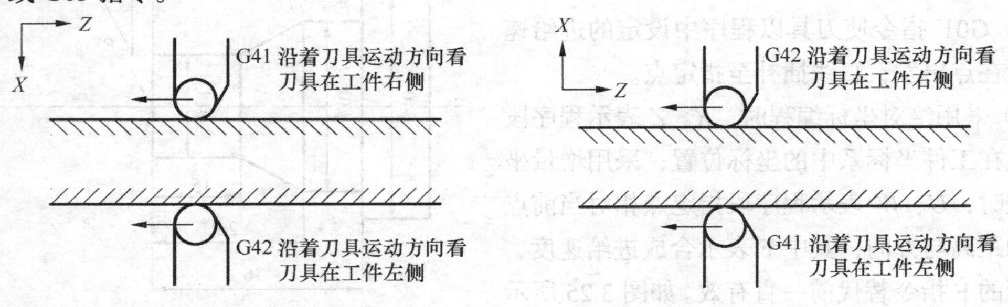

（a）前置刀架，刀架在操作者的内侧　　（b）后置刀架，刀架在操作者的外侧

图 3.27 左刀补和右刀补

① 刀具半径补偿参数及设置。补偿刀尖圆弧半径大小后，刀具自动偏离零件轮廓半径距离。因此，必须将刀尖圆弧半径尺寸值输入系统的存储器中。一般粗加工取 0.8mm，半精加工取 0.4mm，精加工取 0.2mm。若粗、精加工采用同一把刀，一般刀尖半径取 0.4mm。

注意

G41/不带参数，其补偿号（代表所用刀具对应的刀尖半径补偿值定）由 T 代码指定。其刀尖圆弧补偿号与刀具偏置补偿号对应。

② 刀尖方位设置。车刀形状不同，决定刀尖圆弧所处的位置不同，执行刀具补偿时，刀具自动偏离零件轮廓的方向也就不同。因此，也要把代表车刀形状和位置的参数输入到存储器中。车刀形状和位置参数称为刀尖方位 T。如图 3.28 所示，共有 9 种，分别用参数 0～9 表示，A 为假想刀尖点。CAK6140 数控机床常用刀尖方位 T 为：外圆右偏刀 T=3，镗孔右偏刀 T=2。

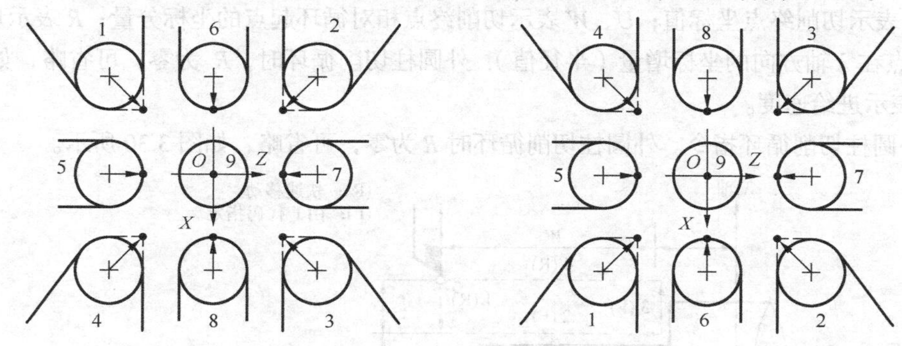

• 代表刀具刀位点 A，＋代表刀尖圆弧圆心 O　　• 代表刀具刀位点 A，＋代表刀尖圆弧圆心 O

（a）前置刀架　　（b）后置刀架

图 3.28　车刀刀尖位置码定义

› 训练与提高

（1）常用编程 G 指令有哪些？

（2）说明左右刀补的含义。

任务 2　单一固定循环指令

对于加工几何形状简单、走刀路线单一的工件，可采用固定循环指令编程，即只需用一条指令、一个程序段完成刀具的多步动作。固定循环指令中刀具的运动分四步：进刀、切削、退刀与返回。

1. 外圆切削循环指令 G90

（1）指令格式。

G90　X (U)___Z (W)___R___F___;（圆锥）

G90　X(U)___Z (W)___F___;　（圆柱）

（2）指令说明。

① 外圆锥切削循环指令。G90 指令可实现外圆柱切削循环和外圆锥切削循环，走刀路线如图 3.29 所示。

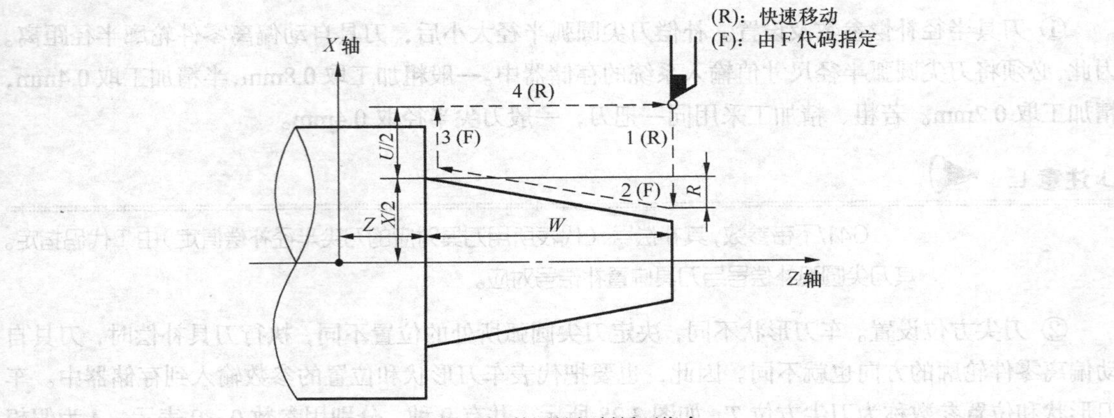

图 3.29　外圆锥切削循环指令

X、*Z* 表示切削终点坐标值；*U*、*W* 表示切削终点相对循环起点的坐标分量；*R* 表示切削始点与切削终点在 *X* 轴方向的坐标增量（半径值），外圆柱切削循环时，*R* 为零，可省略，如图 3.30 所示；F 表示进给速度。

② 外圆柱切削循环指令。外圆柱切削循环时 *R* 为零，可省略，如图 3.30 所示。

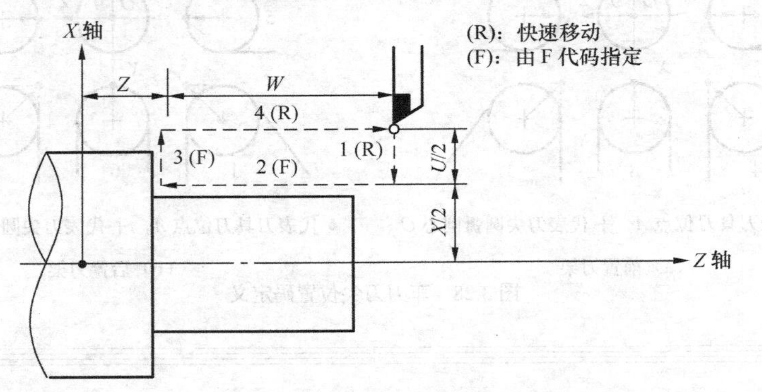

图 3.30　外圆柱切削循环指令

训练与提高1

根据图 3.31 所示，运用外圆柱切削循环指令编程。

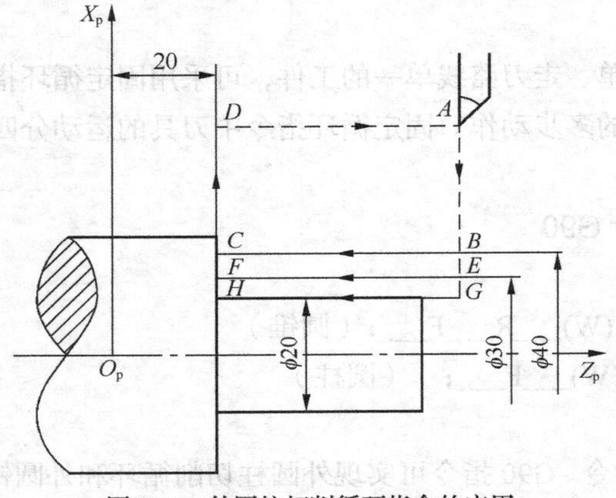

图 3.31　外圆柱切削循环指令的应用

提示

⋮

G90 X40.0 Z20.0 F0.3; *A-B-C-D-A*

X30.0; *A-E-F-D-A*

X20.0; *A-G-H-D-A*

⋮

2. 螺纹切削循环指令 G92

（1）指令格式。

G92　X (U)___Z (W)___R___F___;（圆锥）

G92　X (U)___Z(W)___F___;（圆柱）

（2）指令说明。

① 锥螺纹切削循环指令。G92 指令可实现圆柱螺纹切削循环和锥螺纹切削循环，走刀路线如图 3.32 所示。

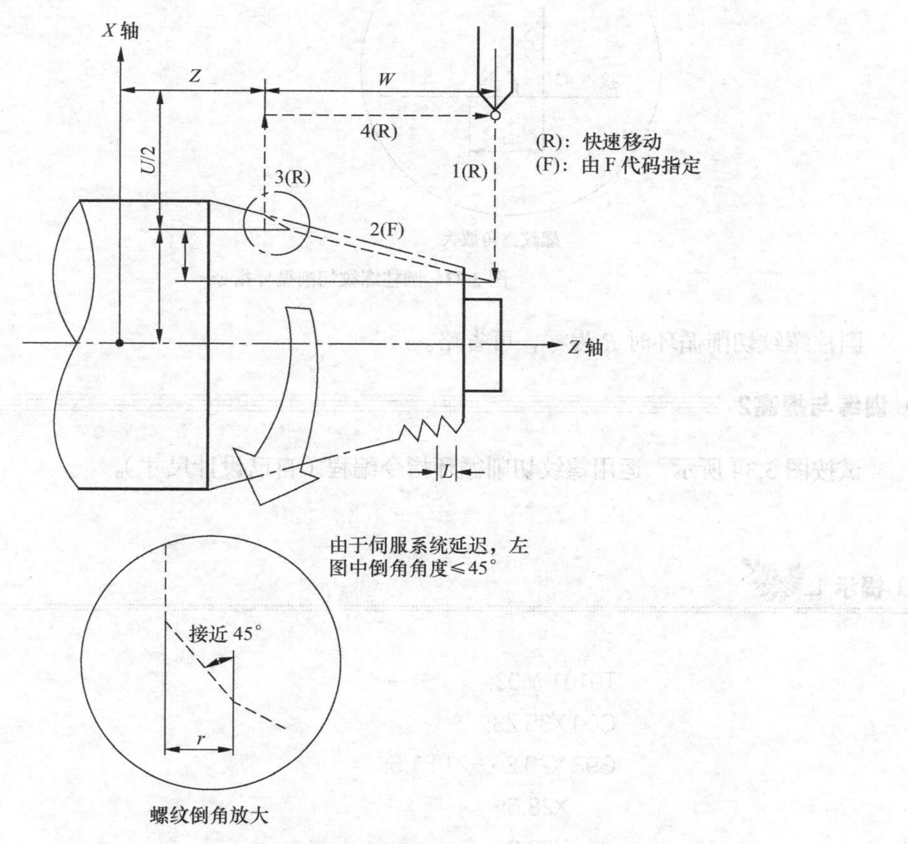

图 3.32　锥螺纹切削循环指令

X、*Z* 表示螺纹终点坐标值；*U*、*W* 表示螺纹终点相对循环起点的坐标分量；*R* 表示锥螺纹始点与终点在 *X* 轴方向的坐标增量（半径值），*F* 表示螺纹导程。

② 圆柱螺纹切削循环指令。G92 指令可实现圆柱螺纹切削循环，走刀路线如图 3.33 所示。

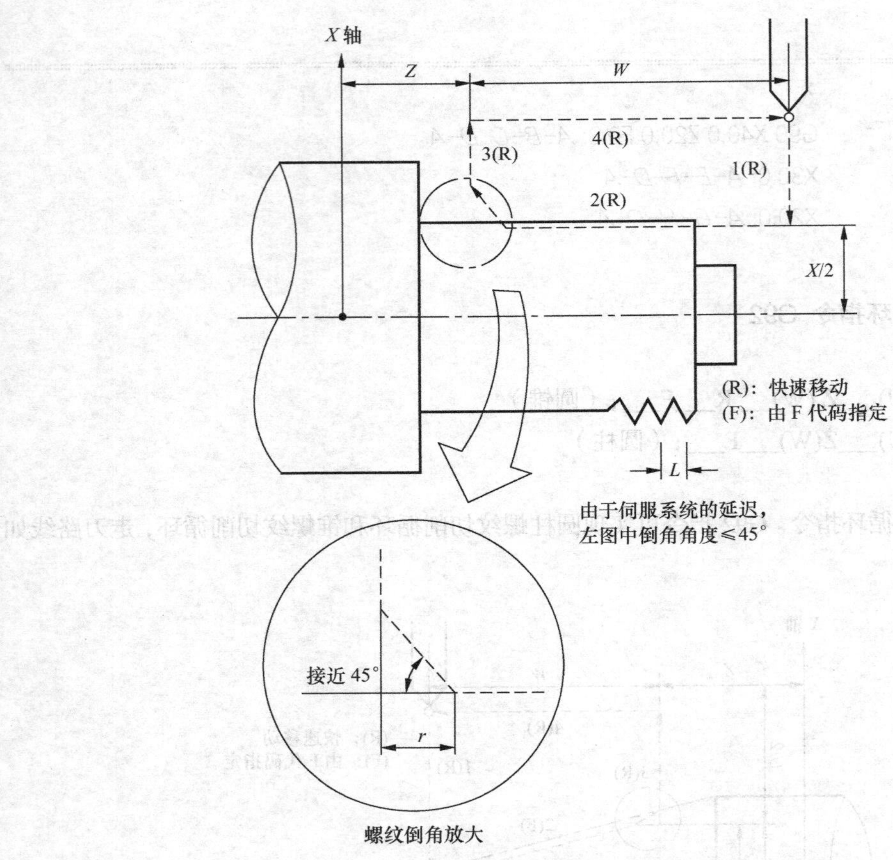

图 3.33 圆柱螺纹切削循环指令

圆柱螺纹切削循环时 R 为零，可省略。

训练与提高2

试按图 3.34 所示，运用螺纹切削循环指令编程（自己设计尺寸）。

提示

```
⋮
T0101 M03;
G00 X35 Z3;
G92 X29.2 Z-21 F1.5;
    X28.6;
    X28.2;
    X28.04;
G00 X100 Z50;
⋮
```

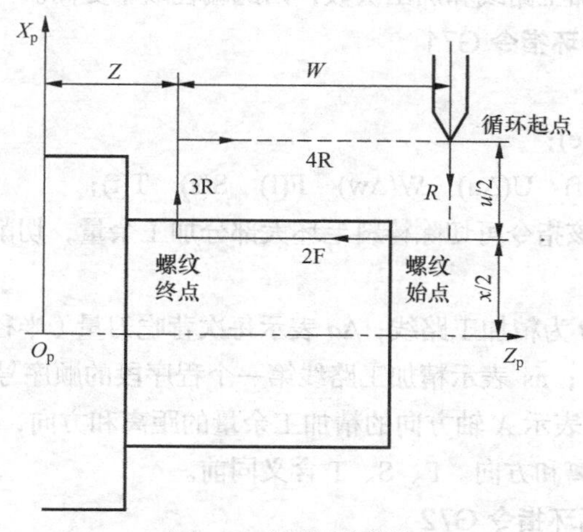

图 3.34 切削圆柱螺纹

3. 端面切削循环指令 G94

（1）指令格式。

G94 X (U)___Z (W)___R___F___；（带锥度）

G94 X (U)___Z (W)___F___；（不带锥度）

（2）指令说明。G94 指令可实现不带锥度端面切削循环和带锥度端面切削循环，走刀路线如图 3.35 与图 3.36 所示。

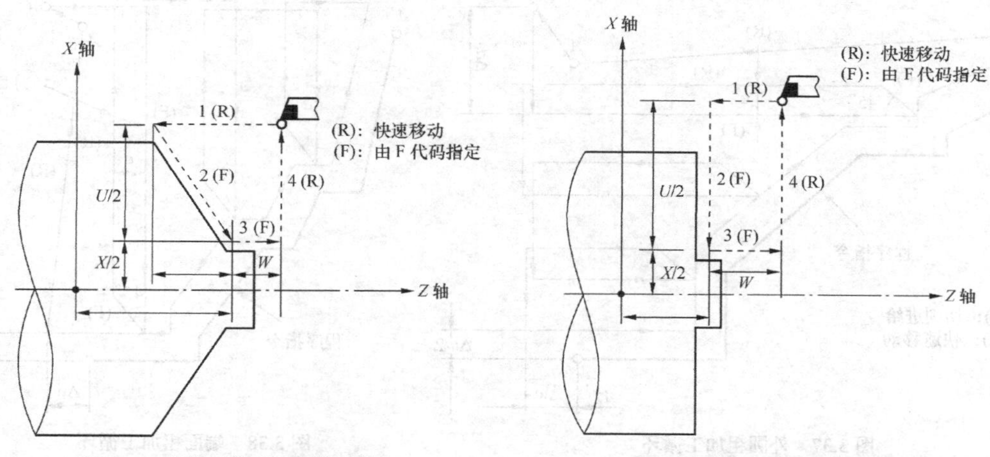

图 3.35 带锥度端面切削循环指令

图 3.36 不带锥度端面切削循环指令

X、*Z* 表示端平面切削终点坐标值；*U*、*W* 表示端面切削终点相对循环起点的坐标分量；*R* 表示端面切削始点至切削终点位移在 *Z* 轴方向的坐标增量，不带锥度端面切削循环时 *R* 为零，可省略；F 表示进给速度。

任务 3 多重复合循环指令 G70 ~ G76

运用这组 G 代码，可以加工形状较复杂的零件，编程时只须指定精加工路线和粗加工背吃刀量，系统会自动计算出粗加工路线和加工次数，因此编程效率更高。

1. 外圆粗加工复合循环指令 G71

（1）指令格式。

G71　U(Δd)　R (e);

G71　P(ns)　Q(nf)　U(Δu)　W(Δw)　F(f)　S(s)　T(t);

（2）指令说明。使用该指令可切除棒料毛坯大部分加工余量，切削是沿平行 *Z* 轴方向进行，如图 3.37 所示。

A 为循环起点，*A*-*A*′-*B* 为精加工路线；Δ*d* 表示每次背吃刀量（半径值），无正负号；e 表示退刀量（半径值），无正负号；ns 表示精加工路线第一个程序段的顺序号；nf 表示精加工路线最后一个程序段的顺序号；Δ*u* 表示 *X* 轴方向的精加工余量的距离和方向，一般为直径值；Δ*w* 表示 *Z* 轴方向的精加工余量的距离和方向。F、S、T 含义同前。

2. 端面粗加工复合循环指令 G72

（1）指令格式。

G72　W(Δd)　R(e);

G72　P(ns)　Q(nf)　U(Δu)　W(Δw)　F(f)　S(s)　T(t);

（2）指令说明。该指令除了切削方向为沿平行 *X* 轴方向外，指令功能与 G71 指令相同，如图 3.38 所示。Δd，e，ns，nf，Δu，Δw 的含义与 G71 指令相同。

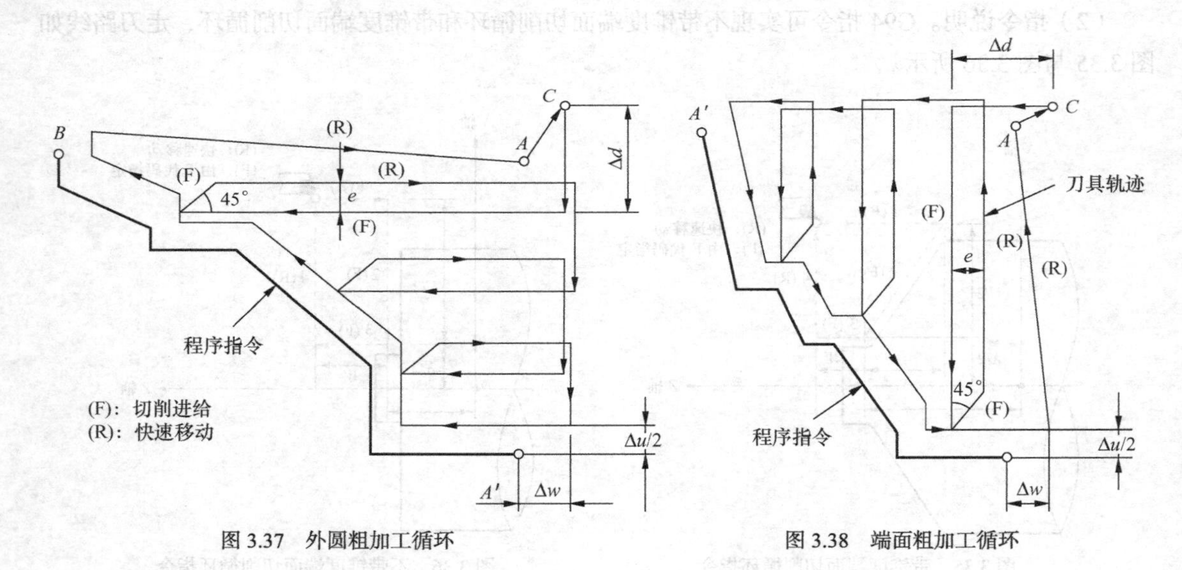

图 3.37　外圆粗加工循环　　　图 3.38　端面粗加工循环

3. 固定形状切削复合循环指令 G73

（1）指令格式。

G73　U(Δi)　W(Δk)　R(d);

G73　P(ns)　Q(nf)　U(Δu)　W(Δw)　F(f)　S(s)　T(t);

（2）指令说明。G73 指令适合加工铸造、锻造成形的一类工件时使用，如图 3.39 所示。

Δ*i* 表示 *X* 轴方向总退刀量（半径值）；Δ*k* 表示 *Z* 轴方向总退刀量；*d* 表示循环次数；ns 表示精加工路线第一个程序段的顺序号；nf 表示精加工路线最后一个程序段的顺序号；Δ*u* 表示 *X* 轴方向的精加工余量（直径值）；Δ*w* 表示 *Z* 轴方向的精加工余量。

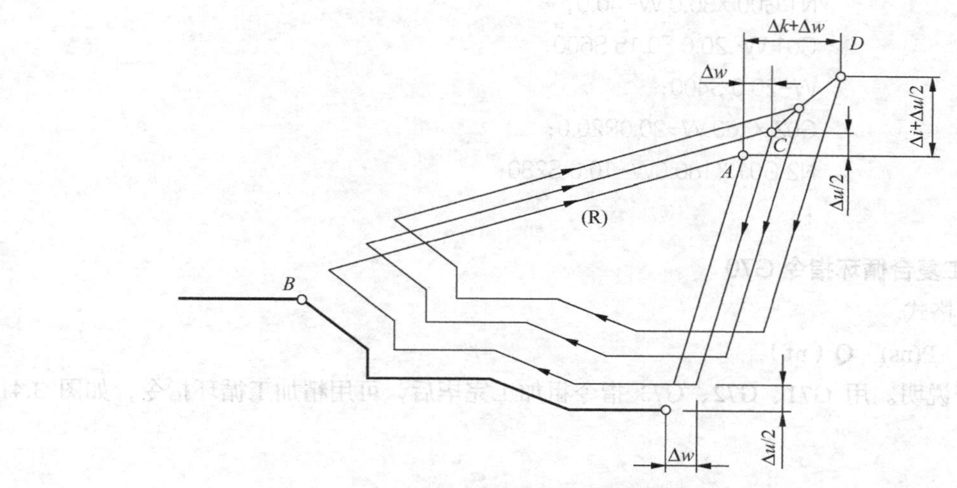

图 3.39　固定形状切削复合循环

训练与提高3

试根据图 3.40 所示零件轮廓，采用 G73 指令编写加工程序。

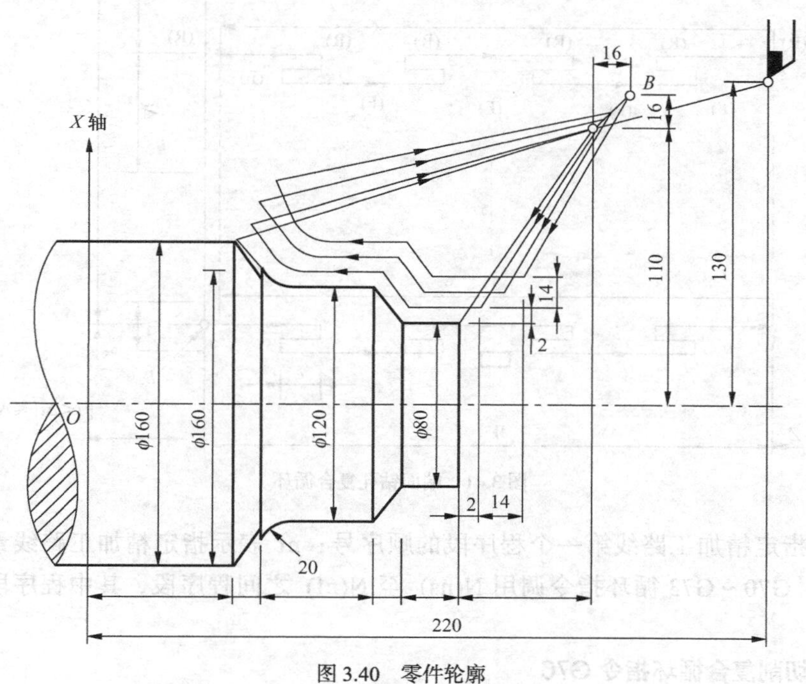

图 3.40　零件轮廓

提示

```
⋮
G00 X200.0 Z160.0;
G73 U14.0 W14.0 R3;
G73 P1 Q2 U4.0 W2.0 F0.3 S180;
```

```
N1 G00 X80.0 W-40.0;
G01 W-20.0 F0.15 S600;
W-20.0 S400;
G02 X160.W-20.0R20.0;
N2 G01 X180.0W-10.0 S280;
⋮
```

4. 精加工复合循环指令 G70

（1）指令格式。

G70　P(ns)　Q（nf）

（2）指令说明。用 G71、G72、G73 指令粗加工完毕后，可用精加工循环指令，如图 3.41 所示。

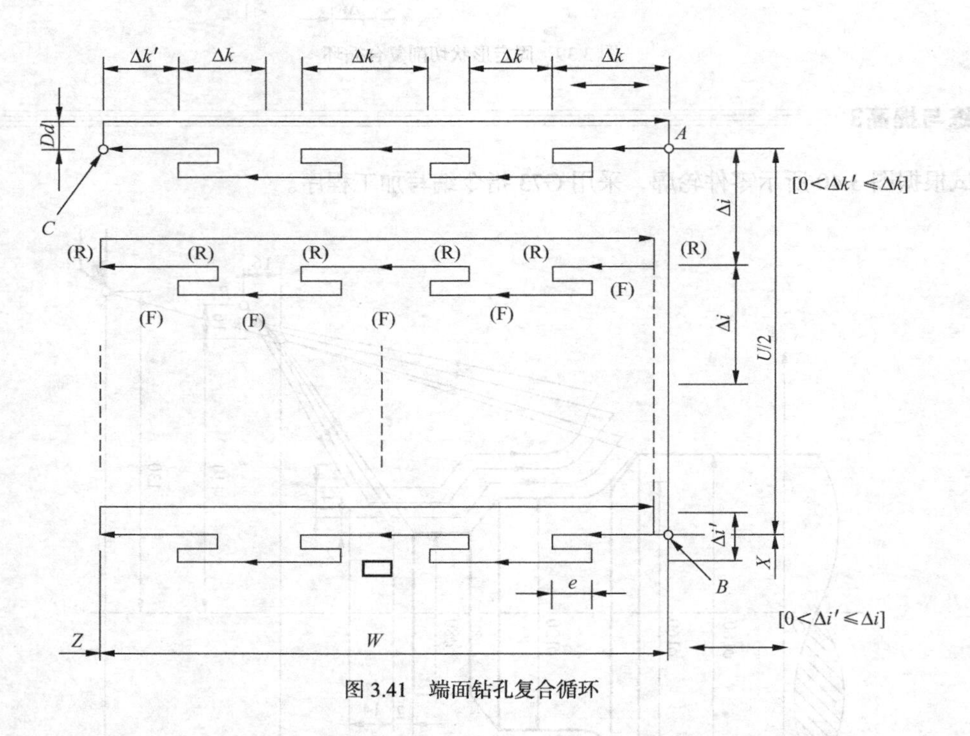

图 3.41　端面钻孔复合循环

ns 表示指定精加工路线第一个程序段的顺序号；nf 表示指定精加工路线最后一个程序段的顺序号；G70 ~ G73 循环指令调用 N(ns) 至 N(nf) 之间程序段，其中程序段中不能调用子程序。

5. 螺纹切削复合循环指令 G76

（1）指令格式。

G76　Pm　r　a　Q　dmin　Rd

G76　X(U)　Z(W)　Ri Pk Q　d Ff

（2）指令说明。该螺纹切削复合循环指令的工艺性比较合理，编程效率较高，螺纹切削复合循环路线及进刀方法如图 3.42 所示，图 3.43 所示为螺纹切削进给路线和进刀路线。

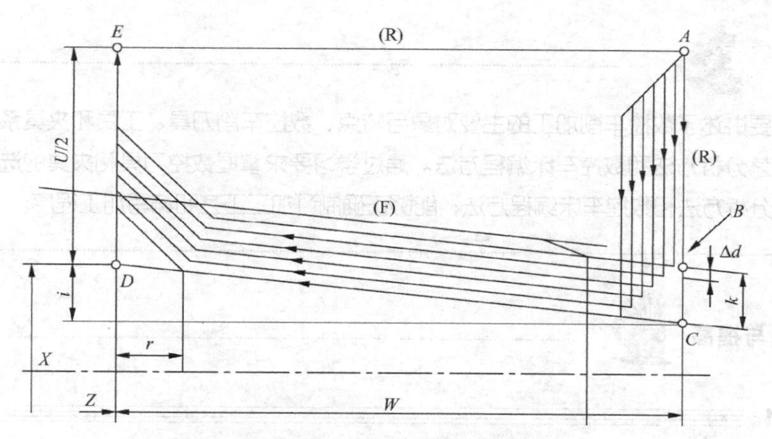

图 3.42　螺纹切削复合循环路线及进给路线

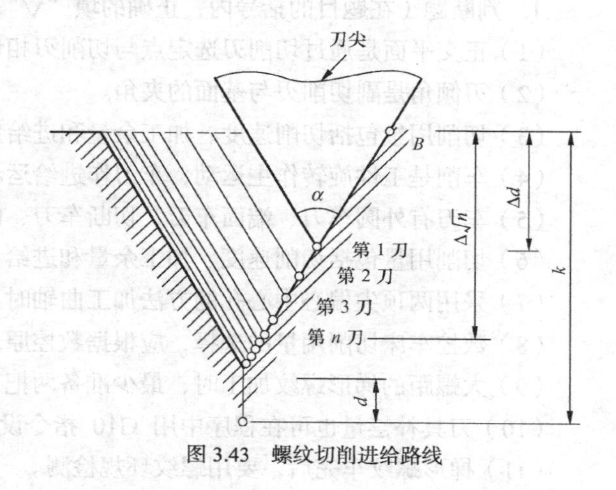

图 3.43　螺纹切削进给路线

m 表示精加工重复次数；*r* 表示斜向退刀量单位数（0000 ~ 9999）；*a* 表示刀尖角度；Δd 表示第一次粗切深（半径值）；背吃刀量递减公式计算 $d_2-\sqrt{2}\,\Delta d$；$d_3-\sqrt{3}\,\Delta d$；$d_n-\sqrt{n}\,\Delta d$；每次粗切深：$\Delta d_n-\sqrt{n}\,\Delta d-\sqrt{n-1}\,\Delta d$；$\Delta d_{min}$ 表示最小背吃刀量，当背吃刀量 Δd_n 小于 Δd_{min}，则取 Δd_{min} 作为背吃刀量；*X* 表示点 *D* 的 *X* 坐标值；*U* 表示由点 *A* 至点 *D* 的增量坐标值；*Z* 表示点 *D* 的 *Z* 坐标值；*W* 表示由点 *C* 至点 *D* 的增量坐标值；*i* 表示锥螺纹的半径差；*k* 表示螺纹高度（*X*轴方向半径值）；*d* 表示精加工余量；F 表示螺纹导程。

训练与提高4

试用复合循环指令编写图 3.44 所示零件的加工程序。

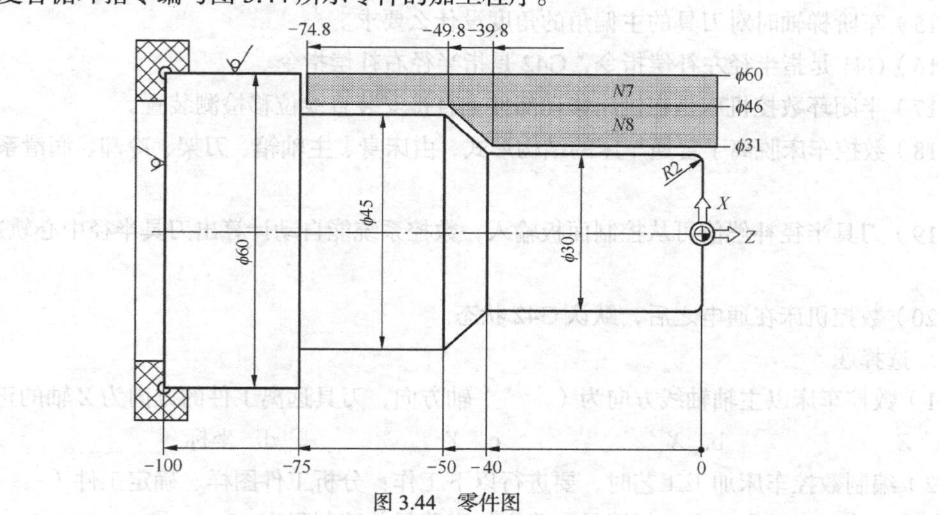

图 3.44　零件图

项目小结

本项目主要讲述了数控车削加工的主要对象与特点、数控车削刀具、工具和夹具系统；讲述了数控车削加工工艺分析方法和数控车床编程方法。通过学习要求掌握数控刀具和夹具的选择方法；掌握车削加工工艺分析方法和数控车床编程方法；能够正确制订加工工艺和编写加工程序。

项目巩固与提高

巩固与提高1

1. 判断题（在题目的括号内，正确的填“√”，错误的填“×”）

（1）正交平面是通过切削刃选定点与切削刃相切并垂直于基面的平面。（　　）

（2）刃倾角是副切削刃与基面的夹角。（　　）

（3）切削用量包括切削速度、加工余量和进给量三要素。（　　）

（4）车削是工件旋转作主运动，车刀作进给运动的切削加工方法。（　　）

（5）车刀有外圆车刀、端面车刀、切断车刀、内孔车刀，成型车刀等几种。（　　）

（6）切削用量包括切削速度、加工余量和进给量三要素。（　　）

（7）采用两顶尖偏心中心孔的方法加工曲轴时，应选用工件外圆为精基准。（　　）

（8）数控车床切削用量的选择，应根据数控原理并结合实践经验来确定。（　　）

（9）大螺距的梯形螺纹加工时，最少准备两把刀。（　　）

（10）刀具补偿量也可在程序中用 G10 指令设定。（　　）

（11）梯形螺纹车完后，要用螺纹环规检测。（　　）

（12）车床上的长丝杠、中小滑板丝杠不是梯形螺纹。（　　）

（13）刀具补偿执行过程的动作指令不能用G00/G01只能用G02/G03。（　　）

（14）G01、G02、G03、G04都为模态代码。（　　）

（15）车阶梯轴时对刀具的主偏角的角度没什么要求。（　　）

（16）G41是指半径左补偿指令，G42是指半径右补偿指令。（　　）

（17）半闭环数控机床是在机床移动部件上直接安装直线位移检测装置。（　　）

（18）数控车床脱离了普通车床的结构形式，由床身、主轴箱、刀架、冷却、润滑系统等部分组成。（　　）

（19）刀具半径补偿值可从控制面板输入，数控系统能自动计算出刀具半径中心轨迹。（　　）

（20）数控机床在通电之后，默认G42状态。（　　）

2. 选择题

（1）数控车床以主轴轴线方向为（　　）轴方向，刀具远离工件的方向为 *Z* 轴的正方向。

a. *Z*　　b. *X*　　c. *Y*　　d. 坐标

（2）编制数控车床加工工艺时，要进行以下工作：分析工件图样、确定工件（　　）方法和选择夹具、选择刀具和确定切削用量、确定加工路径并编制程序。

a. 装夹　　b. 加工　　c. 测量　　d. 刀具

（3）夹紧要牢固、可靠，并保证工件在加工中（　　）不变。

a. 尺寸　　b. 定位　　c. 位置　　d. 间隙

（4）数控车床刀具从材料上可分为高速钢刀具、硬质合金刀具、（　　）刀具、立方氮化硼刀具及金刚石刀具等。

a. 手工　　b. 机用　　c. 陶瓷　　d. 铣工

（5）数控车床刀具从（　　）工艺上可分为外圆车刀、内孔车刀、外螺纹车刀、内螺纹车刀、外圆切槽刀、内孔切槽刀、端面车刀、仿型车刀等多种类型。

a. 理论　　b. 装配　　c. 车削　　d. 实际

（6）G65 代码是 FANUC OTE-A 数控车床系统中的调用（　　）功能。

a. 子程序　　b. 宏指令　　c. 参数　　d. 刀具

（7）G73 代码是 FANUC 数控（　　）床系统中的固定形状粗加工复合循环功能。

a. 钻　　b. 铣　　c. 车　　d. 磨

（8） M02 功能代码常用于程序复位及卷回纸带到“程序（　　）”字符 。

a. 开始　　b. 结束　　c. 运行　　d. 断点

（9）辅助功能指令，由字母 M 和其后的（　　）位数字组成。

a. 一　　b. 三　　c. 若干　　d. 两

（10）辅助功能指令主要用于机床加工操作时的（　　）性指令。

a. 工艺　　b. 规范　　c. 选择　　d. 判断

（11）M99 指令功能代码是子程序结束，即使子程序（　　）到主程序。

a. 返回　　b. 跳转　　c. 嵌入　　d. 设定

（12）G40 代码是（　　）刀尖半径补偿功能，它是数控系统通电后刀具起始状态。

a. 取消　　b. 检测　　c. 输入　　d. 计算

（13）G90 代码是 FANUC 6T 数控车床系统中的（　　）切削循环功能。

a. 内孔　　b. 曲面　　c. 螺纹　　d. 外圆

（14）（　　）代码是 FANUC OTE-A 数控车床系统中的每转的进给量功能。

a. G94　　b. G 98　　c. G97　　d. G99

（15）在完成编有 M00 代码的程序段中的其他指令后，主轴停止、进给停止、（　　）关断、程序停止。

a. 刀具　　b. 面板　　c. 切削液　　d. G 功能

（16）手工编程是指从分析零件图样、确定加工工艺过程、数值计算、编写零件加工程序单、（　　）控制介质到程序校验都是由人工完成。

a. 输入　　b. 编写　　c. 制备　　d. 完成

（17）在自动循环操作时，按进给保持按钮，刀架立即停止，红色指示灯亮。如要使车床继续工作，必须按“循环启动按钮”，（　　）“进给保持”状态。

a. 取消　　b. 进入　　c. 执行　　d. 调整

（18）用圆弧插补（G02、G03）指令增量编程时，U、W 是终点相对于（　　）的距离 。

a. 原点　　b. 零点　　c. 始点　　d. 中点

（19）当卡盘本身的精度较高 ，装上主轴后圆跳动大的主要原因是主轴（　　）过大。

a. 转速　　b. 旋转　　c. 跳动　　d. 间隙

（20）当机床刀架回到（　　），点动按钮内指示灯亮，表示刀架已回到机床零点位置。

a. 原点　　b. 始点　　c. 终点　　d. 零点

巩固与提高2

1. 试根据图3.45所示零件要求制定加工工艺，填写加工工序卡片，编制加工程序。

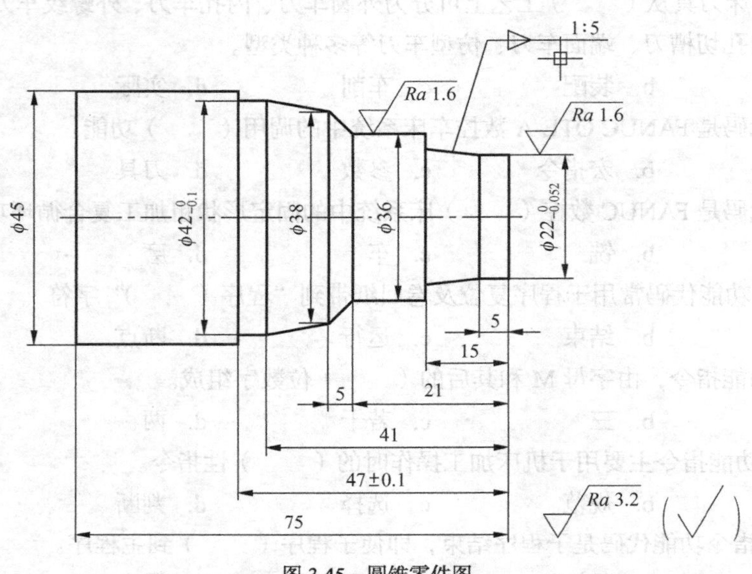

图 3.45　圆锥零件图

提示

参考工艺：

（1）制定加工工艺。加工工艺如表3.8所示

表3.8　　　　工序卡片

实训项目	工件名称	圆锥零件	设备名称	CAK6140		实训班级	
实训内容	零件图号	3.45	夹具名称	三爪卡盘		实训时间	
加工阶梯轴零件	毛坯材料	$45^{\#}$	程序号			实训教师	
实训要求（知识和技能目标）	掌握外圆锥面的加工工艺及编程方法；能够对外圆锥面相关尺寸进行计算；能使用量具对工件进行检验			数控系统	FANUC、HNC、GSK	实训地点	数控车间
工件坐标系基准视图	以工件右端面中心为工件坐标系原点						

工序号	工步	工步内容	刀号	刀具规格	主轴转速 n/(r·min^{-1})	进给量 f/(mm·r^{-1})	背吃刀量 a_p/mm	余量	备注
	1	切端面	T01	20×20	400	0.05	0.5	0	外圆车刀
	2	粗车ϕ42外圆	T01	20×20	600	0.15	1	0.5	

续表

实训项目		工件名称	圆锥零件	设备名称	CAK6140		实训班级	
实训内容		零件图号	3.45	夹具名称	三爪卡盘		实训时间	
加工阶梯轴零件		毛坯材料	45#	程序号			实训教师	
	3	粗车ϕ30 外圆及两处斜面	T01	20×20	600	0.2	0.5	0.5
	4	粗车ϕ22 外圆及斜面	T01	20×20	600	0.2	0.5	0.5
	5	精车外型	T02	20×20	800	0.1	0.5	0
	6	切断	T03	20×20	400	0.1	0.1	0	切断刀
编制		审核教师		批准		共 1 页	第 1 页	

（2）编制加工程序

略。

2. 试根据图 3.46 所示零件要求制定加工工艺，填写加工工序卡片，编制加工程序。

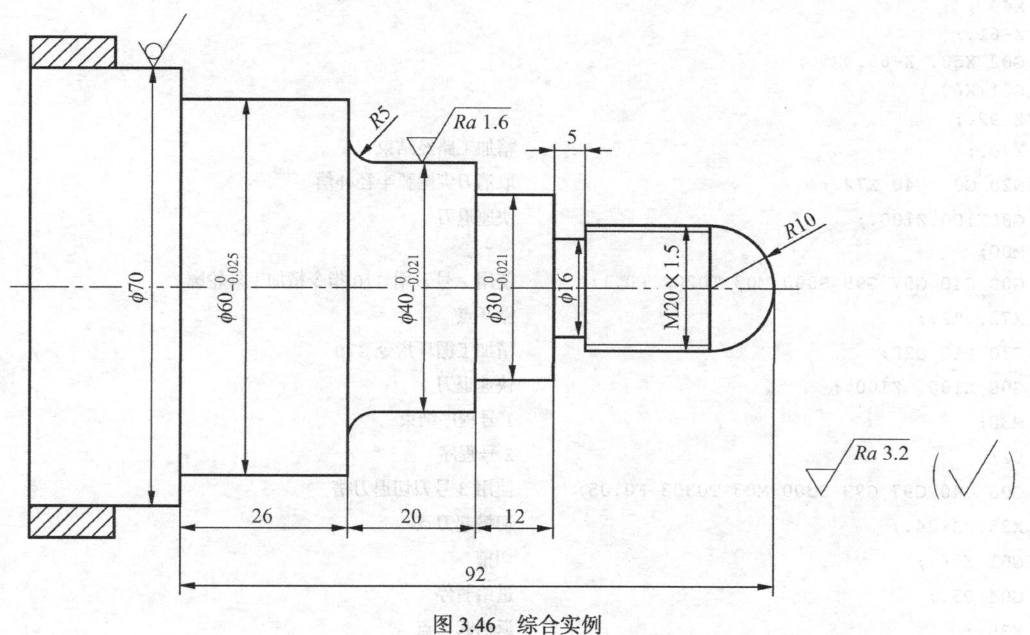

图 3.46 综合实例

提示

（1）工艺路线如下。

① 找正夹紧，工件伸出长度 100mm。

② 使用 1 号外圆车刀用 G71 指令粗加工外轮廓。

③ 使用 2 号外圆车刀用 G70 指令精加工外轮廓。

④ 使用3号切槽车切退刀槽。

⑤ 使用4号三角螺纹车刀加工三角螺纹。

（2）编写数控加工程序

① 相关计算。

确定螺纹大径 $d_{大} = 20-0.1p = 20-1.5\times0.1=19.85$（mm）；确定螺纹小径 $d_{小} = 20-1.3p = 20-1.3\times1.5=18.05$（mm）

② 加工程序。

```
01;                                    程序名1号程序粗精加工外轮廓
G00 G40 G97 G99 S500 M03 T0101 F0.2;   1号刀用G71指令粗加工外轮廓
X72.Z2.;                               循环点
G71 U2. R0.5;                          粗车复合循环G71
G71 P10 Q20 U0.3 W0.05;
N10 G00 G42 X0;                        加刀尖圆弧半径补偿
G01 Z0;                                精加工路经
G03 X20. Z-10. R10.;
G01 Z-34.;
X30.;
Z-46.;
X40.;
Z-61.;
G02 X50. Z-66. R5.;
G01 X60.;
Z-92.;
X70.;                                  精加工路经结束
N20 G00 G40 X72.;                      取消刀尖圆弧半径补偿
G00X100.Z100.;                         快速退刀
M00;
G00 G40 G97 G99 S800 M03 T0202 F0.1;   使用2号刀用G70指令精加工外轮廓
X72. Z2.;                              循环点
G70 P10 Q20;                           精加工循环指令G70
G00 X100. Z100.;                       快速退刀
M30;                                   1号程序结束
02;                                    2号程序
G00 G40 G97 G99 S300 M03 T0303 F0.05;  使用3号刀切退刀槽
X35. Z-34.;                            切槽起刀点
G01 X16.;                              切槽
G04 P3.;                               进给暂停
X35.;                                  返回起刀点
G00 X100. Z100.;                       快速退刀
M30;                                   2号程序结束
03;                                    3号程序
G00 G40 G97 G99 S800 M03 T0404         使用4号刀加工三角螺纹
X35. Z5.;                              循环点
G92 X19.5 Z-32. F1.5;                  复合螺纹切削指令
X19.;                                  螺纹切削第1刀
X18.6;                                 螺纹切削第2刀
X18.3;                                 螺纹切削第3刀
```

```
X18.2;              螺纹切削第 4 刀
X18.1;              螺纹切削第 5 刀
X18.05;             螺纹切削第 6 刀
G00X100.Z100.;      快速退刀
M30 ;               3 号程序结束
```

项目四
数控铣削加工工艺与编程方法

本项目主要介绍了数控铣削加工工艺、常见数控系统指令的使用方法、常见零件的加工方法等。本章的重点是掌握零件的加工工艺与编程方法。通过本章的学习，使学生具有对中等复杂零件进行工艺分析和编程的技能。

知识目标

- 了解数控铣削加工的特点。
- 掌握数控铣削加工工艺分析的方法。
- 掌握固定循环与子程序的使用方法。

技能目标

- 能够根据图纸要求，对零件进行工艺分析和编程。

课题一　数控铣削加工工艺

任务 1　数控铣削加工的主要对象与特点

1. 数控铣削加工的主要对象

数控铣床是在机械加工中应用极为广泛的一种机床。数控铣床不仅能铣削平面、沟槽和曲面，还能加工复杂的型腔和凸台。数控铣削加工包括平面的铣削加工、二维轮廓的铣削加工、平面型腔的铣削加工、钻孔加工、镗孔加工、攻螺纹加工、箱体类零件的加工以及三维复杂型面的铣削加工。对于具有复杂曲线轮廓的外形铣削、复杂型腔铣削和三维复杂型面的铣削加工，必须采用计算机辅助数控编程，其他加工可以采用手工编程。本章主要以手工编程为例，来讨论铣削加工工艺和编程方法。

数控铣床主轴安装铣削刀具，在加工程序控制下，安装工件的工作台沿着 X、Y、Z 三个坐标轴的方向运动，通过不断改变铣削刀具与工件之间的相对位置，加工出符合图纸要求的工件。由于数控铣床配置的数控系统不同，使用的指令在定义和功能上有一定的差异，但其基本功能和编程方法还是相同的。

（1）平面曲线轮廓类零件。平面曲线轮廓类零件是指有内、外复杂曲线轮廓的零件，特别是由数学表达式等给出其轮廓为非圆曲线或列表曲线的零件。平面曲线轮廓类零件的加工面平行或垂直于水平面，或加工面与水平面的夹角为定角，各个加工面是平面，或可以展开成平面，如图 4.1 所示。

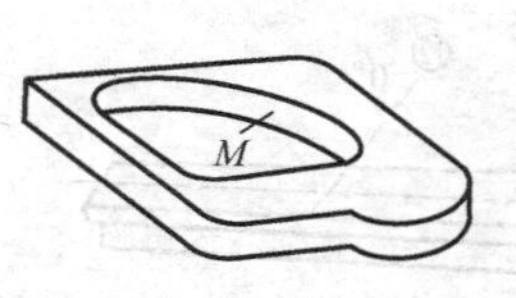

（a）带平面轮廓的平面零件

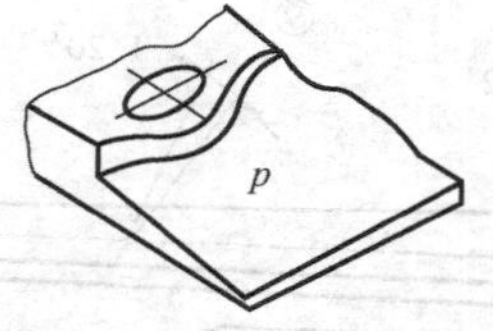

（b）带斜平面的平面零件

（c）带正圆台和斜筋的平面零件

图 4.1　平面类零件

目前，在数控铣床上加工的大多数零件属于平面轮廓类零件。

平面类零件是数控铣削加工中最简单的一类零件，一般只需用三坐标数控铣床的两坐标联动（即两轴半坐标联动）就可以把它们加工出来。

对于平面垂直于坐标轴的面，一般只需要三坐标数控铣床的两坐标联动（即两轴半坐标联动）就可以加工出来。但对于加工面或加工面的母线既不平行也不垂直于水平面的斜面，常用如下的加工方法。

① 当零件尺寸很大时，斜面加工后会留下残留面积，需要用钳修法加以清除，用数控立铣加工飞机整体壁板零件时常用此法。当然，加工斜面的最佳方法是采用五坐标数控铣床，主轴摆角后加工，可以不留残留面积。

② 对于图 4.1（c）所示的正圆台和斜筋表面，一般可用专用的角度成型铣刀加工，其效果比采用五坐标数控铣床摆角加工好。

③ 当零件尺寸不大时，可用斜垫板垫平后加工；如果机床主轴可以摆角，则可以摆成适当的角度，用不同的刀具来加工，如图 4.2 所示。

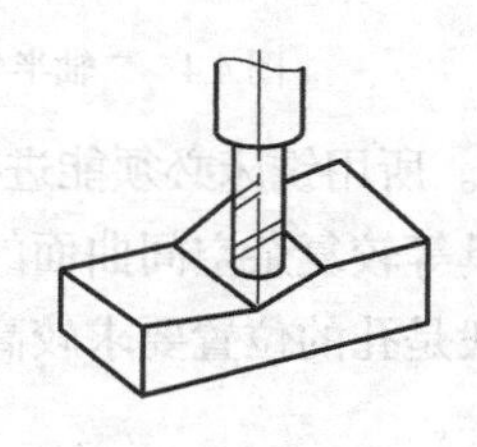

（a）主轴垂直端刃加工

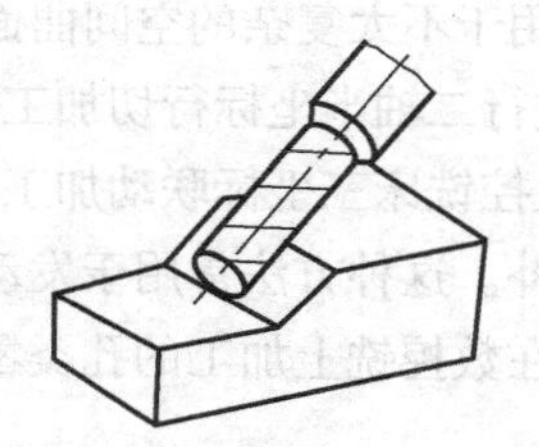

（b）主轴摆角后侧刃加工

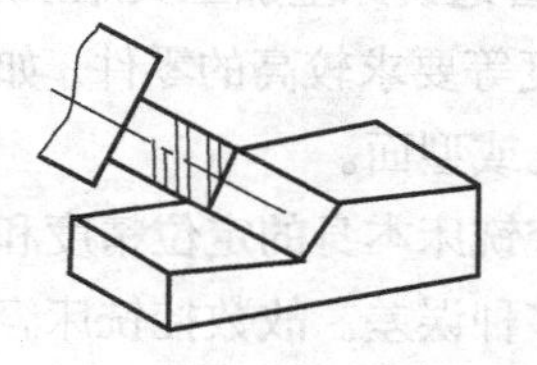

（c）主轴摆角后端刃加工

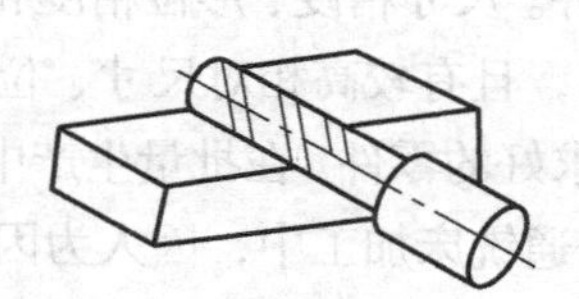

（d）主轴水平侧刃加工

图 4.2　主轴摆角加工固定斜角平面

（2）变斜角类零件。变斜角类零件就是加工面与水平面的夹角呈连续变化的零件，如图 4.3 所示的飞机梁缘翼为变斜角类零件。加工变斜角类零件最好采用四坐标或五坐标的数控铣床摆角加工。若没有上述机床，也可以采用三坐标数控铣床进行两轴半近似加工。常用的加工方案有以下 3 种。

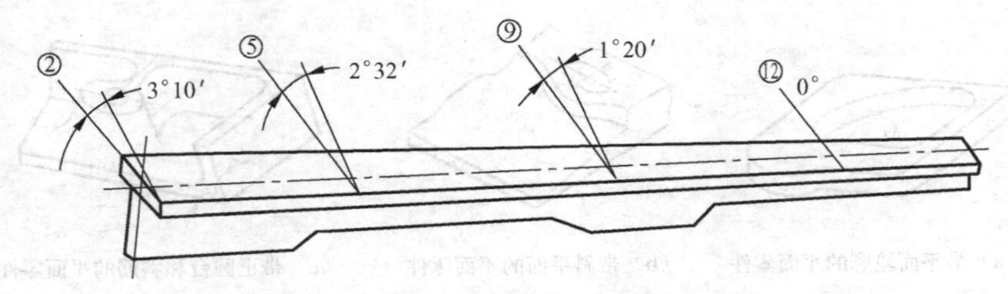

图 4.3　飞机上变斜角梁缘条

① 对曲率变化较小的变斜角面，选用 X、Y、Z 和 A 四坐标联动的数控铣床，采用立铣刀（但当零件斜角过大，超过机床主轴摆角范围时，可用角度成型铣刀加以弥补）以插补方式摆角加工。

② 对曲率变化较大的变斜角面，用四坐标联动加工难以满足加工要求时，最好采用 X、Y、Z、A 和 B（或 C 轴）的五坐标联动数控铣床，以圆弧插补方式摆角加工。

③ 采用三坐标数控铣床两轴联动，利用球头铣刀和鼓形铣刀，以直线或圆弧插补方式进行分层铣削加工，加工后的残留面积用钳修的方法清除。

（3）曲面类（立体类）零件。曲面类零件一般指具有三维空间曲面的零件，曲面通常由数学模型设计出来，因此往往要借助于计算机来编程。曲面的特点是加工面不能展开为平面，加工时，铣刀与加工面始终为点接触，一般采用三坐标数控铣床加工曲面类零件。

常用的曲面加工方法主要有下列两种。

① 采用三坐标数控铣床进行二轴半坐标控制加工，加工时只有两个坐标联动，另一个坐标按一定行距周期性进给。这种方法常用于不太复杂的空间曲面的加工。图4.4所示为对曲面进行二轴半坐标行切加工的示意图。

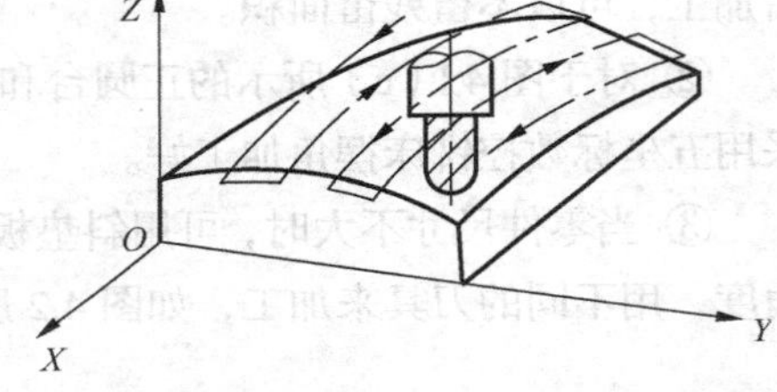

图 4.4　二轴半坐标行切加工示意图

② 采用三坐标数控铣床三坐标联动加工空间曲面。所用铣床必须能进行 X、Y、Z 三坐标联动，进行空间直线插补。这种方法常用于发动机及模具等较复杂空间曲面的加工。

（4）孔类零件。在数控铣上加工的孔类零件，一般是孔的位置要求较高的零件，如圆周分布孔，行列均布孔等。

（5）其他在普通铣床难加工的零件。

① 形状复杂，尺寸繁多，划线与检测均较困难，在普通铣床上加工又难以观察和控制的零件。

② 高精度零件。尺寸精度、形位精度和表面粗糙度等要求较高的零件，如发动机缸体上的多组尺寸精度要求高，且有较高相对尺寸、位置要求的孔或型面。

③ 一致性要求好的零件。在批量生产中，由于数控铣床本身的定位精度和重复定位精度都较高，能够避免在普通铣床加工中，因人为因素而造成多种误差。故数控铣床容易保证成批零件的一致性，使其加工精度得到提高，质量更加稳定。同时，因数控铣床加工的自动化程度高，还可大大减轻操作者的劳动强度，显著提高其生产效率。

虽然数控铣床的加工范围广泛，但是因受数控铣床自身特点的制约，某些零件仍不适合在数控铣床上加工。如简单的粗加工面，加工余量不太充分或很不均匀的毛坯零件，以及生产批量特别大、而精度要求又不高的零件等。

2. 数控铣削加工的基本特点

（1）对零件加工的适应性强，能加工轮廓形状特别复杂或难以控制尺寸的零件，如模具类零件、壳体类零件等。

（2）能加工普通铣床无法（或很困难）加工的零件，如用数学模型描述的复杂曲线类零件及三维空间曲面类零件。

（3）一次装夹后，可对零件进行多道工序加工。

（4）加工精度高，加工质量稳定可靠。

（5）生产自动化程度高，可以减轻操作者的劳动强度，有利于生产管理的自动化。

（6）生产效率高，一般可省去画线、中间检查等工作，可以省去复杂的工装，减少对零件的安装、调整等工作。能通过选用最佳工艺线路和切削用量有效地减少加工中的辅助时间，从而提高生产效率。

任务2　数控铣削刀具

1. 常用铣刀种类及特点

根据被加工工件的加工结构、工件材料的热处理状态、切削性能以及加工余量，选择刚性好、耐用度高、刀具类型和几何参数适当的铣刀，是充分发挥数控铣床的生产效率和获得满意加工质量的前提。铣刀的种类很多，下面只介绍几种在数控机床上常用的铣刀。

（1）面铣刀。面铣刀的圆周表面和端面上都有切削刃，端部切削刃为副切削刃，如图 4.5 所示。由于面铣刀的直径一般较大（50 ~ 500mm），故常制成套式镶齿结构，即将刀齿和刀体分开，刀体采用 40Cr 制作，可长期使用。

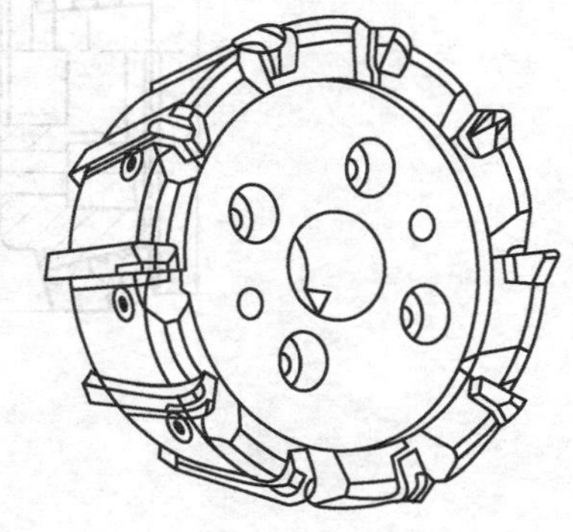

图 4.5　面铣刀

硬质合金面铣刀（见图 4.6）与高速钢面铣刀相比，铣削速度较高、加工效率高、加工表面质量也较好，并可加工带有硬皮和淬硬层的工件，故得到广泛应用。

目前最常用的面铣刀为硬质合金可转位式面铣刀，这种面铣刀结构成本低，制作方便，刀刃用钝后，可直接在机床上转换刀刃和更换刀片。可转位式面铣刀要求刀片定位精度高、夹紧可靠、排屑容易、更换刀片迅速等，同时各定位、夹紧元件通用性要好，制造要方便，并且应经久耐用。因此，这种铣刀在提高产品质量和加工效率、降低成本、操作使用方便等方面都具有明显的优越性，目前已得到广泛应用。

面铣刀主要以端齿为主加工各种平面。主偏角一般为 45°、60°、75°、90°，主偏角为 90° 的面铣刀还能同时加工出与平面垂直的直角面，这个面的高度受到刀片长度的限制。为使粗加工接刀刀痕不影响精加工进给精度，加工余量大且不均匀时，铣刀直径 D 要小些；精加工时铣刀直径 D 要大些，最好能包容加工面的整个宽度。

面铣刀齿数对铣削生产效率和加工质量有直接影响，齿数越多，同时工作齿数也多，生产效率高，铣削过程平稳，加工质量好，但要考虑到其负面的影响：刀齿越多，排屑不畅，因此，只有在精加工余量小和切屑少的场合用齿数多的铣刀。可转位面铣刀的齿数根据直径不同可分为粗齿、细齿和密齿 3 种。粗齿铣刀主要用于粗加工；细齿铣刀用于平稳条件下的铣削加工；密齿铣刀的每齿进给量较小，主要用于薄壁铸铁的加工。

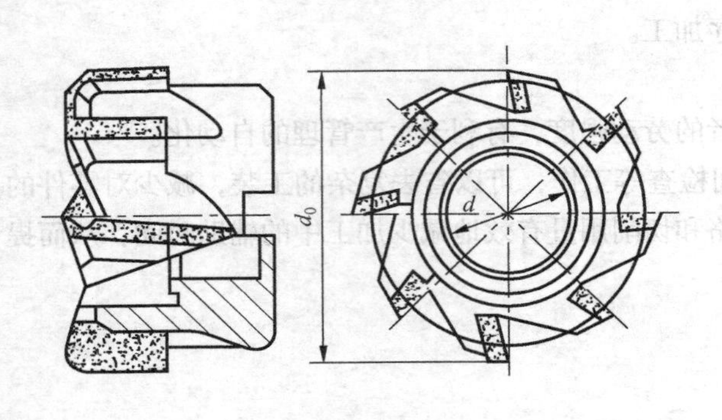

（a）整体焊接式

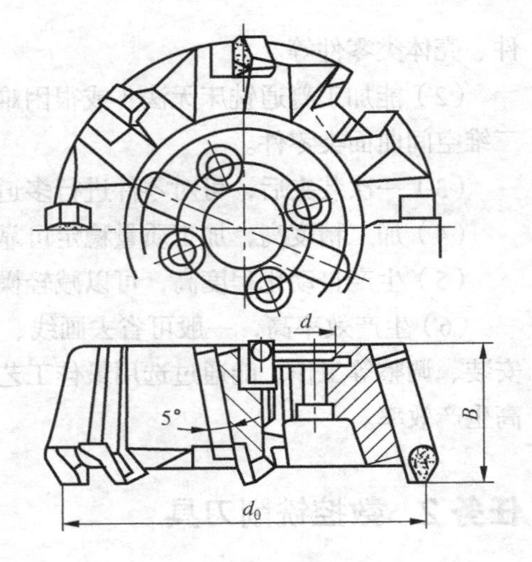

（b）机夹焊接式

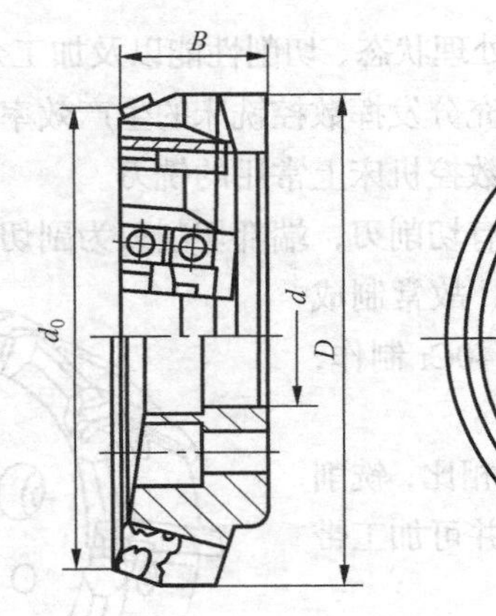

（c）可转位式

图 4.6　硬质合金面铣刀

（2）立铣刀。

① 立铣刀。立铣刀是数控机床上用得最多的一种铣刀，其结构如图 4.7 所示。立铣刀的圆柱表面和端面上都有切削刃，它们可同时进行切削，也可单独进行切削。主要用于加工凸轮、台阶。

立铣刀一般由 3～6 个刀齿组成，圆柱表面的切削刃为主切削刃，主切削刃一般为螺旋齿，这样可以增加切削平稳性，提高加工精度。其螺旋角为 30°～45°，这样可以增加切削平稳性，提高加工精度；端面上的切削刃为副切削刃，主要用来加工与侧面相垂直的底平面。立铣刀的主切削刃和副切削刃可同时进行铣削，也可以单独进行铣削。由于普通立铣刀端面中心处无切削刃，所以立铣刀不能做轴向进给。

图 4.7　高速钢立铣刀

立铣刀根据其刀齿数目，可分为粗齿（z 为 3、4、6、8）、中齿（z 为 4、6、8、10）和细齿（z 为 5、6、8、10、12）。粗

齿铣刀刀齿数目少、强度高、容屑空间大，适用于粗加工；细齿齿数多、工作平稳，适用于精加工；中齿介于粗齿和细齿之间。

为了能加工较深的沟槽，并保证有足够的备磨量，高速钢立铣刀的轴向长度一般较长。直径较小的立铣刀，一般制成带柄形式。$\phi2 \sim \phi20$mm 的立铣刀制成直柄；$\phi6 \sim \phi63$mm 的立铣刀制成莫氏锥柄；$\phi25 \sim \phi80$mm 的立铣刀做成 7∶24 锥柄，内有螺孔用来拉紧刀具。但是由于数控机床要求铣刀能快速自动装卸，故立铣刀柄部的形式也有很大不同，一般是由专业厂家按照一定的规范设计制造成统一形式、统一尺寸的刀柄。直径大于 40～60mm 的立铣刀可做成套式结构。

② 特种立铣刀。为提高生产效率，除采用普通高速钢立铣刀外，数控铣床或加工中心普遍采用硬质合金螺旋齿立铣刀与波形刃立铣刀；为加工成型表面，还经常要用球头铣刀。

（a）硬质合金螺旋齿立铣刀。如图 4.8 所示，通常这种刀具的硬质合金刀刃可做成焊接、机夹和可转位 3 种形式，它具有良好的刚性及排屑性能，可对工件的平面、阶梯面、内侧面及沟槽进行粗、精铣削加工，生产效率可比同类型高速钢铣刀提高 2～5 倍。

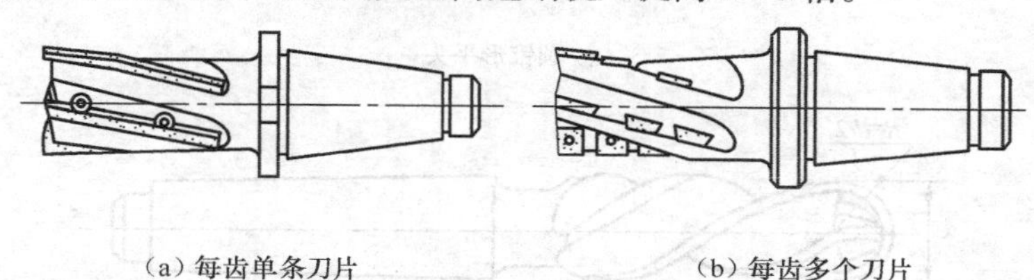

图 4.8 硬质合金螺旋齿立铣刀

当铣刀的长度足够时，可以在一个刀槽中焊上两个或更多的硬质合金刀片，并使相邻刀齿间的接缝相互错开，利用同一刀槽中刀片之间的接缝作为分屑槽，如图 4.8（b）所示，这种铣刀俗称“玉米铣刀”，通常在粗加工时选用。

（b）波形刃立铣刀。波形刃立铣刀与普通立铣刀的最大区别是其刀刃为波形，如图 4.9 所示。采用这种立铣刀能有效降低铣削力，防止铣削时产生振动，并显著地提高铣削效率。它能将狭长的薄切屑变为厚而短的碎块切屑，使排屑顺畅。由于刀刃为波形，使它与被加工工件接触的切削刃长度较短，刀具不易产生振动；波形刀刃还能使切削刃的长度增大，有利于散热。它还可以使切削液较易渗入切削区，能充分发挥切削液的效果。波形刃立铣刀特别适合切削余量大的粗加工，效率很高。

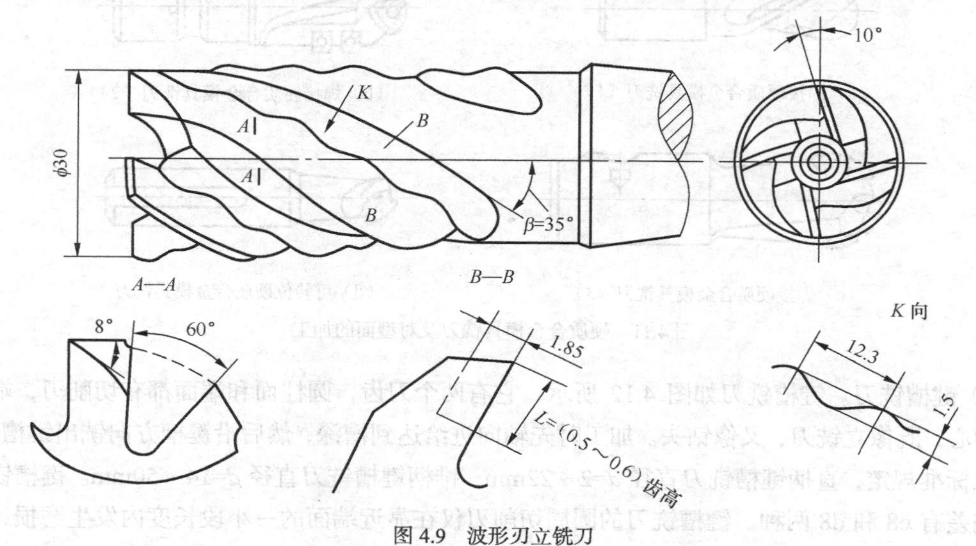

图 4.9 波形刃立铣刀

③ 模具铣刀。铣削加工中还常用到一种由立铣刀变化发展而来的模具铣刀，主要用于加工模具型腔或凸凹模成型表面。模具铣刀由立铣刀发展而成，可分为圆锥形立铣刀（圆锥半角 $\alpha/2$ 为 3°、5°、7°、10°）、圆柱形球头立铣刀和圆锥形球头立铣刀 3 种，其柄部有直柄、削平型直柄和莫氏锥柄。它的结构特点是球头或端面上布满了切削刃，圆周刃与球头刃圆弧连接，可以做径向和轴向进给。铣刀工作部分用高速钢或硬质合金制造，国家标准规定直径 d=4～63mm。图 4.10 所示为高速钢制造的模具铣刀，图 4.11 所示为硬质合金制造的模具铣刀。小规格的硬质合金模具铣刀多制成整体结构；ϕ16mm 以上的制成焊接或机夹可转位刀片结构。

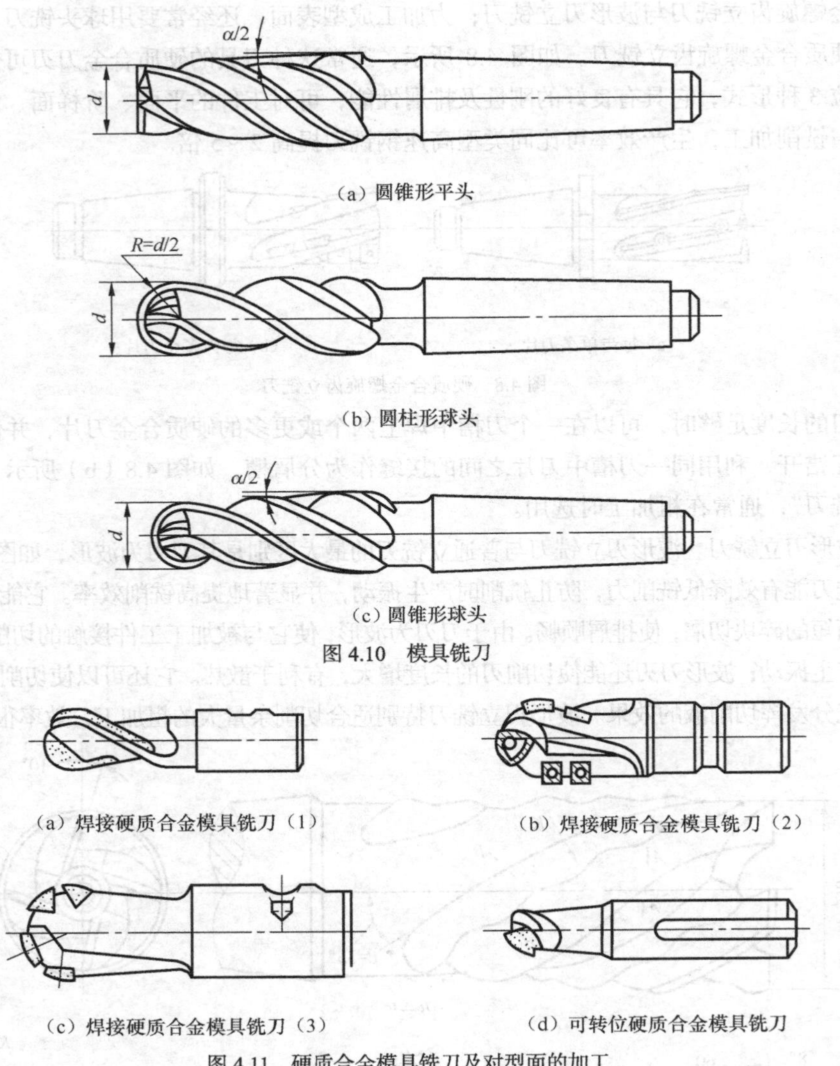

（a）圆锥形平头

（b）圆柱形球头

（c）圆锥形球头

图 4.10 模具铣刀

（a）焊接硬质合金模具铣刀（1）

（b）焊接硬质合金模具铣刀（2）

（c）焊接硬质合金模具铣刀（3）

（d）可转位硬质合金模具铣刀

图 4.11 硬质合金模具铣刀及对型面的加工

④ 键槽铣刀。键槽铣刀如图 4.12 所示，它有两个刀齿，圆柱面和端面都有切削刃，端面刃延至中心，既像立铣刀，又像钻头。加工时先轴向进给达到槽深，然后沿键槽方向铣出键槽全长。按国家标准规定，直柄键槽铣刀直径 d=2～22mm，锥柄键槽铣刀直径 d=14～50mm。键槽铣刀直径的偏差有 e8 和 d8 两种。键槽铣刀的圆周切削刃仅在靠近端面的一小段长度内发生磨损，重磨

时，只需刃磨端面切削刃，因此重磨后铣刀直径不变。

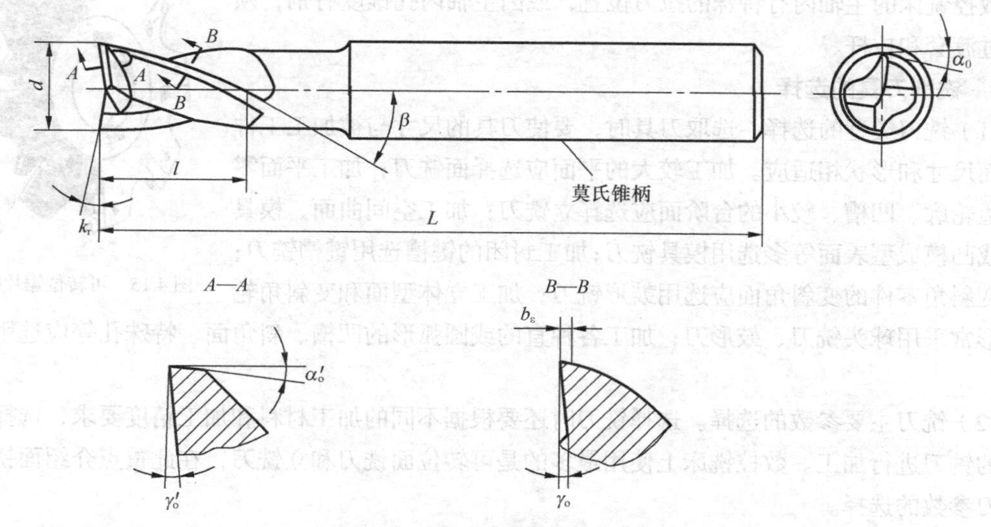

图 4.12 高速钢键槽铣刀的结构

⑤ 鼓形铣刀。图 4.13 所示为一种典型的鼓形铣刀，它的切削刃分布在半径为 *R* 的圆弧面上，端面无切削刃。加工时控制刀具上下位置，相应改变刀刃的切削部位，可以在工件上切出从负到正的不同斜角。尺寸越小，鼓形铣刀所能加工的斜角范围越广，但所获得的表面质量越差。这种刀具的缺点是刃磨困难，切削条件差，而且不适于加工有底的轮廓。

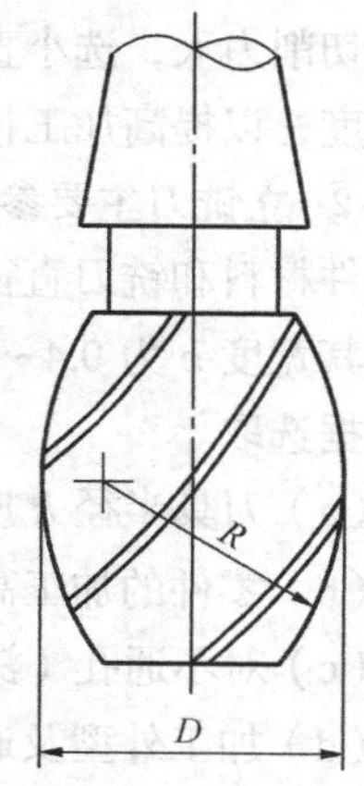

图 4.13 鼓形铣刀

⑥ 成型铣刀。成型铣刀一般都是为特定的工件或加工内容专门设计制造的，适用于加工平面类零件的特定形状（如角度面、凹槽面等），也适用于特形孔或台，图 4.14 所示为几种常用的成型铣刀。

⑦ 锯片铣刀。锯片铣刀可分为中小型规格的锯片铣刀和大规格锯片铣刀（GB/T 6130—2001），数控铣和加工中心主要用中小型规格的锯片铣刀。目前国外有可转位锯片铣刀生产，如图 4.15 所示。锯片铣刀主要用于大多数材料的切槽、切断、内外槽铣削、组合铣削、缺口实验的槽加工、齿轮毛坯粗齿加工等。

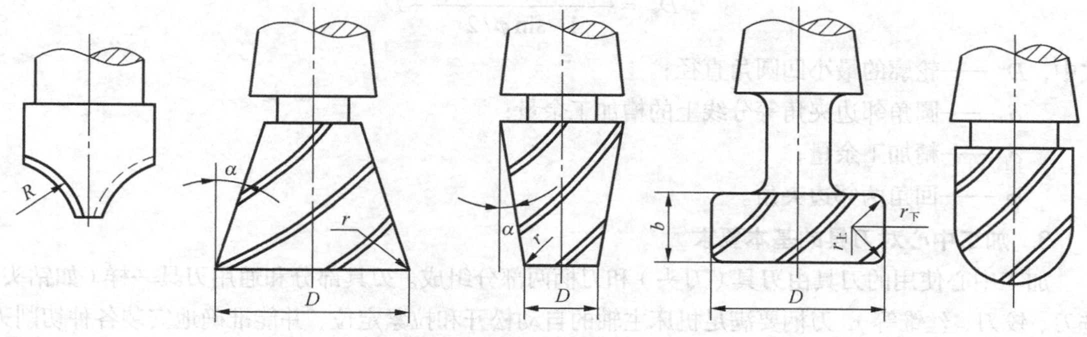

图 4.14 几种常用的成型铣刀

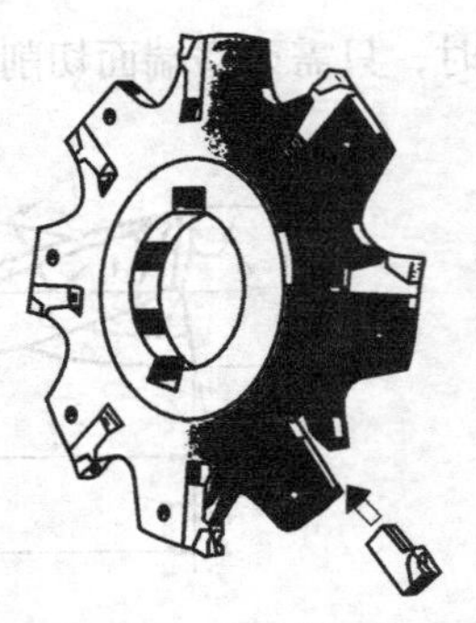

图 4.15　可转位锯片铣刀

除上述几种类型的铣刀外，数控铣床也可使用各种通用铣刀。但因不少数控铣床的主轴内有特殊的拉刀位置，或因主轴内孔锥度有别，须配置过渡套和拉杆。

2. 铣削刀具的选择

（1）铣刀类型的选择。选取刀具时，要使刀具的尺寸与被加工工件的表面尺寸和形状相适应。加工较大的平面应选择面铣刀；加工平面零件周边轮廓、凹槽、较小的台阶面应选择立铣刀；加工空间曲面、模具型腔或凸模成型表面等多选用模具铣刀；加工封闭的键槽选用键槽铣刀；加工变斜角零件的变斜角面应选用鼓形铣刀；加工立体型面和变斜角轮廓外形常采用球头铣刀、鼓形刀；加工各种直的或圆弧形的凹槽、斜角面、特殊孔等应选用成型铣刀。

（2）铣刀主要参数的选择。选择铣刀时还要根据不同的加工材料和加工精度要求，选择不同参数的铣刀进行加工。数控铣床上使用最多的是可转位面铣刀和立铣刀，在此重点介绍面铣刀和立铣刀参数的选择。

① 面铣刀主要参数的选择。标准可转位面铣刀直径为$\phi16 \sim \phi63$mm，应根据侧吃刀量a_e。选择适当的铣刀直径（一般比切宽大20%～50%），尽量包容工件整个加工宽度，以提高加工精度和效率，减小相邻两次进给之间的接刀痕迹和保证铣刀的耐用度。粗铣时，铣刀直径要小些，因为粗铣切削力大，选小直径铣刀可减小切削扭矩。精铣时，铣刀直径要大些，尽量包容工件整个加工宽度，以提高加工精度和效率，并减小相邻两次进给之间的接刀痕迹。

② 立铣刀主要参数的选择。立铣刀主切削刃的前角、后角的标注前、后角都为正值，分别根据工件材料和铣刀直径选取，为使端面切削刃有足够的强度，在端面切削刃前刀面上一般磨有棱边，其宽度b为0.4～1.2mm，前角为6°。立铣刀的有关尺寸参数如图4.16所示，推荐按下述经验数据选取。

（a）刀具半径R应小于零件内轮廓面的最小曲率半径ρ，一般取$R=(0.8 \sim 0.9)\rho$。

（b）零件的加工高度$H \leqslant (1/4 \sim 1/6)R$，以保证刀具有足够的刚度。

（c）对不通孔（深槽），选取$l=H+(5 \sim 10)$ mm（l为刀具切削部分长度，H为零件高度）。

（d）加工外型及通槽时，选取$l=H+r+(5 \sim 10)$ mm（r为刀尖角半径）。

（e）粗加工内轮廓面时，铣刀最大直径$D_{粗}$可按下式计算（见图4.17）。

$$D_{粗}=\frac{2(\delta\sin\varphi/2-\delta_1)}{1-\sin\varphi/2}+D$$

式中，D ——轮廓的最小凹圆角直径；

δ ——圆角邻边夹角等分线上的槽加工余量；

δ_1 ——精加工余量；

φ ——回角两邻边夹角。

3. 加工中心对刀具的基本要求

加工中心使用的刀具由刃具（刀头）和刀柄两部分组成。刃具部分和通用刃具一样（如钻头、铣刀、铰刀、丝锥等），刀柄要满足机床主轴的自动松开和拉紧定位，并能准确地安装各种切削刃具以及适应机械手的夹持搬运等。加工中心的刀具除了考虑一般刀具的性能外，还应该考虑特殊的性能要求。

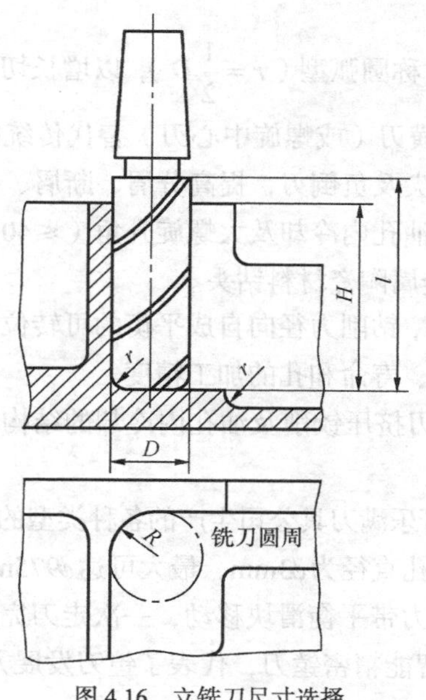

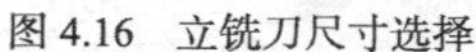

图 4.16　立铣刀尺寸选择

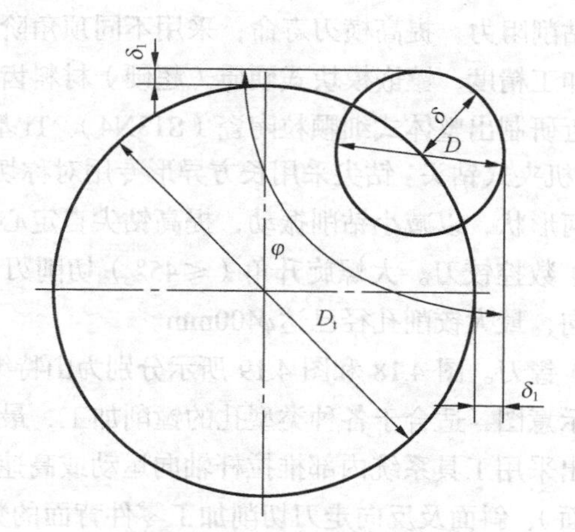

图 4.17　粗加工立铣刀直径估算

（1）对刀具的基本要求。

① 切削性能。为了提高生产效率，加工中心往往采用高速、大切削用量的加工。因此，所采用的刀具应具有能承受高速切削和强力切削所必需的高刚度、高强度。同时，加工中心必须保证长时间连续自动加工，若刀具不耐用而磨损加快，换刀引起的调刀与对刀次数增加，会影响工件的表面质量与加工精度，降低效率。

② 刀具精度。随着对零件精度的要求越来越高，对加工中心刀具的形状精度和尺寸精度的要求也在不断提高，刀柄、刀体和刀片必须具有很高的精度，才能满足高精度加工的要求。

③ 刀具材料。刀具材料同车削刀具的选材基本相同，一般尽可能选用硬质合金。

总之，根据被加工工件材料的热处理状态、切削性能及加工余量，选择刚性好、耐用度高、精度高的加工中心刀具，是充分发挥加工中心的生产效率和获得满意加工质量的前提。

（2）刀具的种类。加工中心刀具可分为平面加工类刀具和孔加工类刀具。

① 平面加工类刀具。因为加工中心主要用于复杂曲面的铣削，所以铣刀的选择是非常重要的。铣刀的种类繁多，功能也不尽相同。如平面铣刀（盘铣刀）适合于大面积平面加工；端铣刀（圆柱铣刀、立铣刀）既适合于平面加工，也适合侧面加工；球头铣刀和成型刀具适合于曲面类零件的加工。

② 孔加工类刀具。在加工中心上可进行钻孔、扩孔和镗孔加工，其刀具为钻头、扩孔钻、镗刀。钻头要刚性很好，可保证钻孔的精度，具有易于排屑的容屑槽，加工效率很高。扩孔钻用于对铸造孔和预加工孔的加工，由于刀体上的容屑空间可通畅地排屑，因此可以扩盲孔，有些扩孔刀的直径还可进行调整，可满足一定范围内不同孔径的要求。高档的扩孔刀还带有内冷功能，可使冷却液直接到达刀刃上，这样不仅可以有效防止刀具的温升，而且还可帮助排屑。镗刀用于孔的精加工，加工中心用的镗刀通常采用模块式结构，通过高精度的调整装置调节镗刀的径向尺寸，可加工出高精度的孔。

4. 典型及先进的孔加工刀具

在刀具门类中，孔加工刀具是一大家族，下面就数控加工用的主要新结构刀具作一简要介绍。

（1）数控钻头。

① 整体式钻头。钻尖切削刃由对称直线型改进为对称圆弧型（$r=\frac{1}{2}D$），以增长切削刃、提高钻尖寿命；钻芯加厚，提高其钻体刚度，用“S”形横刃（或螺旋中心刃）替代传统横刃，减小轴向钻削阻力，提高横刃寿命；采用不同顶角阶梯钻尖及负倒刃，提高分屑、断屑、钻孔性能和孔的加工精度；镶嵌模块式硬质（超硬）材料齿冠；油孔内冷却及大螺旋升角（≤40°）结构等。最近研制出整体式细颗粒陶瓷（S13N4）、Ti 基类金属陶瓷材料钻头。

② 机夹式钻头。钻尖采用长方异形专用对称切削刃，钻削力径向自成平衡的可转位刀片替代其他几何形状，以减小钻削振动，提高钻尖自定心性能、寿命和孔的加工精度。

（2）数控铰刀。大螺旋升角（≤45°）切削刃、无刃挤压铰削及油孔内冷却的结构是其总体发展方向，最大铰削孔径已达ϕ400mm。

（3）镗刀。图 4.18 和图 4.19 所示分别为山特维克可乐满刀具公司生产的各种类型的粗镗刀和精镗刀示意图，适合于各种类型孔的镗削加工，最小镗孔直径为ϕ3mm，最大可达ϕ975mm。国外已研制出采用工具系统内部推拉杆轴向运动或高速离心力带平衡滑块移动，一次走刀完成镗削球面（曲面）、斜面及反向走刀切削加工零件背面的数控智能精密镗刀，代表了镗刀发展方向。

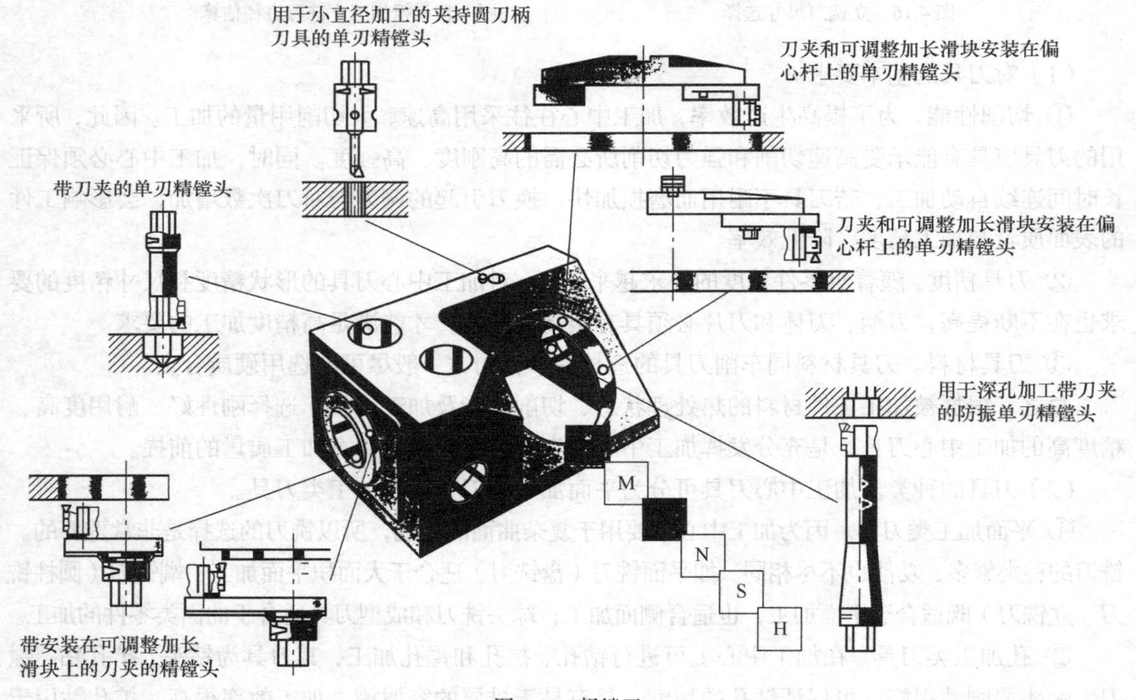

图 4.18 粗镗刀

（4）丝锥研发出大螺旋升角（≤45°）丝锥，其切削锥视被加工零件材料软、硬状况，设计专用刃倾角、前角等。

（5）扩（锪）孔刀。多刃、配置各种数控工具柄及模块式可调微型刀夹的结构形式是目前扩（锪）孔刀具发展方向。

（6）复合（组合）孔加工数控刀具。集合了钻头、铰刀、扩（锪）孔刀及挤压刀具的新结构、新技术，整体式、机夹式、专用复合（组合）孔加工数控刀具研发速度很快。总体而言，采用镶嵌模块式硬质（超硬）材料切削刃（含齿冠）及油孔内冷却、大螺旋槽等结构是其目前发展趋势，

图 4.20 所示为几种复合刀具简图。

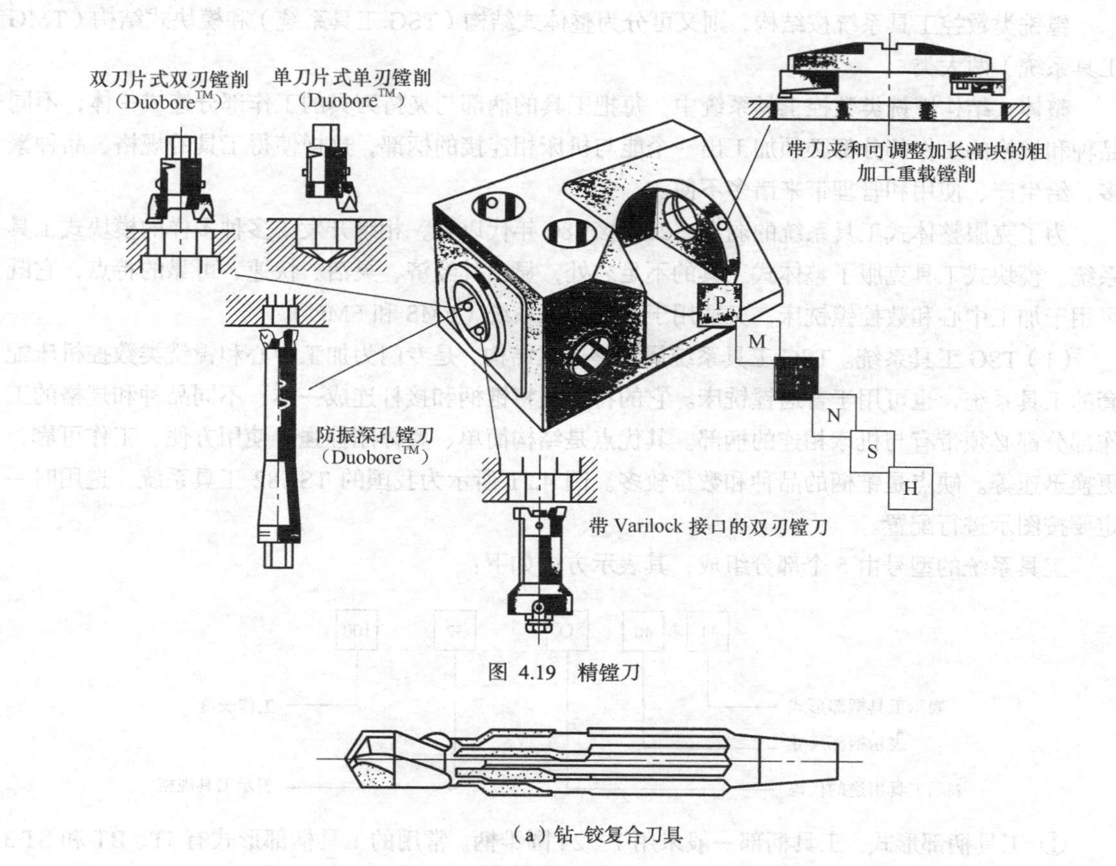

图 4.19　精镗刀

(a) 钻-铰复合刀具

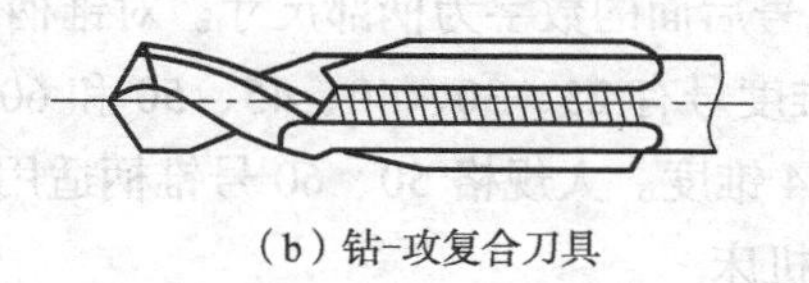

(b) 钻-攻复合刀具

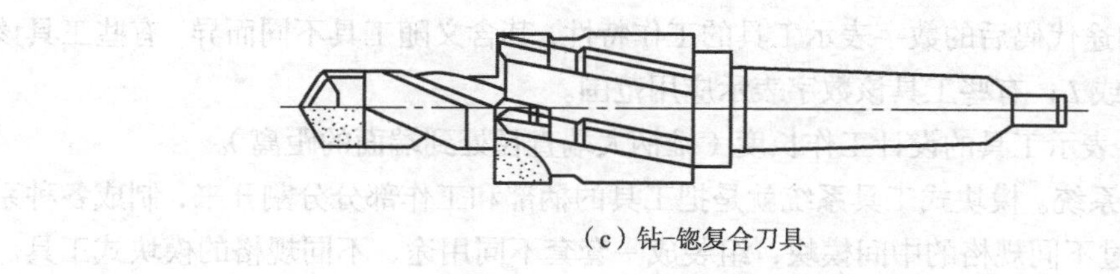

(c) 钻-锪复合刀具

图 4.20　复合刀具

5. 工具系统

镗铣类数控工具系统是镗铣床主轴到刀具之间的各种连接刀柄的总称。其主要作用是连接主轴与刀具，使刀具达到所要求的位置与精度，传递切削所需转矩及保证刀具的快速更换。不仅如此，有时工具系统中某些工具还要适应刀具切削中的特殊要求（如丝锥的扭矩保护及前后浮动等）。工作时，刀柄按工艺顺序先后装在主轴上，随主轴一起旋转，工件固定在工作台上做进给运动。

镗铣类数控工具系统按结构，则又可分为整体式结构（TSG 工具系统）和模块式结构（TMG 工具系统）两大类。

整体式结构镗铣类数控工具系统中，每把工具的柄部与夹持刀具的工作部分连成一体，不同品种和规格的工作部分都必须加工出一个能与机床相连接的柄部，这样使得工具的规格、品种繁多，给生产、使用和管理带来诸多不便。

为了克服整体式工具系统的弱点，20 世纪 80 年代以来，相继开发了多种多样的模块式工具系统。模块式工具克服了整体式工具的不足之处，显出其经济、灵活、快速、可靠的特点，它既可用于加工中心和数控镗铣床，又适用于柔性加工系统（FMS 和 FMC）。

（1）TSG 工具系统。TSG 工具系统属于整体式结构，是专门为加工中心和镗铣类数控机床配套的工具系统，也可用于普通镗铣床。它的特点是将锥柄和接杆连成一体，不同品种和规格的工作部分都必须带有与机床相连的柄部。其优点是结构简单、整体刚性强、使用方便、工作可靠、更换迅速等。缺点是锥柄的品种和数量较多。图 4.21 所示为我国的 TSG82 工具系统，选用时一定要按图示进行配置。

工具系统的型号由 5 个部分组成，其表示方法如下：

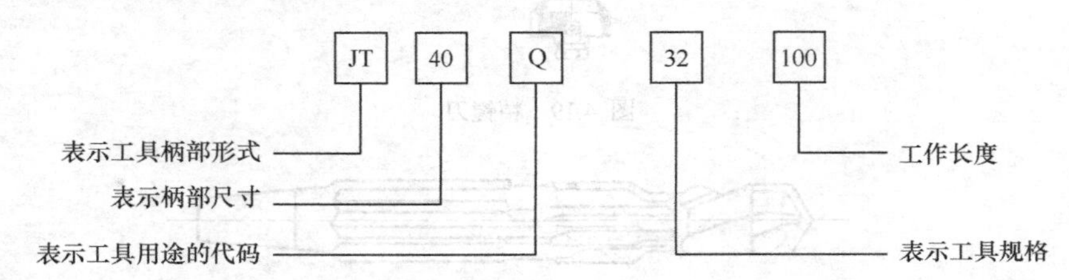

① 工具柄部形式。工具柄部一般采用 7：24 圆锥柄。常用的工具柄部形式有 JT、BT 和 ST 3 种，它们可直接与机床主轴连接。

② 柄部尺寸。柄部形式代号后面的数字为柄部尺寸。对锥柄表示相应的 ISO 锥度号，对圆柱柄表示直径。7：24 锥柄的锥度号有 25、30、40、45、50 和 60 等。如 50 和 40 分别代表大端直径为 ϕ69.85 和 ϕ44.45 的 7：24 锥度。大规格 50、60 号锥柄适用于重型切削机床，小规格 25、30 号锥柄适用于高速轻型切削机床。

③ 工具用途代码。用代码表示工具的用途，如 XP 表示装削平型铣刀刀柄。

④ 工具规格用途代码后的数字表示工具的工作特性，其含义随工具不同而异，有些工具该数字为其轮廓尺寸 D 或 L；有些工具该数字表示应用范围。

⑤ 工作长度。表示工具的设计工作长度（锥柄大端直径处到端面的距离）。

（2）TMG 工具系统。模块式工具系统就是把工具的柄部和工作部分分割开来，制成各种系列化的模块，然后经过不同规格的中间模块，组装成一套套不同用途、不同规格的模块式工具。这样，既方便了制造，也方便了使用和保管，大大减少了用户的工具储备。图 4.22 所示为 TMG 工具系统。目前，世界上出现的模块式工具系统不下几十种。它们之间的区别主要在于模块连接的定心方式和锁紧方式不同。然而，不管哪种模块式工具系统都是由下述 3 个部分所组成。

① 主柄模块——模块式工具系统中直接与机床主轴连接的工具模块。

② 中间模块——模块式工具系统中为加长工具轴向尺寸和变换连接直径的工具模块。

③ 工作模块——模块式工具系统中为了装卡各种切削刀具的模块。

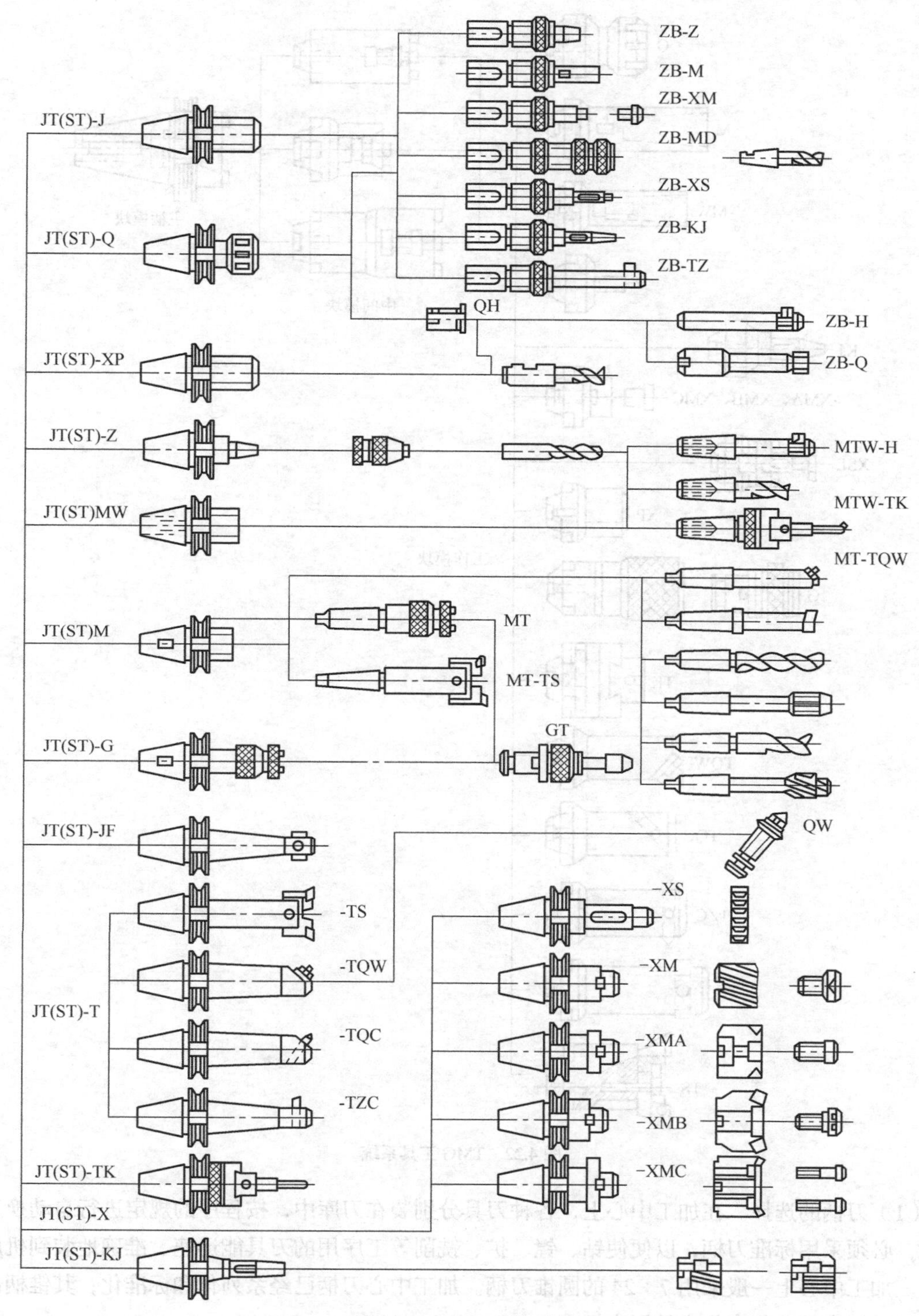

图 4.21 TSG82 工具系统

6. 刀具的选择

根据加工工件的材料和形状、加工精度和效率的要求，选择刀具的材料、类型和几何尺寸是数控加工工艺设计的重要内容。下面就从刀柄和刀头两部分来分析刀具的选择。

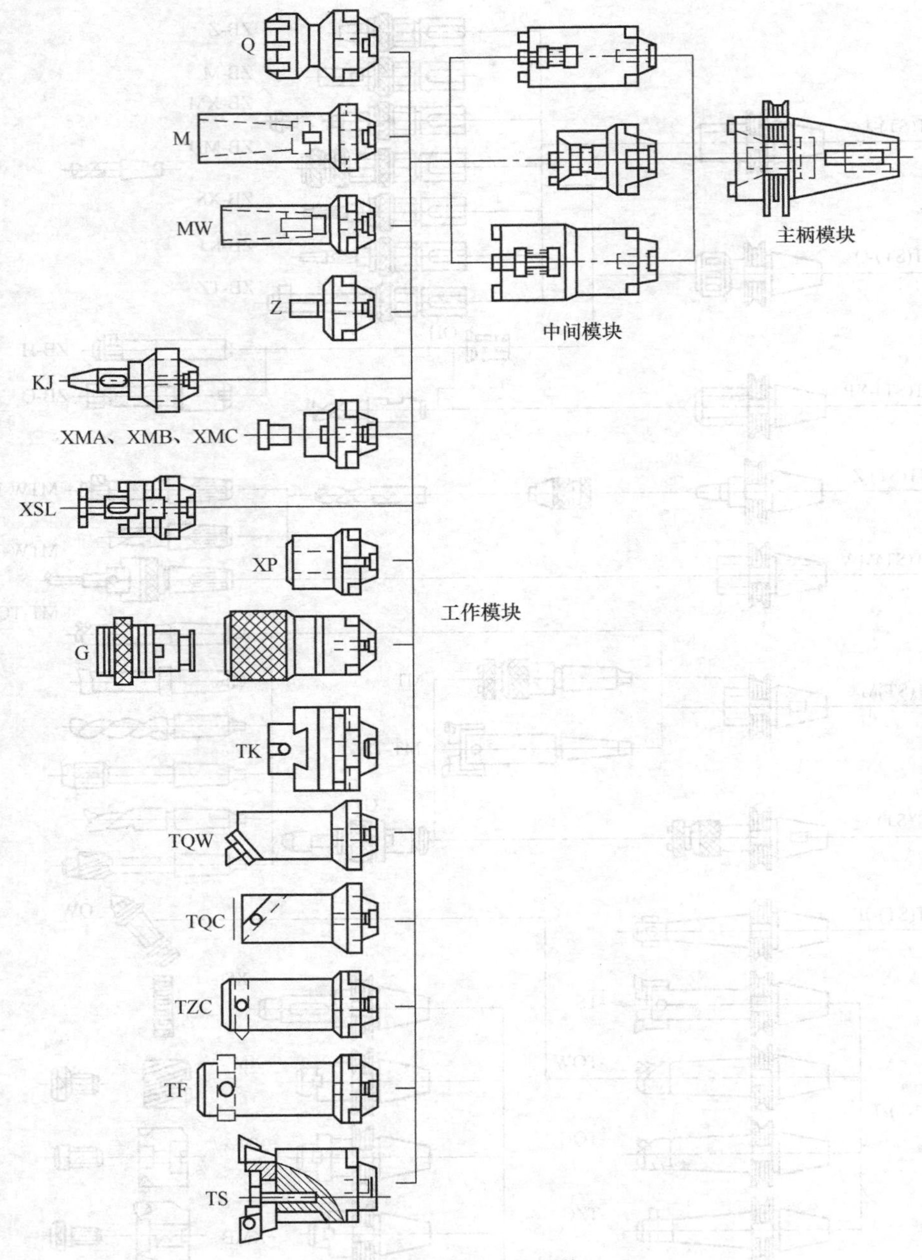

图 4.22　TMG 工具系统

（1）刀柄的选择。在加工中心上，各种刀具分别装在刀库中，按程序的规定进行自动换刀。因此，必须采用标准刀柄，以便使钻、镗、扩、铣削等工序用的刀具能迅速、准确地装到机床主轴上。加工中心上一般采用 7：24 的圆锥刀柄。加工中心刀柄已经系列化和标准化，其锥柄部分和机械手抓拿部分都有相应的国家标准。

提示

在选用刀柄要注意以下几点。

① 刀具的刀柄分为整体式工具系统和模块式工具系统两大类。模块式工具系统由于

其定位精度高，装卸方便，连接刚性好，具有良好的抗振性，是目前用得较多的一种形式。

② 刀柄的锥度与机床主轴孔必须同规格，且具有良好的配合，一般要求配合面接触度在70%以上。

③ 刀柄部的淬火硬度一般应比主轴孔的硬度低，否则会损坏主轴孔的精度。

④ 与其他机床具有通用性。

（2）刀头的选择。

① 选择适合的刀具形状和精度，以满足零件形状精度和尺寸精度的加工要求。

② 选择适合的刀片材料和刀片形状，以充分发挥刀具的切削性能。

③ 刀具几何尺寸的选择则需根据加工条件具体确定。

总之，加工中心机床刀具是一个较复杂的系统，如何根据实际情况进行正确选用，是编程人员必须掌握的。只有对加工中心刀具结构和选用有充分的了解和认识，在实际工作中才能灵活运用，提高工作效率和安全生产。

训练与提高

（1）试述立铣刀与键槽铣刀有何不同。

（2）简述刀具的选择原则。

任务3 数控铣床与加工中心常用夹具

数控铣削加工的特点对夹具提出了两个基本要求：一是保证夹具的坐标方向与机床的坐标方向相对固定；二是要能协调零件与机床坐标系的尺寸。

1. 铣削加工对夹具的基本要求

（1）单件小批量生产时，优先选用组合夹具、可调夹具和其他通用夹具，以缩短生产准备时间和节省生产费用。

（2）在成批量生产时，才考虑采用专用夹具，并力求结构简单。

（3）零件的装卸要快速、方便、可靠，以缩短机床的停顿时间，减少辅助时间。

（4）为满足数控加工精度，要求夹具定位、夹紧精度高。

（5）夹具上各零部件应不妨碍机床对零件各表面的加工，即夹具要敞开，其定位、夹紧元件不能影响加工中的走刀（如产生碰撞等）。

（6）为提高数控加工的效率，批量较大的零件加工可采用气动或液压夹具、多工位夹具。

2. 常用夹具

（1）机用虎钳。在数控铣床加工中，对于较小的零件，在粗加工、半精加工和精度要求不高时，是利用机用虎钳进行装夹的。机用虎钳的结构如图4.23所示，图4.23（a）所示为固定式机用虎钳，图4.23（b）所示为回转式机用虎钳，是常用的铣床通用卡具，常用来装夹矩形和圆柱形一类的工件。机用虎钳装夹的最大优点是快捷，但夹持范围不大，其装夹如图4.24所示。

（2）三爪卡盘。在数控铣床加工中，对于结构尺寸不大、且零件外表面为不需要进行加工的圆形表面，可以利用三爪卡盘进行装夹。三爪卡盘也是铣床的通用卡具，如图4.25所示。

（3）圆盘工作台。圆盘工作台用来对比较规则的内外圆弧面零件铣削加工的装夹，其外观图如图 4.26 所示。

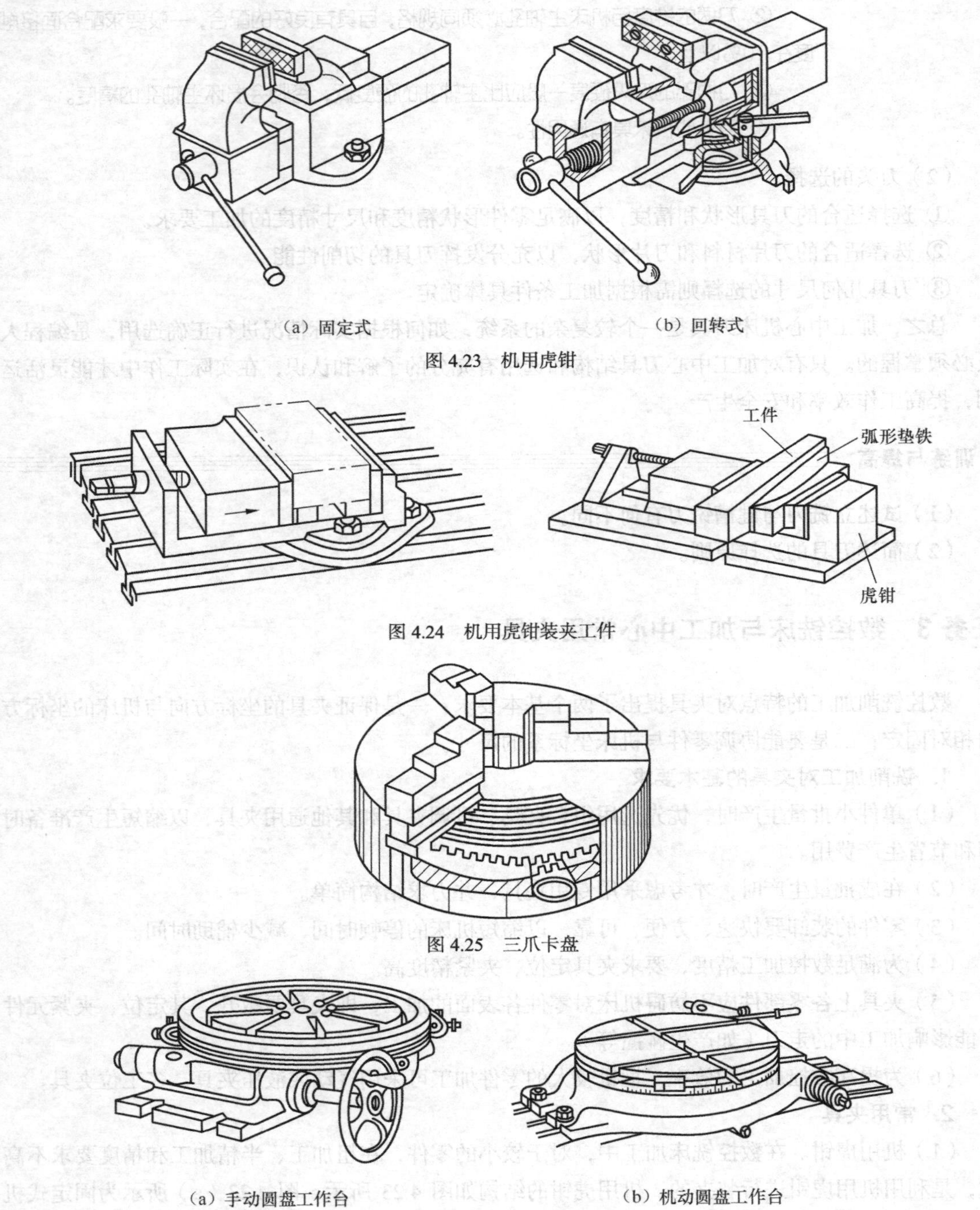

（a）固定式　　（b）回转式

图 4.23　机用虎钳

图 4.24　机用虎钳装夹工件

图 4.25　三爪卡盘

（a）手动圆盘工作台　　（b）机动圆盘工作台

图 4.26　圆盘工作台

（4）直接在工作台上安装。在单件或少量生产和不便于使用夹具夹持的情况下，常采用这种方法。矩形工件装夹如图 4.27 所示，圆形工件装夹如图 4.28 所示。

（5）利用角铁和 V 形铁装夹工件。角铁装夹方式适合于单件或小批量生产，如图 4.29 所示。

工件安装在角铁上时，工件与角铁侧面接触的表面为定位基准面。拧紧弓形夹上的螺钉，工件即被夹紧。这类角铁常用来安装要求表面互相垂直的工件。

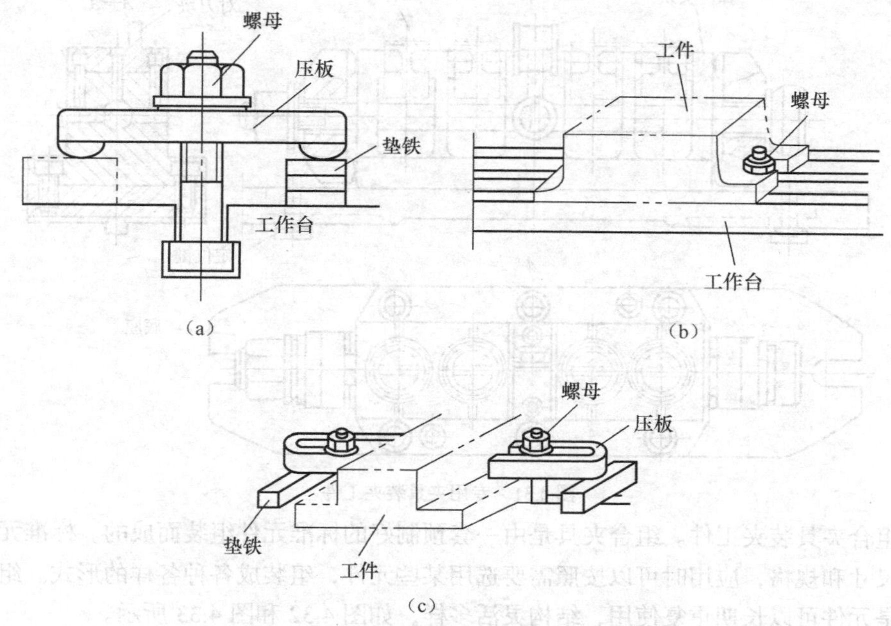

图 4.27 矩形工件装夹

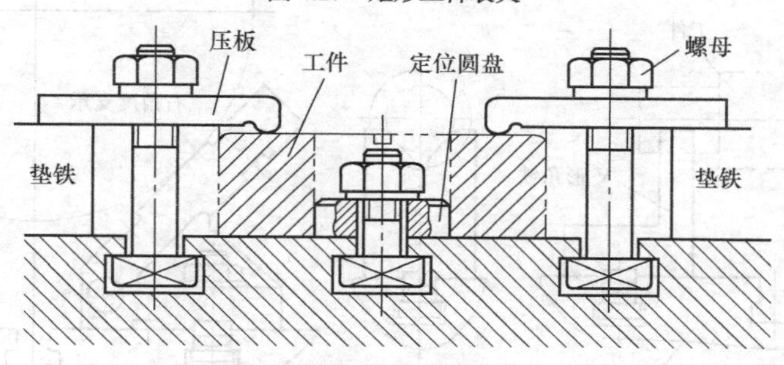

图 4.28 圆形工件装夹

圆柱形工件（如轴类零件）通常用 V 形铁装夹，利用压板将工件夹紧。V 形铁的类型和装夹如图 4.30 所示。

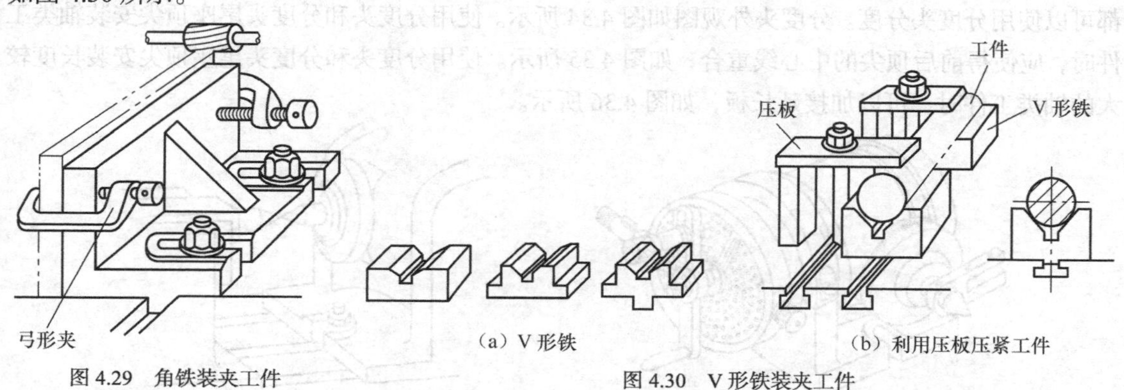

图 4.29 角铁装夹工件

图 4.30 V 形铁装夹工件

（6）专用夹具装夹工件。在大批量生产中，为了提高生产效率，常常采用专用夹具装夹工件。

使用此类夹具装夹工件，定位方便、准确、夹紧迅速、可靠，而且可以根据工件形状和加工要求实现多件装夹，如图 4.31 所示。

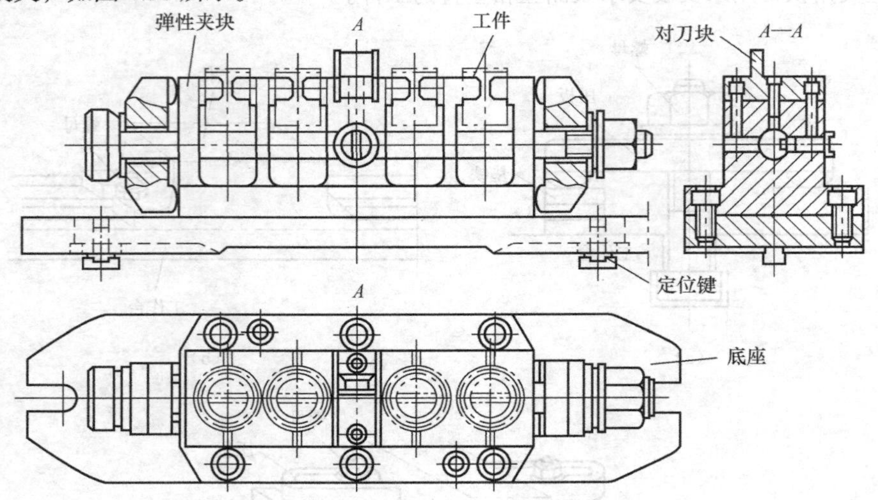

图 4.31 专用夹具装夹工件

（7）组合夹具装夹工件。组合夹具是由一套预制好的标准元件组装而成的。标准元件有不同的形状、尺寸和规格，应用时可以按照需要选用某些元件，组装成各种各样的形式。组装夹具的主要特点是元件可以长期重复使用，结构灵活多样，如图 4.32 和图 4.33 所示。

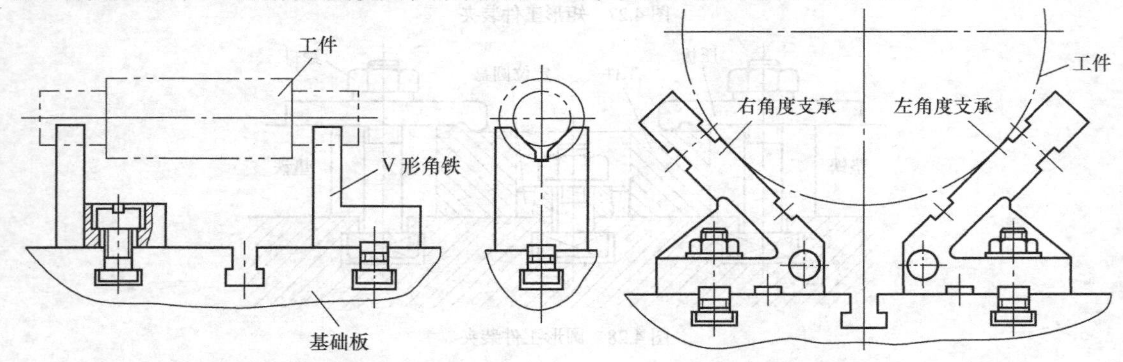

图 4.32 组合夹具装夹工件示例 1　　图 4.33 组合夹具装夹工件示例 2

（8）分度头。分度头是铣床的重要附件。各种齿轮、正多边形、花键以及刀具开齿等分度，都可以使用分度头分度。分度头外观图如图 4.34 所示。使用分度头和分度头尾座顶尖安装轴类工件时，应使得前后顶尖的中心线重合，如图 4.35 所示。使用分度头和分度头尾座顶尖安装长度较大的轴类工件时，可以加接延长板，如图 4.36 所示。

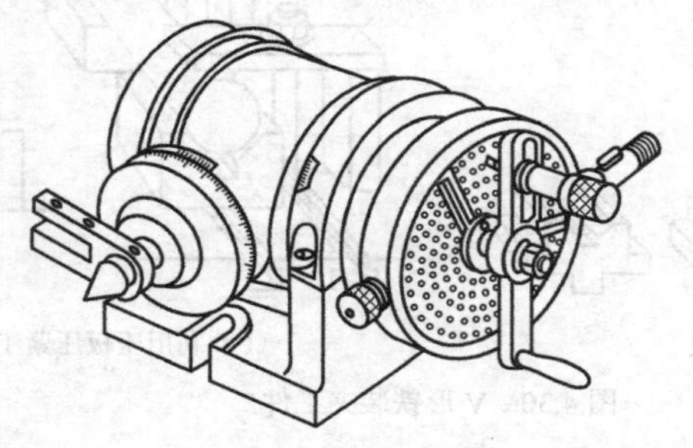

图 4.34 分度头外观图

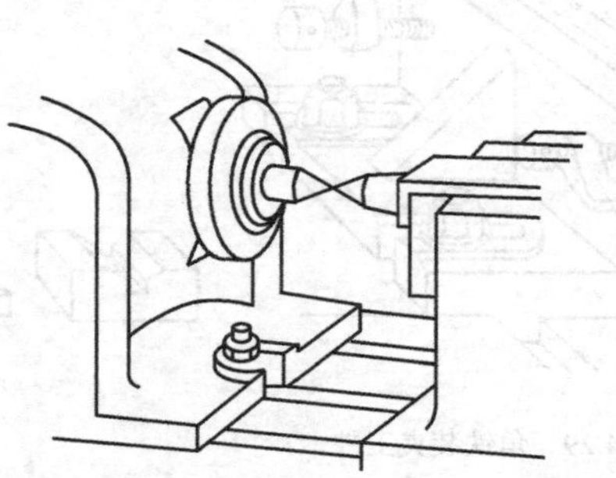

图 4.35 分度头与尾座顶尖的中心重合

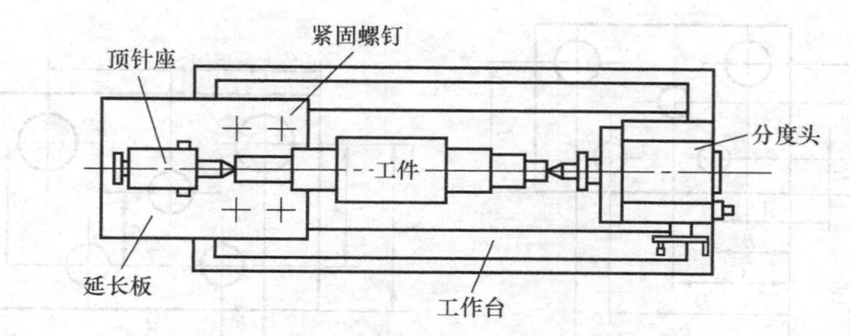

图 4.36　分度头和分度头尾座顶尖上夹持长轴零件

训练与提高

（1）数控镗铣类工具系统的种类有哪些？

（2）选择数控刀具应该考虑哪些因素？

（3）数控铣刀的种类有哪些？

（4）数控铣床常用夹具有哪些？

任务 4　数控铣削加工工艺分析

首先应熟悉零件在产品中的作用、位置、装配关系和工作条件，搞清楚各项技术要求对零件装配质量和使用性能的影响，找出主要的和关键的技术要求，然后对零件图样进行工艺性分析。

数控加工零件的工艺性分析，主要包括产品的零件图样分析和结构工艺性分析等。

1. 零件图样的分析

检查零件图的完整性和正确性，在了解零件形状和结构之后，应检查零件表达是否直观、清楚，是否符合国家标准，尺寸、公差以及技术要求的标注是否齐全、合理等。

（1）尺寸分析。零件图上尺寸数据的给出应符合程序编制方便的原则。

① 零件图上尺寸标注方法应适应数控加工编程的特点。

② 构成零件轮廓几何元素的条件要充分。

零件图上尺寸的标注方法应适应数控加工的特点，如图 4.37（a）所示，在数控加工零件图上，应以同一基准标注尺寸或直接给出坐标尺寸。这种标注方法既便于编程，也便于尺寸之间的相互协调，又有利于设计基准、工艺基准、测量基准和编程原点的统一。零件设计人员在尺寸标注时，一般总是较多地考虑装配等使用特性，因而常采用如图 4.37（b）所示的局部分散的标注方法，这样就给工序安排和数控加工带来了诸多不便。由于数控加工精度和机床重复定位精度都很高，不会因为产生较大的累积误差，而破坏零件的使用特性，因此，可将局部的分散标注法改为同一基准标注或直接标注坐标尺寸。

（2）零件的技术要求分析。零件的技术要求包括下列几个方面：加工表面的尺寸精度，主要加工表面的形状精度，主要加工表面之间的相互位置精度，加工表面的粗糙度要求，热处理要求，其他要求（如未注圆角或倒角、去毛刺、毛坯要求等）。

首先要分析这些技术要求在保证使用性能的前提下是否经济合理，在现有生产条件下能否实现。然后分清零件的主要加工表面和次要加工表面，特别要分析主要加工表面的技术要求，因为主要表面

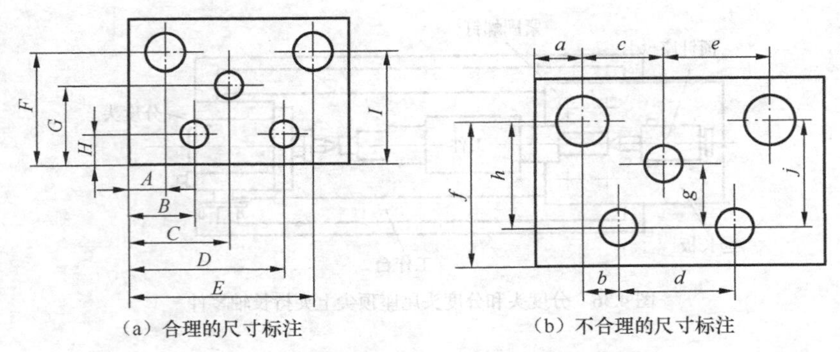

（a）合理的尺寸标注　（b）不合理的尺寸标注

图 4.37　数控加工的零件图

的加工过程决定了零件整体工艺过程的主体框架。然后再找出其设计基准，进而遵循基准选择的原则，确定加工零件的定位基准，分析零件的毛坯是否便于定位和夹紧，夹紧方式和夹紧点的选取是否会有碍刀具的运动，夹紧变形是否对加工质量有影响等。为工件定位、夹紧和夹具设计提供依据。

（3）零件的材料分析。分析零件毛坯材料是否能够满足使用性能的要求及其加工工艺性，即分析零件材料的机械性能和热处理状态。根据零件毛坯的品质和被加工部位的材料硬度，可判断其加工的难易程度，这也为选择加工方法、刀具和切削用量提供依据。

（4）几何要素关联条件的分析。构成零件轮廓的几何元素（点、线、面）之间的关联条件（如相切、相交、垂直和平行等），是数控编程的重要依据。手工编程时，要依据这些关联条件计算每一个相接点（即编程节点）的坐标；自动编程时，则要根据这些关联条件对构成零件的所有几何元素进行定义，无论哪一个关联条件不明确，都会导致编程无法进行。因此，在分析零件图样时，一定要分析几何元素的给定条件是否充分，及时发现问题并与设计人员协商解决。

2. 零件结构的工艺性分析

零件结构的工艺性是指所设计的零件在满足使用要求的前提下制造的可行性和经济性。它包括零件各个制造过程中的工艺性，如零件的铸造、锻造、冲压、焊接、热处理、切削加工工艺性等。好的工艺性会使零件加工容易、节省工时、能耗低廉，差的工艺性会使零件加工困难，不但会浪费工时、增加能耗，有时甚至会导致无法加工。

为了多快好省地把所设计的零件加工出来，就必须对零件的结构工艺性进行详细的分析。数控加工中，除了遵循传统的零件工艺性分析知识外，还应主要考虑如下几方面。

（1）零件的内腔与外形应尽量采用统一的几何类型和尺寸，以便减少刀具规格和换刀次数，简化编程，提高加工效率。

（2）内槽圆角的大小决定着刀具直径的大小，即可用于加工的立铣刀的半径最大不能大于内槽圆角半径；若内槽圆角半径过小，则所选的刀具直径势必过小，其承受载荷能力、切削能力就很差，且容易折断。所以内槽圆角半径不应太小。图 4.38 所示零件其加工工艺性的好坏与被加工轮廓的高低、转角圆弧半径的大小等因素有关。图 4.38（b）与图 4.38（a）所示相比，转角圆弧半径 R 较大，可以采用用直径较大的立铣刀来加工；加工底平面时，进给次数也相应少，表面加工质量也会好一些，因而工艺性较好。通常 $R<0.2H$（H 为被加工工件轮廓面的最大高度）时,可以判定零件该部位的工艺性不好。

（3）铣削零件的槽底平面时，槽底圆角半径 r 不应过大。如图 4.39 所示，铣刀端面切削刃与铣削平面的最大接触直径 $d = D-2r$（D 为铣刀直径）。

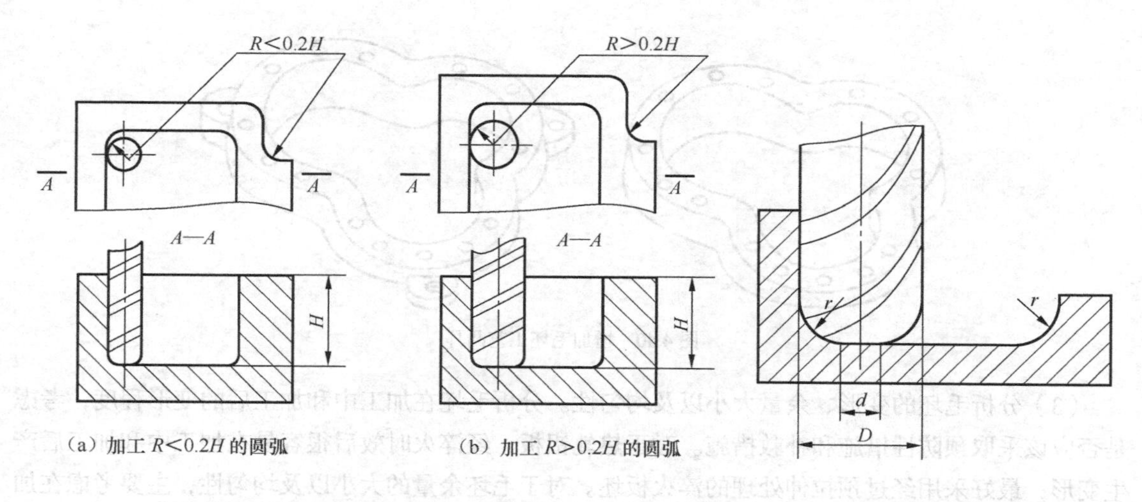

图 4.38　铣削内槽的圆角与刀具半径的关系

图 4.39　铣削槽底平面

当 D 一定时，r 越大，铣刀端面切削刃铣削平面的面积越小，加工平面的能力就越差，加工效率越低，其工艺性也就越差。当 r 大到一定程度时，甚至必须用球头铣刀加工，这种情况是应该尽量避免的。

（4）采用统一的定位基准。应尽可能在一次装夹中完成所有能加工表面的加工，为此要选择便于各个表面都能加工的定位方式；若需要两次装夹，应采用统一的定位基准。数控加工若没有统一的定位基准，会因工件重新安装产生定位误差，从而使加工后的两个面上的轮廓形状和尺寸不协调。因此，为保证两次装夹加工后其相对位置的准确性，应采用统一的定位基准。

3. 零件变形的分析

零件在数控铣削加工时的变形，不仅影响加工质量，而且当变形较大时将使加工无法继续进行。这时就应当考虑采取一些必要的工艺措施来进行预防，如对钢件进行调质处理，对铸铝件进行退火处理，对不能用热处理方法解决的，可考虑采用粗加工、精加工及对称去除余量等常规方法。

此外，还应分析零件所要求的加工精度、尺寸公差等是否得到保证、有无引起矛盾的多余尺寸或影响工序安排的封闭尺寸等。

4. 零件毛坯的工艺性分析

零件在进行数控铣削加工时，由于加工过程的自动化，使得余量的大小、如何装夹等问题在设计毛坯时就要仔细考虑好。否则，如果毛坯不适合数控铣削加工，就很难进行下去。根据实际中的使用经验，下列几方面应该作为零件毛坯工艺性分析的要点。

（1）毛坯应该有充分、稳定的加工余量。毛坯主要指锻件、铸件，因为模锻时的欠压量和允许的错模量会造成余量的大小不等；铸造时也会因为砂型误差、收缩量和金属液体流动性差不能充满型腔等因素造成余量的不均匀。此外，零件毛坯的变形也会造成加工余量不充分、不稳定。因此，在采用数控加工时，其加工表面均应该留有充足的余量。

（2）分析零件毛坯的装夹适应性。主要考虑毛坯在加工时定位和夹紧的可靠性与方便性，以便在一次装夹安装中能够加工出较多的表面。对于不便于装夹的毛坯，可以考虑在毛坯上另外增加装夹余量或工艺凸台和工艺凸耳等辅助基准。如图 4.40 所示，由于工件缺少合适的定位基准，可在毛坯上铸出 3 个工艺凸耳，在凸耳上制出定位基准孔。

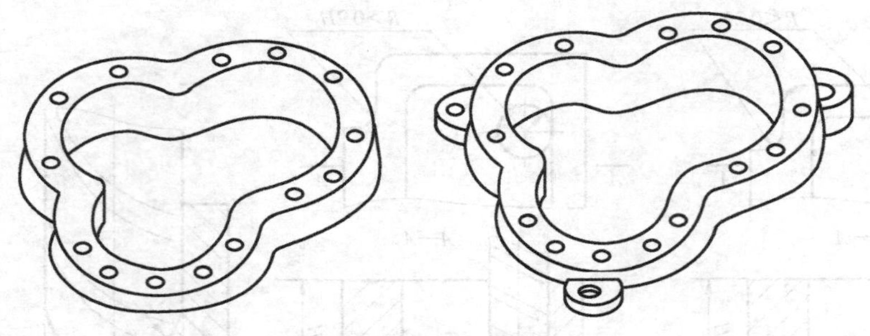

图 4.40　增加毛坯工艺凸耳

（3）分析毛坯的变形、余量大小以及均匀性。分析毛坯在加工中和加工后的变形程度，考虑是否应该采取预防性措施和补救措施。对于热轧铝板，经淬火时效后很容易在加工中和加工后产生变形，最好采用经过预拉伸处理的淬火板坯。对于毛坯余量的大小以及均匀性，主要考虑在加工中需不需要进行分层切削。

5. 数控加工路线拟定

（1）拟定原则。零件机械加工的工艺路线是指零件生产过程中，由毛坯到成品所经过的工序先后顺序。在拟定工艺路线时，除了首先考虑定位基准的选择外，还应当考虑各表面加工方法的选择、工序集中与分散的程度、加工阶段的划分、工序先后顺序的安排等问题。

① 首先需要找出零件所有的加工表面并逐一确定各表面的加工方法，其每一步相当于一个工步；然后将所有工步内容按一定原则排列成先后顺序。再确定哪些相邻工步可以划为一个工序，即进行工序的划分。最后再将所需的其他工序如传统加工工序、辅助工序、热处理工序等插入，衔接于数控加工工序序列之中，就得到了要求的工艺路线。

② 数控加工的工艺路线设计主要是几道数控加工工艺过程的概括。由于数控加工工序一般均穿插于零件加工的整个工艺过程之中。因此在工艺路线设计中，一定要兼顾传统加工工序的安排，使之与整个工艺过程协调吻合。

③ 在数控铣削加工中，工艺加工路线是指数控加工过程中刀位点相对于被加工零件的运动轨迹，即刀具从对刀点开始运动起，直至结束加工所经过的路径，它包括切削加工的路径以及刀具引入、刀具返回等非切削空行程。加工路线的确定原则是：首先必须保证被加工零件的尺寸精度和表面质量，其次考虑数值计算简单，走刀路线尽量短，效率较高等。

④ 在确定工艺加工路线时，还应考虑零件的加工余量和机床、刀具的刚度，确定是一次走刀，还是多次走刀来完成切削加工，并确定在数控铣削加工中是采用逆铣加工还是顺铣加工等。

⑤ 对于点位控制的数控机床，只要求定位精度较高，定位过程应该尽可能快，所以刀具相对于零件的运动路线是无关紧要的。因此，此类机床应该按加工运行路线最短来安排工艺加工路线，并且还要考虑加工时刀具的轴向运动尺寸，该尺寸的大小由被加工零件的孔深决定，同时还要考虑一些辅助尺寸，如刀具的引入距离和超越量。

（2）拟定方法。

① 铣削外轮廓的加工路线。铣削平面零件外轮廓时，一般采用立铣刀侧刃切削。刀具切入工件时，应避免沿零件外轮廓的法向切入，而应沿切削起始点的延伸线逐渐切入工件，保证零件曲线的平滑过渡。同理，在切离工件时，也应避免在切削终点处直接抬刀，要沿着切削终点延伸线逐渐切离工件，如图 4.41 所示。

② 铣削外圆时，要安排刀具从切向进入圆周铣削加工，当整圆加工完毕后，不要在切点处直接退刀，而应让刀具沿切线方向多运动一段距离，如图 4.42 所示。

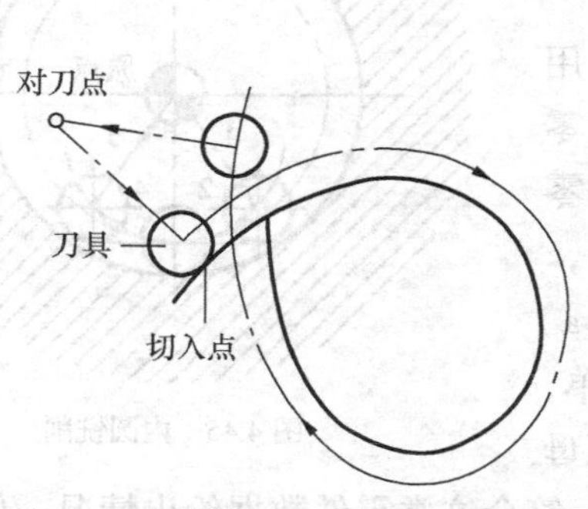

图 4.41 外轮廓加工刀具的切入和切出

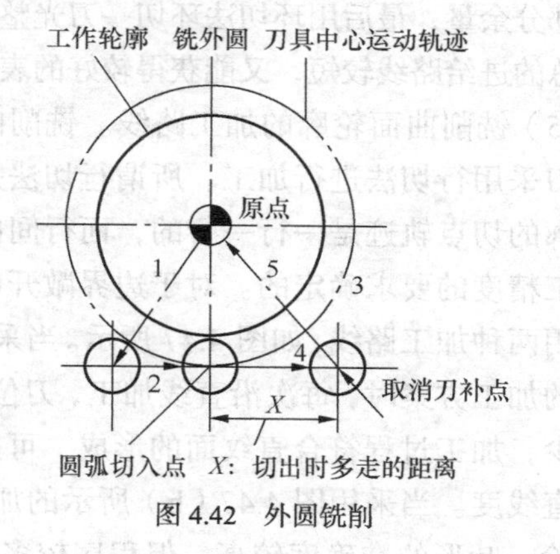

图 4.42 外圆铣削

（3）铣削内轮廓的加工路线。

① 铣削封闭的内轮廓表面，同铣削外轮廓一样，刀具同样不能沿轮廓曲线的法向切入和切出。此时若内轮廓曲线允许外延，则应沿延伸线或切线方向切入、切出。若内轮廓曲线不允许外延，刀具只能沿内轮廓曲线的法向切入、切出。此时，刀具的切入、切出点应尽量选在内轮廓曲线两几何元素的交点处，如图 4.43 所示。当内部几何元素相切无交点时，为防止刀补取消时在轮廓拐角处内轮廓加工刀具的切入和切出留下凹口，如图 4.44（a）所示，刀具切入、切出点应远离拐角，如图 4.44（b）所示。

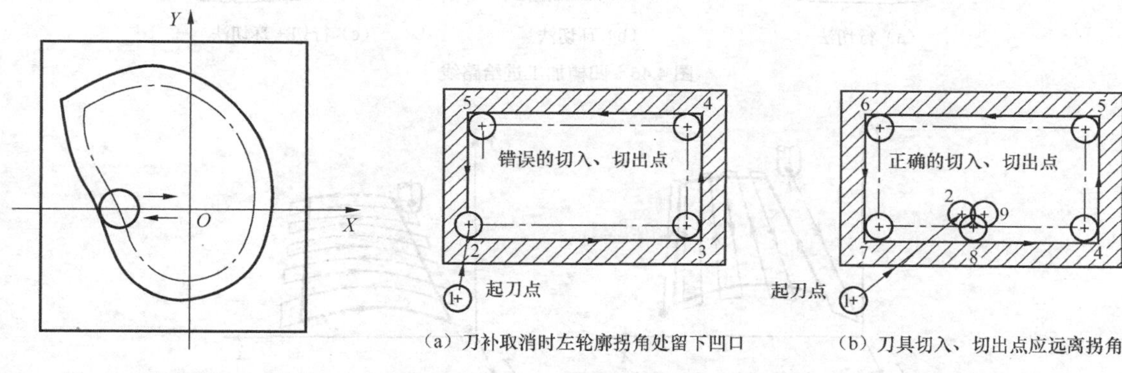

图 4.43 内轮廓加工刀具的切入和切出

（a）刀补取消时左轮廓拐角处留下凹口　（b）刀具切入、切出点应远离拐角

图 4.44 无交点内轮廓加工刀具的切入和切出

② 当用圆弧插补铣削内圆时也要遵循从切向切入、切出的原则，最好安排从圆弧过渡到圆弧的加工路线，如图 4.45 所示，这样可以提高内孔表面的加工精度和加工质量。

（4）铣削内槽的加工路线。所谓内槽是指以封闭曲线为边界的平底凹槽。这种凹槽在飞机零件上常见，一律用平底立铣刀加工，刀具圆角半径应符合内槽的图纸要求，加工路线如图 4.46 所示。

图 4.46（a）和图 4.46（b）所示分别为用行切法和环切法加工内槽。两种加工路线的共同点是都能切净内腔中的全部面积，不留死角，不伤轮廓，同时尽量减少重复进给的搭接量。不同点是行切法的进给路线比环切法短，但行切法将在每两次进给的起点与终点间留下残留面积，而达不到所要求的表面粗糙度。用环切法获得的表面粗糙度要好于行切法，但环切法需要逐次向外扩

展轮廓线，刀位点计算稍微复杂一些。

采用图 4.46（c）所示的加工路线，即先用行切法切去中间部分余量，最后用环切法环切一刀光整轮廓表面，既能使总的进给路线较短，又能获得较好的表面粗糙度。

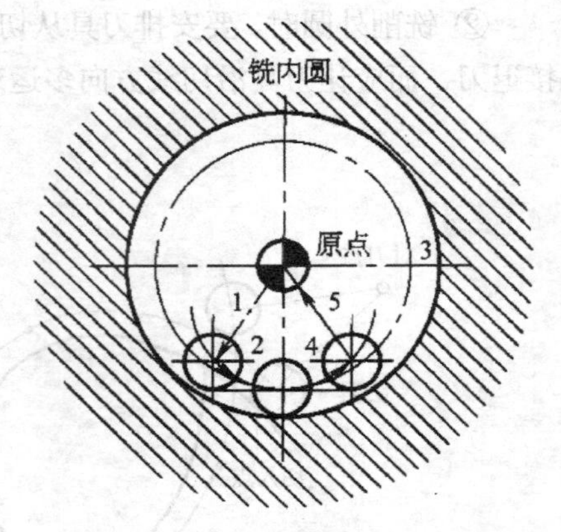

图 4.45 内圆铣削

（5）铣削曲面轮廓的加工路线。铣削曲面时，常用球头刀采用行切法进行加工。所谓行切法是指刀具与零件轮廓的切点轨迹是一行一行的，而行间的距离是按零件加工精度的要求确定的。对于边界敞开的曲面加工，可采用两种加工路线，如图 4.47 所示。当采用图 4.47（a）所示的加工方案时，每次沿直线加工，刀位点计算简单，程序少，加工过程符合直纹面的形成，可以准确保证母线的直线度。当采用图 4.47（b）所示的加工方案时，符合这类零件数据给出情况，便于加工后检验，叶形的准确度较高，但程序较多。由于曲面零件的边界是敞开的，没有其他表面限制，所以曲面边界可以延伸，球头刀应由边界外开始加工。当边界不敞开时，确定进给路线要另行处理。

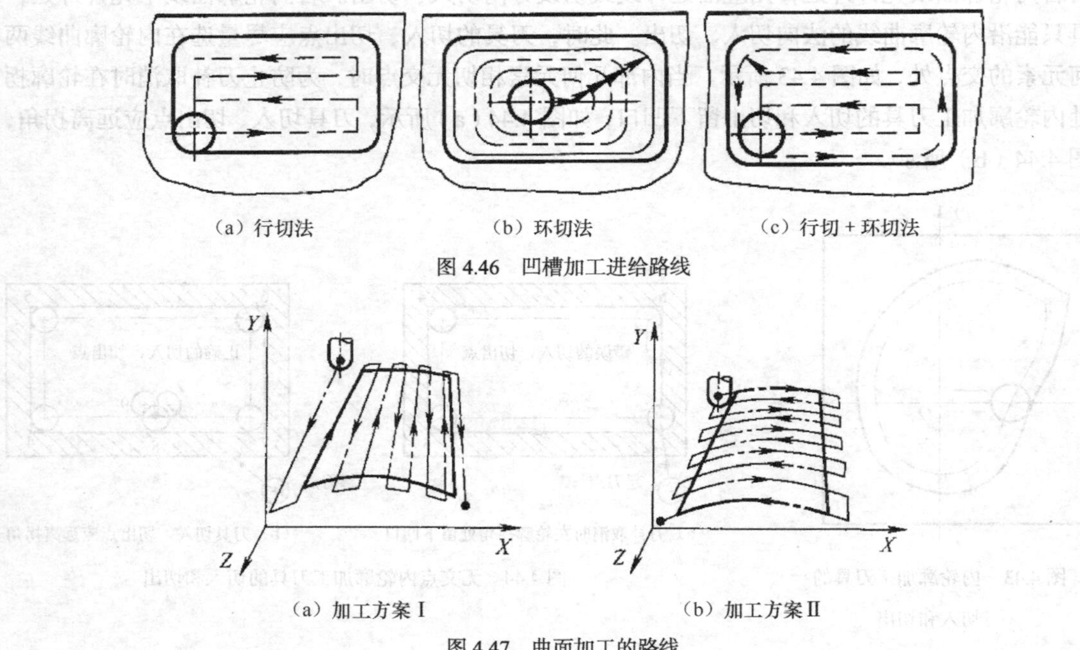

图 4.46 凹槽加工进给路线

图 4.47 曲面加工的路线

此外，轮廓加工中应避免进给停顿，否则会在轮廓表面留下刀痕；若在被加工表面范围内垂直下刀和抬刀，也会划伤表面。

为提高工件表面的精度和减小粗糙度，可以采用多次走刀的方法，精加工余量一般以 0.2～0.5mm 为宜。

选择工件在加工后变形小的走刀路线。对横截面积小的细长零件或薄板零件，应采用多次走刀加工达到最后尺寸，或采用对称去余量法安排走刀路线。

6. 数控加工方法的选择

铣削加工方法的选择原则：保证加工表面的加工精度和表面粗糙度的要求。由于获得同一级精度及表面粗糙度的加工方法一般有多种，因而在实际选择时，要结合零件的形状、尺寸的大小、热处理要求等综合因素。

（1）常用加工方法的经济加工精度与表面粗糙度。

① 对于平面、平面轮廓与曲面的铣削加工，经过粗铣加工的平面，尺寸精度可达 IT12 ~ IT14 级（指两平面之间的尺寸），表面粗糙度 *Ra* 值可达 12.5 ~ 25μm 经过精铣加工的平面，尺寸精度可达 IT7 ~ IT9 级，表面粗糙度 *Ra* 值可达 1.6 ~ 3.2μm。

② 对于直径大于 ϕ30mm 的已铸出或锻出的毛坯孔的加工，一般采用粗镗—半精镗—孔倒角—精镗的加工方案。孔径较大的可采用立铣刀粗铣—精铣加工方案。有空刀槽时可用锯片铣刀在半精镗之后与精镗之前铣削完成，也可用镗刀进行单刀镗削，但单刀镗削效率较低。

③ 对于直径小于 ϕ30mm 的无毛坯孔的加工，通常采用锪平端面→打中心孔→钻→扩→孔倒角→铰孔的加工方案，对有同轴度要求的小孔，需要采用锪平端面→打中心孔→钻→半精镗→孔倒角→精镗（或铰孔）的加工方案。为提高孔的位置精度，在钻孔工步前需安排锪平端面和打中心孔工步。孔倒角安排在半精加工之后与精加工之前，以防孔内产生毛刺。

④ 螺纹的加工根据孔径的大小，一般情况下，M6 ~ M20 的螺纹，通常采用攻螺纹的方法加工。M6 以下的螺纹，在完成基孔（俗称底孔）加工后再通过其他手段加工螺纹。M20 以上的螺纹，可采用镗刀镗削加工。

（2）加工方法的选择。

① 回转体类零件的加工。这类零件采用数控车床或数控磨床进行加工。其毛坯多为棒料或锻坯，加工余量较大且不均匀，粗车的走刀路线是编程时主要考虑的。

② 孔系零件的加工。孔系零件一般采用钻、铰、镗等加工方法，设备选择为数控铣床、数控镗床或加工中心，其尺寸精度主要由刀具保证，位置精度主要靠数控机床自身的定位精度来保证。从功能上讲，数控铣床和加工中心覆盖了数控钻床和数控镗床，这使得数控钻床没有了生存的市场空间，这也是没有选择数控钻床的原因。目前，对于一般单工序的简单孔系加工，通常采用数控铣床或数控镗床来完成；对于复合工序的复杂孔系的加工，一般采用加工中心尽可能在一次装夹下，通过自动换刀依次加工完成。

③ 平面或曲面轮廓零件的加工。这类零件需要两坐标联动或三坐标联动进行插补才能进行加工，通常在数控铣床或加工中心上完成。图 4.48 所示为常见的平板凸轮，其轮廓加工只需要两坐标联动即可完成加工；图 4.49 所示为飞机压气机转子，其曲面的加工在三坐标联动的基础上还需辅助转轴才能实现。

图 4.48 平板凸轮

图 4.49 飞机压气机转子

④ 曲面型腔零件的加工。曲面类型腔一般是模具的型腔，其型腔表面多为不规则的复杂曲面，且表面质量和尺寸精度要求较高。数控加工时，可根据零件材料的硬度选择具体的加工方法。当材料硬度不高时（如塑料模和橡胶模），通常采用数控铣床或加工中心进行加工；当材料硬度很高时（如锻模和冲压模），需在淬硬前进行粗铣，淬火后进行电火花成型加工。随着刀具材料技术发展，高速铣削技术得以推广，高硬度模具型腔的加工逐步由高速铣削加工来完成，即在淬硬前粗铣，淬硬后进行高速精铣。

⑤ 贯通轮廓零件的加工。对于轮廓贯通的零件（如冲压模和内外凸轮）的加工一般采用数控线切割机床进行加工。这种特种加工方法可以加工零件上任何复杂形状的、贯通的内外轮廓，只要零件的材料是导体或半导体就可以，加工不受零件硬度高低的限制，且加工余量少、精度高。

⑥ 薄板类零件的加工。该类零件的加工可以根据零件的形状，选择数控剪板机、数控板料折弯机或数控冲压机来完成。采用数控冲压技术，可以用小模具冲压加工形状复杂的大工件，能在一次装夹中自动完成多次冲压动作；还可以利用排样软件，在保证精度的同时获得高的材料利用率。

（3）顺铣和逆铣。顺铣和逆铣与切削方向、切削方式的选择有关：铣刀的旋转方向与工件的进给方向相同时称为顺铣，相反时称为逆铣。

① 顺铣、逆铣的特点。如图 4.50（a）所示，逆铣时，刀具从加工表面切入，切削厚度逐渐增大，刀具的刀齿容易磨损，而且刀具切离工件时的垂直分力 F_v 方向会使工件脱离工作台，因此需要较大的夹紧力。顺铣时，如图 4.50（b）所示，刀具从待加工表面切入，切削厚度逐渐减小，刀具切离工件时的垂直分力 F_v 方向会使工件始终压向工作台，减小了工件在加工中的振动，因而能够提高零件的加工精度、表面加工质量和刀具的耐用度。

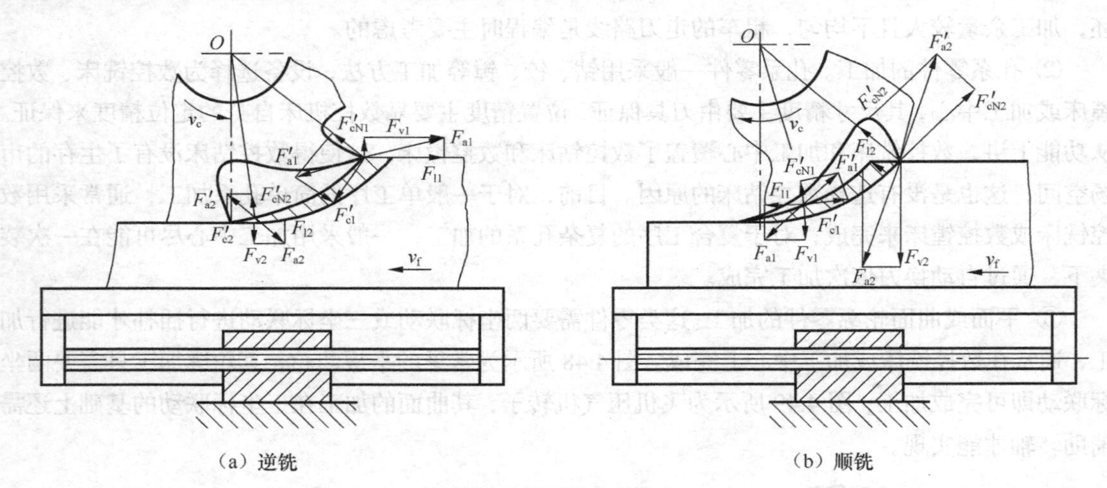

图 4.50 顺铣与逆铣

② 顺铣、逆铣的确定。铣削加工时，采用顺铣还是采用逆铣，应该根据零件的加工要求、被加工零件的材料特点以及机床刀具的具体条件综合考虑，确定原则与普通加工类同。当零件表面有硬皮，机床的进给机构有间隙时，应该选用逆铣，按照逆铣方式安排加工进给路线，因为逆铣符合粗铣的要求。所以，对于余量大、硬度高的零件加工，粗铣时尽量选用逆铣；当零件表面无硬皮、机床的进给机构无间隙时，应该选用顺铣。在加工中应尽量采用顺铣。

在主轴正向旋转，刀具为右旋铣刀时，顺铣符合数控系统指令代码中的左刀补（G41），逆铣符合数控系统指令代码中的右刀补（G42）。所以，在一般情况下，精铣使用 G41 指令代码来建立刀具半径补偿，粗铣使用 G42 指令代码来建立刀具半径补偿。

➤ 训练与提高

（1）制订数控铣削加工工艺方案时应遵循哪些基本原则？

（2）数控加工方法的选择原则有哪些？

（3）什么是顺铣，什么是逆铣？选择采用顺铣还是逆铣的方法是什么？

课题二　数控铣床和加工中心编程方法

由于数控系统的不同，它们的 G 指令也存在一些差别，但基本指令基本一致，只是在个别指令上存在一些差别，在学习和编程时最好对比使用，开阔思路，做到举一反三。本课题以 FANUC 0i Mate-MC 数控系统为例。编程指令如表 4.1 所示

表 4.1　　FANUC 0i Mate-MC 系统使用的准备功能

G 代 码	分　组	功　能	
*G00	01	定位（快速移动）	
*G01	01	直线插补（进给速度）	
G02	01	顺时针圆弧插补/螺旋线插补 CW	
G03	01	逆时针圆弧插补/螺旋线插补 CW	
G04	00	停刀，准确停止	
G05.1	00	AI 先行控制	
G08	00	先行控制	
G09	00	准确停止	
G10	00	可编程数据输入	
G11	00	可编程数据输入方式取消	
G15	17	极坐标指令取消	
G16	17	极坐标指令	
*G17	02	选择 X_P Y_P 平面	X_P：X 轴或其平行轴 Y_P：Y 轴或其平行轴 Z_P：Z 轴或其平行轴
G18	02	选择 Z_P X_P 平面	
G19	02	选择 Y_P Z_P 平面	
G20	06	英寸输入	
G21	06	毫米输入	
G22	04	存储行程检测功能有效	
G23	04	存储行程检测功能有效	
G27	00	返回并检查参考点	
G28	00	返回参考点	
G29	00	从参考点返回	
G30	00	返回第 2，3，4 参考点	
G31	00	跳转功能	
G33	01	螺纹切削	
G37	00	自动刀具长度测量	

续表

G 代 码	分 组	功 能
G39	00	拐角偏置圆弧插补
*G40	07	取消刀具半径补偿/三维补偿取消
G41	07	左侧刀具半径补偿/三维补偿
G42	07	右侧刀具半径补偿
G43	08	正向刀具长度补偿
G44	08	负向刀具长度补偿
G45	00	刀具偏置值增加
G46	00	刀具偏置值减小
G47	00	2 倍刀具偏置值
G48	00	1/2 倍刀具偏置值
*G49	08	取消刀具长度补偿
G50	11	比例缩放取消
G51	11	比例缩放有效
G51.1	22	可编程镜像取消
G51.1	22	可编程镜像有效
G52	00	局部坐标系设定
G53	00	选择机床坐标系
*G54	14	选用工件坐标系 1
G54.1	14	选择附加工件坐标系
G55	14	选用工件坐标系 2
G56	14	选用工件坐标系 3
G57	14	选用工件坐标系 4
G58	14	选用工件坐标系 5
G59	14	选用工件坐标系 6
G60	00/01	单方向定位
G61	15	准确停止方式
G62	15	自动拐角倍率
G63	15	攻丝方式
*G64	15	切削方式
G65	00	宏程序调用
G66	12	模态宏程序调用
*G67	12	宏程序模态调用取消
G68	16	坐标旋转/三维坐标转换
G69	16	坐标旋转取消/三维坐标转换取消
G73	09	排屑钻孔循环
G74	09	左旋攻丝循环
G76	09	精镗循环
*G80	09	固定循环取消/外部操作功能取消
G81	09	钻孔循环、锪镗循环或外部操作功能
G82	09	钻孔循环或反镗循环
G83	09	排屑钻孔循环
G84	09	攻丝循环
G85	09	镗孔循环

续表

G 代 码	分 组	功 能
G86	09	镗孔循环
G87	09	背镗循环
G88	09	镗孔循环
G89	09	镗孔循环
*G90	03	绝对值编程
*G91	03	增量值编程
G92	00	工件坐标系预置
G94	05	每分进给
G95	05	每转进给
G96	13	恒表面速度控制
G97	13	恒表面速度控制取消
*G98	10	固定循环返回初始点
G99	10	固定循环返回 R 点

任务 1 常用基本编程指令

1. 快速移动指令 G00

（1）指令格式。

G00 X___ Y___ Z___;

（2）指令说明。

① G00 指令使刀具以机床给定的快速进给速度移动到程序段指定点的位置，又称为点定位指令。

② 刀具运动轨迹与各轴快速移动速度有关。

③ 刀具在起始点开始加速，直至达到预定的速度，到达指定点前减速定位。

2. 直线插补指令 G01

（1）指令格式。

G01 X___Y___ Z___ F___;

（2）指令说明。

① G01 指令使刀具以程序中设定的进给速度从所在点出发，直线插补至指定点。

② F 代码是模态代码，在没有新的 F 代码替代前一直有效。

③ 各轴实际的进给速度值是 F 速度在该轴方向上的投影分量。

④ G90 或 G91 指令可以分别采用绝对坐标或增量坐标编程。

3. 圆弧插补指令 G02、G03

指令格式分别如下。

（1）*XY* 平面。用圆弧终点坐标和圆心坐标表示时的指令格式：

$$G17\begin{Bmatrix}G02\\G03\end{Bmatrix}X\_\ Y\_\ I\_\ J\_\ F\_;$$

用圆弧终点坐标和圆弧半径 *R* 表示时的指令格式：

$$G17\begin{Bmatrix}G02\\G03\end{Bmatrix}X\_\ \ Y\_\ \ R\_\ \ F\_;$$

（2）*ZX*平面。

$$G18\begin{Bmatrix}G02\\G03\end{Bmatrix}X\_\ \ Z\_\ \ \begin{Bmatrix}R\_\\I\_K\_\end{Bmatrix}\ \ F\_;$$

（3）*YZ*平面。

$$G19\begin{Bmatrix}G02\\G03\end{Bmatrix}X\_\ \ Z\_\ \ \begin{Bmatrix}R\_\\J\_K\_\end{Bmatrix}\ \ F\_;$$

指令说明。

① *X*、*Y*、*Z* 为圆弧终点坐标值，如果采用增量坐标方式 G91，则 *X*、*Y*、*Z* 表示圆弧终点相对于圆弧起点在各坐标轴方向上的增量。

② *I*、*J*、*K* 表示圆弧圆心相对于圆弧起点在各坐标轴方向上的增量，与 G90 或 G91 的定义无关。

③ *R* 是圆弧半径，当圆弧所对应的圆心角为 0°～180°时，*R* 取正值；圆心角为 180°～360° 时，*R* 取负值。

④ *I*、*J*、*K* 的值为零时可以省略；在同一程序段中，如果 *I*、*J*、*K* 与 *R* 同时出现，则 *R* 有效，如图 4.51 和图 4.52 所示。

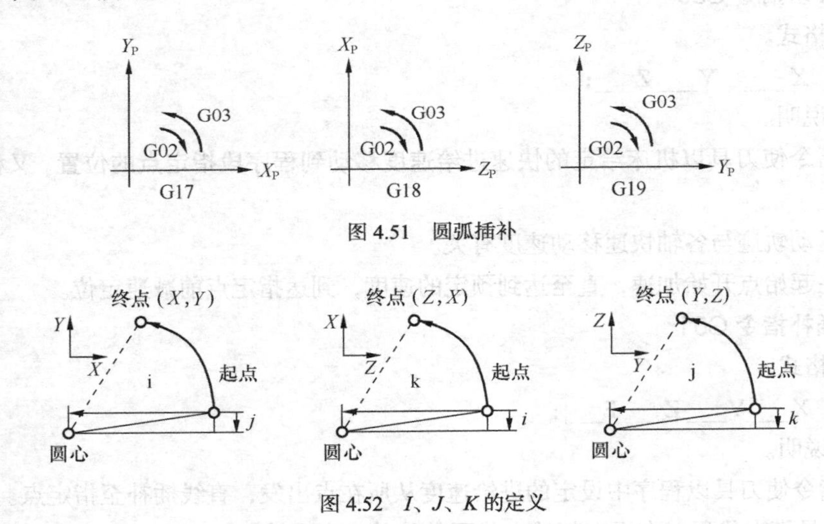

图 4.51　圆弧插补

图 4.52　*I*、*J*、*K* 的定义

4. 刀具半径补偿指令

（1）指令格式。

G41(G42、G40)G01(G00)X___Y___H(或 D)___;

（2）指令说明。

① X___Y___ 表示刀具移动至工件轮廓上点的坐标值。

② H(或 D)___为刀具半径补偿寄存器地址符，寄存器存储刀具半径补偿值。

③ G41 为刀具半径左补偿指令；G42 为刀具半径右补偿指令。必须通过 G00 或 G01 运动指令才能建立刀具半径补偿。图 4.53（a）所示为刀具半径左补偿，图 4.53（b）所示为刀具半径右补偿。

5. 刀具长度补偿 G43、G44、G49 指令

（1）指令格式。

$$\begin{Bmatrix} G43 \\ G44 \\ G49 \end{Bmatrix} Z\_\_\ H\_\_;$$

（2）指令说明。

① 对刀具的长度进行补偿，G43 指令为刀具长度正补偿，G44 指令为刀具长度负补偿，G49 指令为取消刀具长度补偿。

② Z 值是指程序中的指令值，H 为刀具长度补偿代码，后面两位数字是刀具长度补偿寄存器的地址符，如图 4.54 所示。

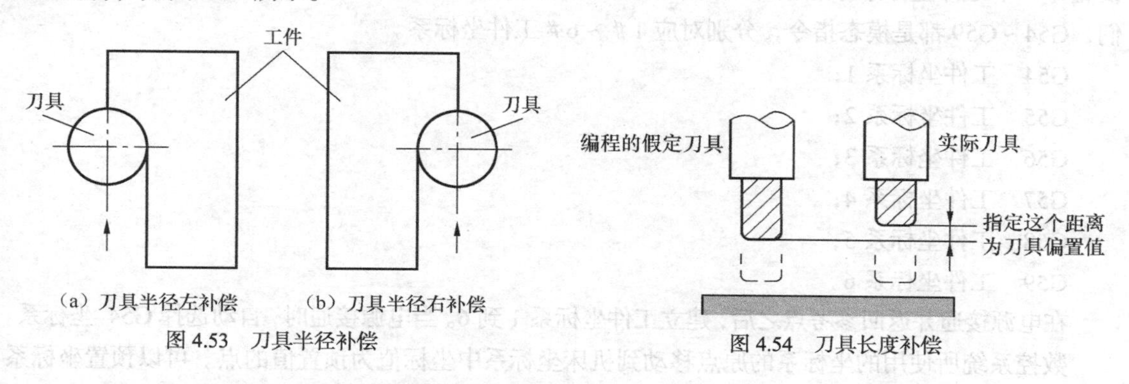

图 4.53 刀具半径补偿

图 4.54 刀具长度补偿

6. 绝对值编程 G90 指令和增量值编程 G91 指令

（1）指令格式。

$$\begin{Bmatrix} G90 \\ G91 \end{Bmatrix}$$

（2）指令说明。

① G90 指令：绝对坐标输入方式。

② G91 指令：增量坐标输入方式。

G90 指令建立绝对坐标输入方式，移动指令目标点的坐标值（X，Y，Z）表示刀具离开工件坐标系原点的距离；G91 指令建立增量坐标输入方式，移动指令目标点的坐标值（X，Y，Z）表示刀具离开当前点的坐标增量。

7. 设定工件坐标系 G92 指令

（1）指令格式。

G92 X__Y__Z__;

（2）指令说明。用设定工件坐标系 G92 指令在机床上建立工件坐标系（也称编程坐标系），如图 4.55 所示。坐标值 X，Y，Z 为刀具刀位点在工件坐标系中的坐标值（也称起刀点或换刀点）；操作者必须于工件安装后检查或调整刀具刀位点，以确保机床上设定的工件坐标系与编程时在零件上所规定的工件坐标系在位置上重合一致；对于尺寸较复杂的工件，为了计算简单，在编程中可以任意改变工件坐标系的程序零点。

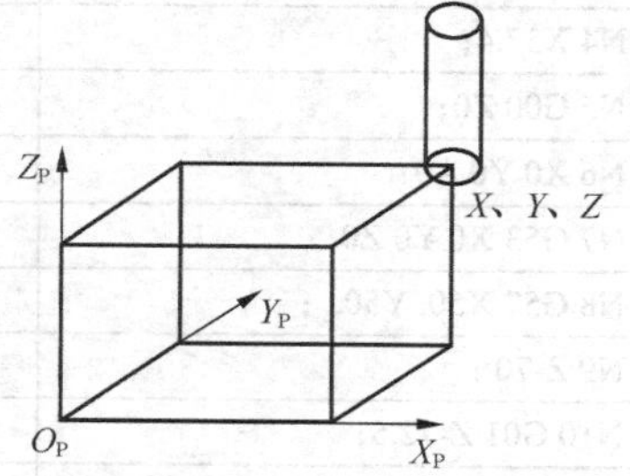

图 4.55 用 G92 指令设定的工件坐标系

8. 设定工件坐标系 G54～G59 指令

（1）指令格式。

$$\left\{\begin{array}{l} G54 \\ G55 \\ G56 \\ G57 \\ G58 \\ G59 \end{array}\right\}$$

（2）指令说明。在机床中，我们可以选择六个工件坐标系，通过在 CRT-MDI 面板上的操作，设置每一个工件坐标系原点相对于机床坐标系原点的偏移量，然后使用 G54～G59 指令来选用它们，G54～G59 都是模态指令，分别对应 1＃～6＃工件坐标系。

G54　工件坐标系 1；

G55　工件坐标系 2；

G56　工件坐标系 3；

G57　工件坐标系 4；

G58　工件坐标系 5；

G59　工件坐标系 6。

在电源接通并返回参考点之后，建立工件坐标系 1 到 6。当电源接通时，自动选择 G54 坐标系。

数控系统所使用的坐标系的原点移动到机床坐标系中坐标值为预置值的点。可以预置坐标系偏移量。如下例：

预置 1＃工件坐标系偏移量：X-150.000　Y-210.000　Z-90.000；

预置 4＃工件坐标系偏移量：X-430.000　Y-330.000　Z-120.000；

坐标系设置方法如表 4.2 所示。

表 4.2　坐标系设置方法

程序段内容	终点在机床坐标系中的坐标值	注　释
N1 G90 G54 G00 X50. Y50.;	X-100, Y-160	选择 1＃坐标系，快速定位
N2 Z-70.;	Z-160	
N3 G01 Z-72.5 F100;	Z-160.5	直线插补，F 值为 100
N4 X37.4;	X-112.6	（直线插补）
N5 G00 Z0;	Z-90	快速定位
N6 X0 Y0 A0;	X-150, Y-210	
N7 G53 X0 Y0 Z0;	X0, Y0, Z0	选择使用机床坐标系
N8 G57 X50. Y50. ;	X-380, Y-280	选择 4＃坐标系
N9 Z-70.;	Z-190	
N10 G01 Z-72.5;	Z-192.5	直线插补，F 值为 100 （模态值）
N11 X37.4;	X392.6	
N12 G00 Z0;	Z-120	
N13 G00 X0 Y0;	X-430, Y-330	

从以上举例可以看出，G54～G59 指令的作用就是将 CNC 所使用的坐标系的原点移动到机床坐标系中坐标值为预置值的点。

在机床的数控编程中，插补指令和其他与坐标值有关的指令中的IP_除非有特指外，都是指在当前坐标系中(指令被执行时所使用的坐标系)的坐标位置。大多数情况下，当前坐标系是G54～G59中之一（G54为上电时的初始模态），直接使用机床坐标系的情况不多。

➤ 训练与提高

（1）如图4.56所示，试根据自己设定的刀具运动方向，判断刀具在加工工件外轮廓(见图4.56（a）)和内轮廓（见图4.56（b））时，是使用指令G41还是G42。

（2）如图4.57所示零件简图，试根据图样形状，编制简单的程序。

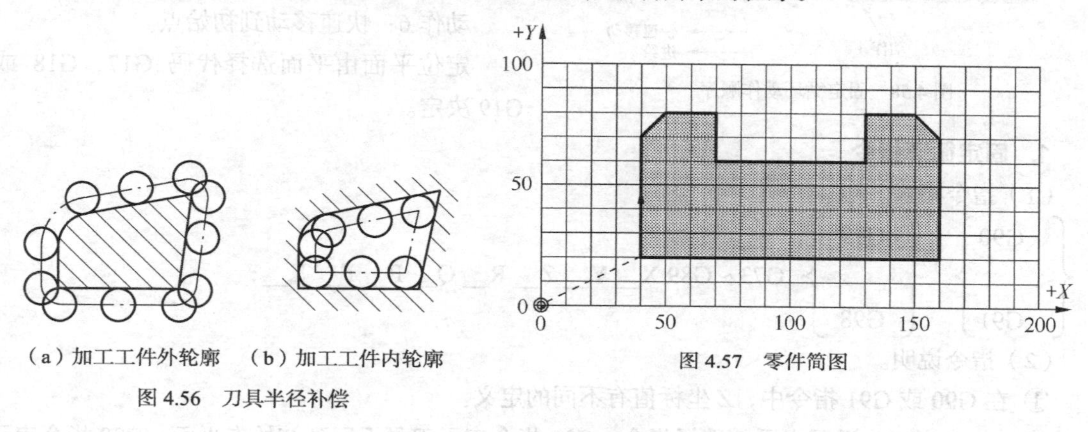

（a）加工工件外轮廓　（b）加工工件内轮廓

图4.56　刀具半径补偿

图4.57　零件简图

任务2　常用固定循环指令

固定循环使编程变得容易。用固定循环，频繁使用的加工操作可以用G功能在单程序段中指令；没有固定循环，一般要求写多个程序段。另外，固定循环能缩短程序，节省存储器。固定循环功能特点如表4.3所示。

表4.3　固定循环功能特点

G代码	钻　削(−Z方向)	在孔底的动作	回　退(+Z方向)	应　用
G73	间歇进给	—	快速移动	高速深孔钻循环
G74	切削进给	停刀→主轴正转	切削进给	左旋攻丝循环
G76	切削进给	主轴定向停止	快速移动	精镗循环
G80	—	—	—	取消固定循环
G81	切削进给	—	快速移动	钻孔循环，点钻循环
G82	切削进给	停刀	快速移动	钻孔循环，锪镗循环
G83	间歇进给	—	快速移动	深孔钻循环
G84	切削进给	停刀→主轴反转	切削进给	攻丝循环
G85	切削进给	—	切削进给	镗孔循环
G86	切削进给	主轴停止	快速移动	镗孔循环
G87	切削进给	主轴正转	快速移动	背镗循环
G88	切削进给	停刀→主轴停止	手动移动	镗孔循环
G89	切削进给	停刀	切削进给	镗孔循环

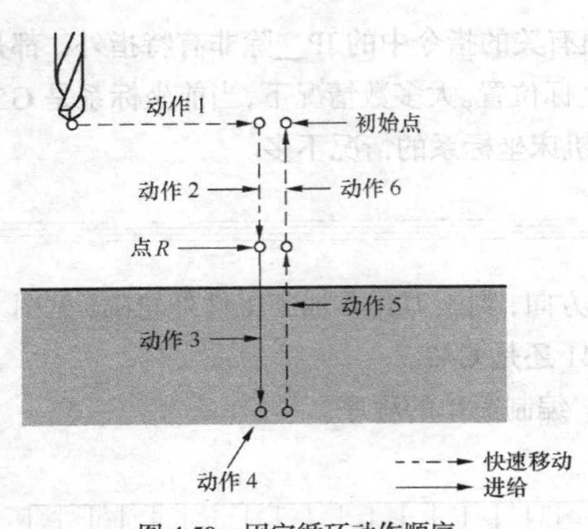

图 4.58　固定循环动作顺序

固定循环动作顺序，如图 4.58 所示。

固定循环由 6 个顺序的动作组成。

动作 1：*X* 轴和 *Y* 轴的定位（还可包括另一个轴）。

动作 2：快速移动到点 *R*。

动作 3：孔加工。

动作 4：在孔底的动作。

动作 5：返回到点 *R*。

动作 6：快速移动到初始点。

定位平面由平面选择代码 G17，G18 或 G19 决定。

1. 固定循环指令

（1）指令格式。

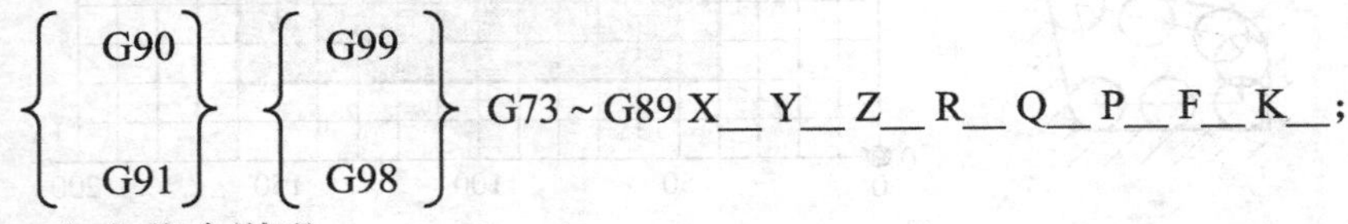

（2）指令说明。

① 在 G90 或 G91 指令中，*Z* 坐标值有不同的定义。

② G98、G99 为返回点平面选择指令，G98 指令表示刀具返回到初始点平面，G99 指令表示刀具返回到点 *R* 平面。

③ X__ Y__ 指定加工孔的位置（与 G90 或 G91 指令的选择有关），Z__ 指定孔底平面的位置（与 G90 或 G91 指令的选择有关）。

④ R__ 指定点 *R* 平面的位置（与 G90 或 G91 指令的选择有关）。

⑤ Q__ 在 G73 或 G83 指令中定义每次进刀加工深度，在 G76 或 G87 指令中定义位移量，Q 值为增量值，与 G90 或 G91 指令的选择无关。

⑥ P__ 指定刀具在孔底的暂停时间，用整数表示，单位为 ms。

⑦ F__ 指定孔加工切削进给速度，该指令为模态指令，即使取消了固定循环，在其后的加工程序中仍然有效。

⑧ K__ 指定孔加工的重复加工次数，执行一次时，K 可以省略。

2. 高速深孔往复排屑钻孔指令（G73）

（1）指令格式。

G73 X__ Y__ Z__ R__ Q__ P__ F__;

（2）指令说明。孔加工动作如图 4.59（a）所示。G73 指令用于深孔钻削，*Z* 轴方向的间断进给有利于深孔加工过程中断屑与排屑。指令 Q 为每一次进给的加工深度（增量值且为正值），图中退刀距离“*d*”由数控系统内部设定。

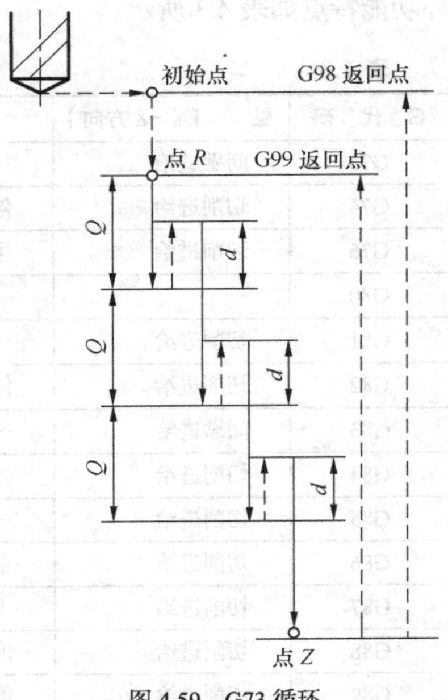

图 4.59　G73 循环

3. 深孔往复排屑钻孔指令（G83）

（1）指令格式。

G83 X__ Y__ Z__ R__ Q__ F__;

（2）指令说明。孔加工动作如图 4.60 所示。与 G73 指令略有不同的是每次刀具间歇进给后回退至点 *R* 平面，这种退刀方式排屑畅通，此处的“d”表示刀具间断进给每次下降时由快进转为工进的那一点至前一次切削进给下降的点之间的距离，“d”值由数控系统内部设定。这种钻削方式适宜加工深孔。

4. 钻孔指令与锪孔指令（G81，G82）

（1）指令格式。

G81 X__ Y__ Z__ R__ F__;

G82 X__ Y__ Z__ R__ P__ F__;

（2）指令说明。如图 4.61 所示，G82 与 G81 指令相比较唯一不同之处是 G82 指令在孔底增加了暂停，因而适用于锪孔或镗阶梯孔，提高了孔台阶表面的加工质量，而 G81 指令只用于一般要求的钻孔。

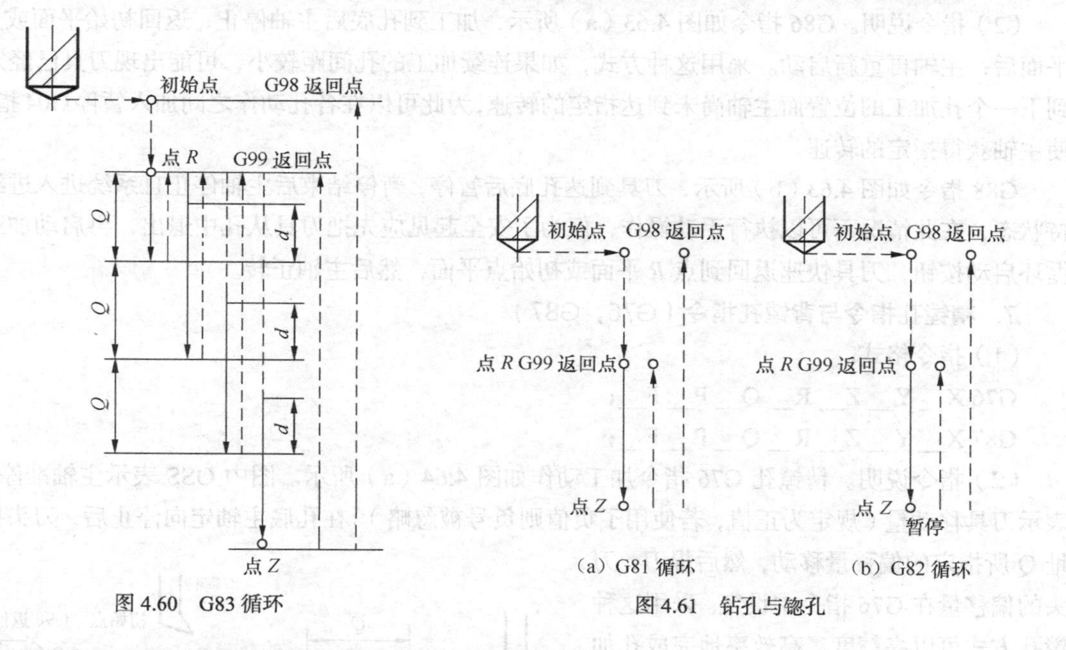

图 4.60　G83 循环

图 4.61　钻孔与锪孔

5. 精镗孔指令与精镗阶梯孔指令（G85，G89）

（1）指令格式。

G85 X__ Y__ Z__ R__ F__;

G89 X__ Y__ Z__ R__ P__ F__;

（2）指令说明。如图 4.62 所示，这两种孔加工方式，刀具以切削进给的方式加工到孔底，然后又以切削进给的方式返回 R 点平面，因此适用于精镗孔等情况，G89 指令在孔底增加了暂停，提高了阶梯孔台阶表面的加工质量。

6. 镗孔指令（G86，G88）

（1）指令格式。

G86 X__ Y__ Z__ R__ F__;

G88 X__ Y__ Z__ R__ P__ F__;

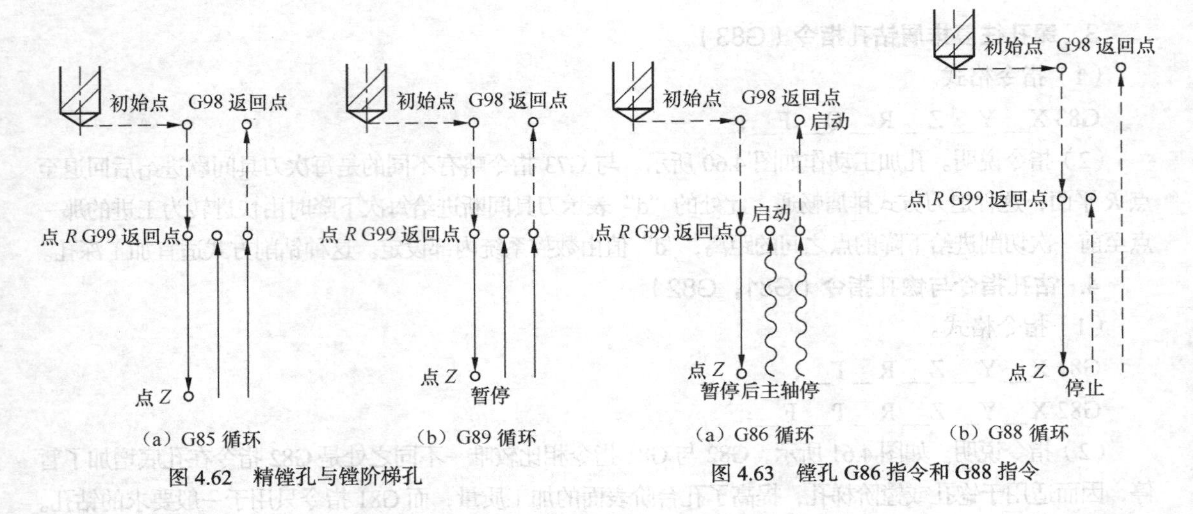

（a）G85 循环　（b）G89 循环

图 4.62　精镗孔与镗阶梯孔

（a）G86 循环　（b）G88 循环

图 4.63　镗孔 G86 指令和 G88 指令

（2）指令说明。G86 指令如图 4.63（a）所示，加工到孔底后主轴停止，返回初始平面或点 R 平面后，主轴再重新启动。采用这种方式，如果连续加工的孔间距较小，可能出现刀具已经定位到下一个孔加工的位置而主轴尚未到达指定的转速，为此可以在各孔动作之间加入暂停 G04 指令，使主轴获得指定的转速。

G88 指令如图 4.63（b）所示，刀具到达孔底后暂停，暂停结束后主轴停止且系统进入进给保持状态，在此情况下可以执行手动操作，但为了安全起见应先把刀具从孔中退出，再启动加工按循环启动按钮，刀具快速返回到点 R 平面或初始点平面，然后主轴正转。

7. 精镗孔指令与背镗孔指令（G76，G87）

（1）指令格式。

G76 X__ Y__ Z__ R__ Q__ P__ F__;

G87 X__ Y__ Z__ R__ Q__ P__ F__;

（2）指令说明。精镗孔 G76 指令加工动作如图 4.64（a）所示。图中 OSS 表示主轴准停，Q 表示刀具移动量（规定为正值，若使用了负值则负号被忽略）。在孔底主轴定向停止后，刀头按地址 Q 所指定的偏移量移动，然后提刀，刀头的偏移量在 G76 指令中设定。采用这种镗孔方式可以高精度、高效率地完成孔加工而不损伤工件表面。

背镗孔 G87 指令加工动作如图 4.64（b）所示，X 轴和 Y 轴定位后，主轴停止，刀具以与刀尖相反方向按指令 Q 设定的偏移量偏位移，并快速定位到孔底，在该位置刀具按原偏移量返回，然后主轴正转，沿 Z 轴正向加工到点 Z，在此位置主轴再次停止后，刀具再次按原偏移量反向位移，然后主轴向上快速移动到达初始平面，并按原偏移量返回后主轴正转，继续执行下一个程序段。采用这种循环方式，刀具只

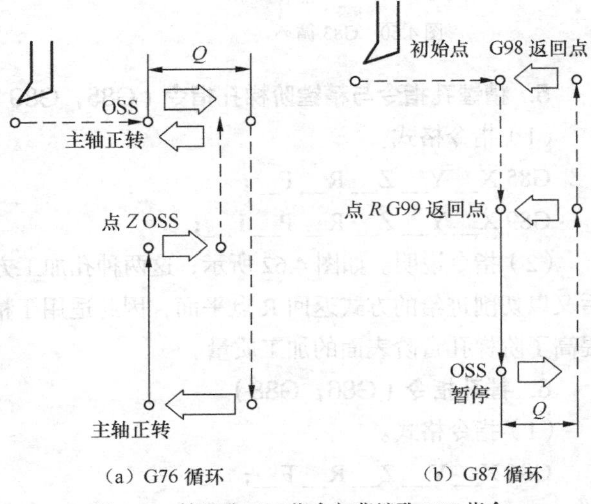

（a）G76 循环　（b）G87 循环

图 4.64　精镗孔 G76 指令与背镗孔 G87 指令

能返回到初始平面而不能返回到点 *R* 平面。

8. 左旋攻丝循环指令（G74）

（1）指令格式。

G74 X__ Y__ Z__ R__ P__ F__ K__;

（2）指令说明。如图 4.65 所示，该循环加工一个反螺纹。在左旋攻丝循环中，用主轴逆时针旋转执行攻丝，当到达孔底时，为了退回，主轴顺时针旋转。在左旋攻丝期间，进给倍率被忽略。进给暂停（不停止机床），直到回退动作完成。X、Y、Z、 R、 P、 F、 K 的含义同前面一致。

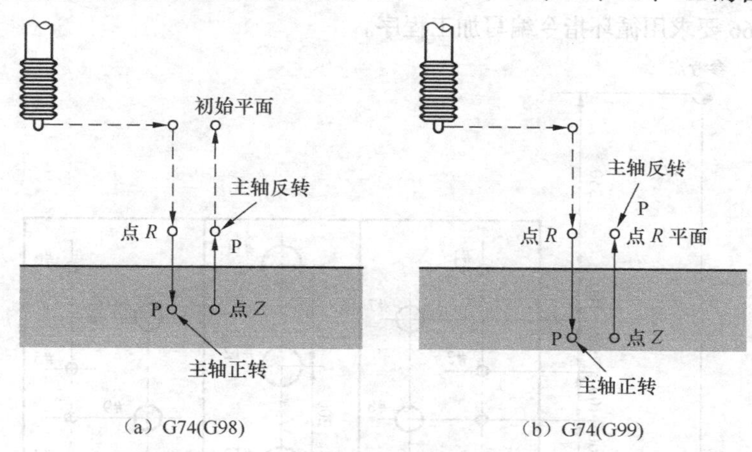

图 4.65　攻丝循环

在指定 G74 之前，使用辅助功能（M 代码）使主轴逆时针旋转。当 G74 指令和 M 代码在同一程序段中指定时，在第 1 个定位动作的同时，执行 M 代码。然后，系统处理下一个钻孔动作。当指定重复次数 *K* 时，只对第 1 个孔执行 M 代码，对第 2 个和以后的孔，不执行 M 代码。当在固定循环中指定刀具长度偏置（G43，G44 或 G49）时，在定位到点 *R* 的同时加偏置。

在改变钻孔轴之前必须取消固定循环。在没有包含 X、Y、Z、R 的程序段中，不执行钻孔。P 在执行钻孔的程序段中指定 R。如果在不执行钻孔的程序段中指定的话，它不能作为模态数据存储。不能在同一程序段中指定 01 组 G 代码（G00 到 G03 或 G60 和 G74），否则，G74 将被取消。在固定循环方式中，刀具偏置被忽略。

9. 攻丝循环指令（G84）

（1）指令格式。

G84 X__ Y__ Z__ R__ P__ F__ K__;

（2）指令说明。主轴顺时针旋转执行攻丝。当到达孔底时，为了回退，主轴以相反方向旋转。这个过程生成螺纹。在攻丝期间进给倍率被忽略。进给暂停（不停止机床），直到返回动作完成。

在指定 G84 之前，用辅助功能（M 代码）使主轴旋转。当 G84 指令和 M 代码在同一个程序段中指定时，在执行第一个定位动作的同时，执行 M 代码。然后，系统处理下一个钻孔动作。当指定重复次数 *K* 时，仅对第一个孔执行 M 代码；对第 2 个或以后的孔，不执行 M 代码。当在固定循环中指定刀具长度偏置（G43，G44 或 G49）时，在执行定位到点 *R* 的同时加偏置。

在不包含 X，Y，Z，R 的程序段中，不执行钻孔加工。P 在执行钻孔加工的程序段中指定 P。如果在不执行钻孔加工的程序段中指定，P 不能作为模态数据被贮存。不能在同一程序段中指定 01 组 G 代码（G00 到 G03 或 G60 和 G84），否则，G84 将被取消。在固定循环方式中，刀具偏置被忽略。

10. 固定循环取消（G80）

（1）指令格式。

G80;

（2）指令说明。取消所有的固定循环，执行正常的操作。点 R 和点 Z 也被取消。这意味着，在增量方式中，R=0 和 Z=0。其他钻孔数据也被取消（清除）。

训练与提高

试根据图 4.66 要求用循环指令编写加工程序。

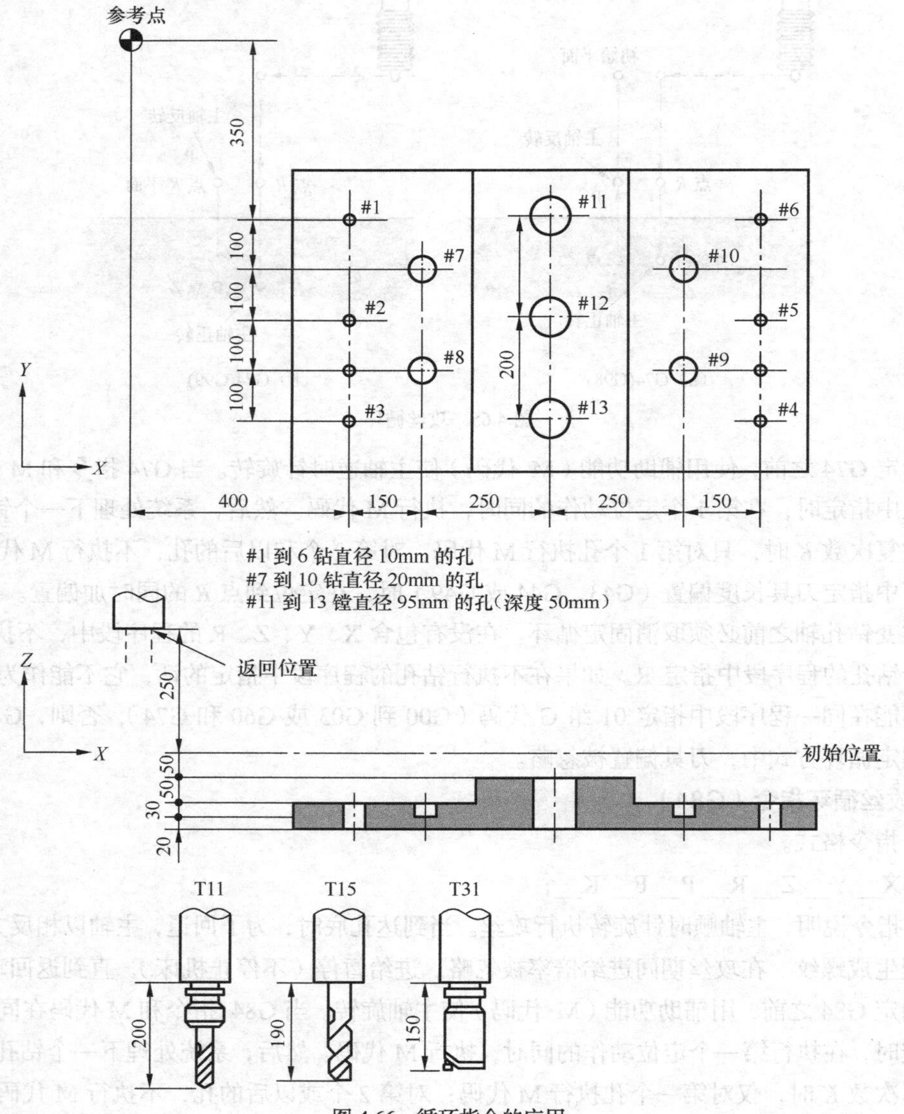

图 4.66　循环指令的应用

程序参考：

刀具长度补偿值：偏置值 + 200.0 被设置在偏置号 No.11 中，+ 190.0 被设置在偏置号 No.15 中，而 + 150.0 被设置在偏置号 No.31 中。

```
O3000;
N01 G92  X0  Y0  Z0;  在参考点设置工件坐标
N02 G90  G00 Z250.0  T11  M6;  刀具交换
N03 G43  Z0  H11;  初始位置，刀具长度偏置
N04 S30  M3;  主轴启动
N05 G99  G81  X400.0  Y-350.0  Z-153.0  R-97.0  F120;  定位，钻 1 孔
N06 Y-550.0;  定位，钻 2 孔，并返回到点 R 位置
N07 G98  Y-750.0; 定位，钻 3 孔，并返回到点 R 位置
N08 G99  X1200.0;  定位，钻 4 孔，并返回到点 R 位置
N09 Y-550.0; 定位，钻 5 孔，并返回到点 R 位置
N10 G98  Y-350.0;  定位，钻 6 孔，并返回到点 R 位置
N11 G00  X0  Y0  M5;  返回参考点，主轴停止
N12 G49  Z250.0  T15  M6;  取消刀具长度偏置，换刀
N13 G43  Z0  H15; 初始位置，刀具长度偏置
N14 S20  M3;  主轴启动
N15 G99  G82  X550.0  Y-450.0;
N16 Z-130.0  R-97.0  P300  F70; 定位，钻 7 孔，返回到点 R 位置
N17 G98Y-650.0;  定位，钻 8 孔，返回到点 R 位置
N18 G99  X1050.0; 定位，钻 9 孔，返回到点 R 位置
N19 G98  Y-450.0;  定位，钻 10 孔，返回到初始位置
N20 G00  X0  Y0  M5;  返回参考点，主轴停止
N21 G49  Z250.0  T31  M6; 取消刀具长度偏置，换刀
N22 G43  Z0 H31;  初始位置，刀具长度偏置
N23 S10 M3;  主轴启动
N24 G85  G99  X800.0  Y-350.0;
N25 Z-153.0  R47.0  F50;  定位，镗 11 孔，返回到点 R 位置
N26 G91  Y-200.0  K2; 定位，镗 12，13 孔，返回到点 R 位置
N27 G28  X0  Y0  M5;  返回参考点，主轴停止
N28 G49  Z0; 取消刀具长度偏置
N29 M0; 程序停止
```

任务 3　子程序

1. 子程序的构成

子程序可以由主程序调用，被调用的子程序也可以调用另一个子程序。

（1）指令格式。

M98；

M99；

（2）子程序的构成。

O□□□□；子程序号（或在 ISO 情况下用冒号（：））

⋮

⋮

M99；程序结束

M99 不必作为独立的程序段指令，如：X100.0 Y100.0 M99；

2. 子程序调用

（1）指令格式。

M98 P ××× ××××

××× 子程序被重复的次数；

×××× 子程序号。

（2）调用的次数。当不指定重复数据时，子程序只调用一次。当主程序调用子程序时，它被认为是一级子程序。子程序调用可以嵌套4级，如图4.67所示。

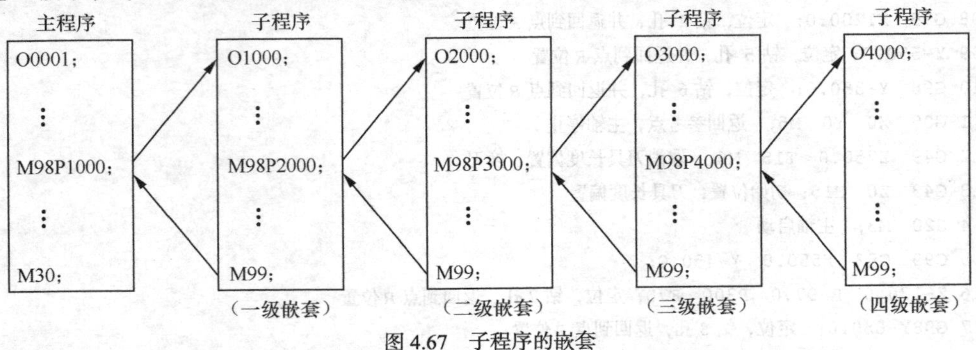

图4.67 子程序的嵌套

调用指令可以重复地调用子程序，最多999次（为与自动编程系统兼容）。

项目小结

本项目主要介绍了数控铣削加工的主要对象与特点、数控铣削刀具、工具和夹具系统；数控铣削加工工艺分析方法和数控铣床编程方法。通过学习，要求掌握数控刀具和夹具的选择方法；掌握铣削加工工艺分析方法和数控铣床编程方法；能够正确制订加工工艺和编程。

项目巩固与提高

巩固与提高1

1. 判断题（在题目的括号内，正确的填“√”，错误的填“×”）

（1）加工中心的编程者要掌握操作技术，而操作工无须熟悉编程也可以。 （ ）

（2）用加工中心加工的零件必须先进行预加工，在加工中心加工完后有的还要进行终加工。 （ ）

（3）百分尺（又称分厘卡或千分尺）是一种精密量具，其测量精度为0.01mm。 （ ）

（4）用G44指令也可达到刀具长度正向补偿。 （ ）

（5）数控加工程序是由若干程序段组成，而且一般常采用可变程序进行编程。 （ ）

（6）只需根据零件图样进行编程，而不必考虑是刀具运动还是工件运动。 （ ）

（7）两轴联动坐标数控机床只能加工平面零件轮廓，曲面轮廓零件必须是三轴坐标联动的数控机床。 （ ）

（8）进给路线的确定一是要考虑加工精度，二是要实现最短的进给路线。 （ ）

（9）刀位点是刀具上代表刀具在工件坐标系的一个点，对刀时，应使刀位点与对刀点重合。 （ ）

（10）机床的原点就是机械零点，编制程序时必须考虑机床的原点。（ ）

2. 选择题

（1）加工中心与其他数控机床的主要区别是（ ）。

a. 有刀库和自动换刀装置 b. 机床转速高 c. 机床刚性好 d. 进刀速度高

（2）数控机床开机时，一般要进行回参考点操作，其目的是（ ）。

a. 建立机床坐标系 b. 换刀，准备开始加工

c. 建立局部坐标系 d. a、b、c 都是

（3）铣削加工采用顺铣时，铣刀旋转方向与工件进给方向（ ）。

a. 相同 b. 相反 c. a、b 都可以 d. 垂直

（4）下列检测装置中，用于直接测量直线位移的检测装置为（ ）。

a. 绝对式旋转编码器 b. 增量式旋转编码器 c. 旋转变压器 d. 光栅尺

（5）半闭环控制伺服进给系统的检测元件一般安装在（ ）。

a. 工作台上 b. 丝杠一端 c. 工件上 d. 导轨上

（6）在逐点比较法直线插补中，若偏差函数等于零，表明刀具在直线的（ ）。

a. 上方 b. 下方 c. 起点 d. 直线上

（7）加工中心的主轴换刀装置是采用（ ）方式将刀具拉紧。

a. 碟簧 b. 气动 c. 液压 d. 磁铁

（8）数控铣床上最常用的导轨是（ ）。

a. 滚动导轨 b. 静压导轨 c. 贴塑导轨 d. 塑料导轨

（9）球头铣刀与铣削特定曲率半径的成型曲面铣刀的主要区别在于：球头铣刀的半径通常（ ）加工曲面的曲率半径，成型曲面铣刀的曲率半径（ ）加工曲面的曲率半径。

a. 小于 等于 b. 大于 小于 c. 大于 等于 d. 等于 大于

（10）对于既要铣面又要镗孔的零件（ ）。

a. 先镗孔后铣面 b. 先铣面后镗孔 c. 同时进行 d. 无所谓

（11）曲面加工常用（ ）。

a. 键槽刀 b. 锥形刀 c. 盘形刀 d. 球形刀

（12）数控铣床刀具补偿有（ ）。

a. 刀具半径补偿 b. 刀具长度补偿

c. a，b 两者都有 d. a，b 两者都没有

（13）关于加工中心编程，下面哪种说法错误（ ）。

a. 进行合理的工艺分析 b. 自动换刀要有足够的空间

c. 尽量采用机内对刀 d. 尽量采用工序集中

（14）指令 G43 的含义是（ ）。

a. 刀具半径右补偿 b. 刀具半径补偿功能取消

c. 刀具长度补偿功能取消 d. 刀具长度正补偿

（15）在铣削内槽时，刀具的进给路线应采用（ ）加工较为合理。

a. 行切法 b. 环切法 c. 综合行切、环切法 d. 都不正确

（16）在铣削加工时下列刀具（ ）不适合做轴向进给。

a. 立铣刀 b. 键槽铣刀 c. 球头铣刀 d. a、b、c 都是

（17）铣削加工采用顺铣时，铣刀旋转方向与工件进给方向（　　）。

a. 相同　　b. 相反　　c. a、b都可以　　d. 垂直

（18）对数控铣床坐标轴最基本的要求是（　　）轴控制。

a. 2　　b. 3　　c. 4　　d. 5

巩固与提高2

（1）试根据图4.68所示零件要求制定加工工艺，填写加工工序卡片，编制加工程序。

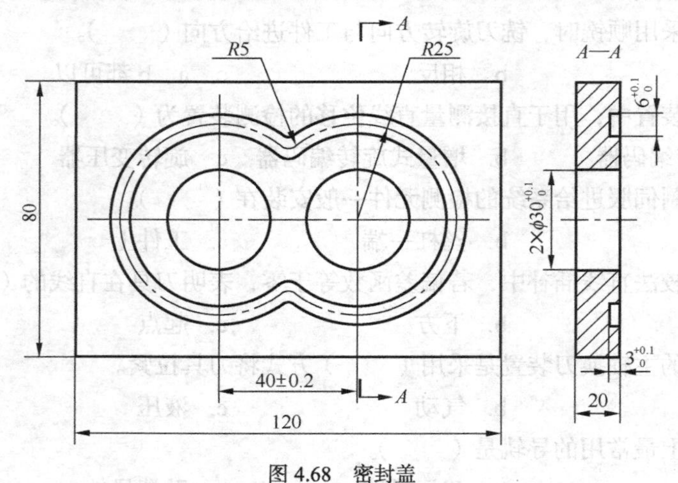

图4.68　密封盖

（2）试根据图4.69所示零件要求制定加工工艺，填写加工工序卡片，编制加工程序。

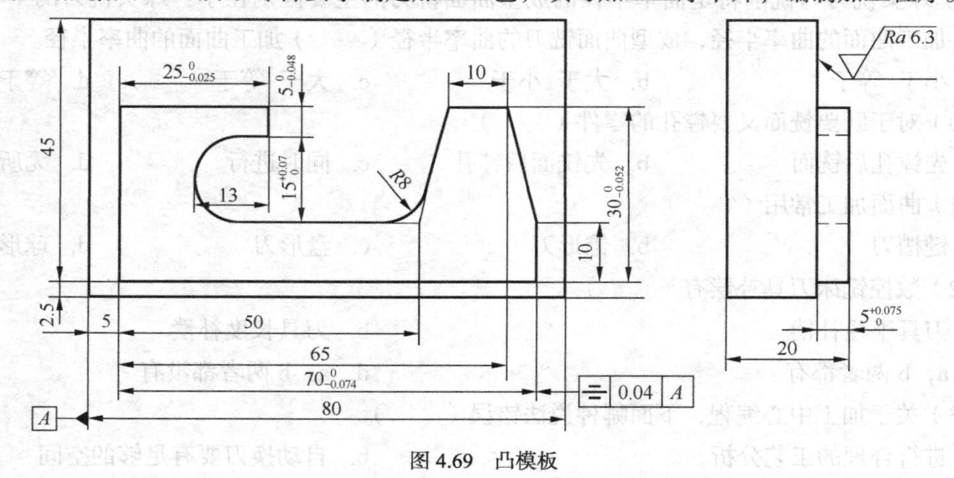

图4.69　凸模板

项目五

数控电火花与线切割加工工艺与编程方法

本项目主要介绍电火花成型加工机床和线切割加工机床的特点和组成，以及加工工艺方法和编程方法。通过学习使学生掌握制订加工工艺的方法，具有根据零件的尺寸和形状精度要求熟练地编写加工程序的技能。

知识目标

◉ 了解数控电火花成型加工与线切割加工的特点和组成。

◉ 掌握电火花成型加工和线切割加工工艺分析与编程的方法。

技能目标

◉ 通过学习，使学生具有熟练制订数控电火花成型加工与线切割加工工艺的技能。

课题一　数控电火花成型加工工艺与编程方法

任务 1　数控电火花成型加工基础

1. 基本概念

电火花加工又称放电加工（Electrical Discharge Machining，EDM），是在加工过程中，使工具和工件之间不断产生脉冲性的火花放电，靠放电时产生的局部、瞬时的高温将金属蚀除下来,是一种直接利用电能和热能进行加工的新工艺。这种利用火花放电产生的腐蚀现象对金属材料进行加工的方法叫电火花加工。电火花加工过程中，工具和工件并不接触，而是靠工具和工件之间不断的脉冲性火花放电，产生局部、瞬时的高温把金属材料逐步蚀除掉。由于放电过程中可见到火花，故称之为电火花加工。日本、英国、美国称之为放电加工，俄罗斯称之为电蚀加工。目前这一工艺技术已广泛用于加工淬火钢、不锈钢、模具钢、硬质合金等难加工材料，以及用于加工模具等具有复杂表面的零部件。电火花加工可分为下面 3 种类型。

（1）电火花成型加工。采用成型工具电极进行仿形电火花加工的方法。

（2）电火花线切割加工。利用金属线作为电极，对工件进行切割的方法。

（3）其他类型电火花加工，如电火花磨削加工、电火花回转加工、电火花研磨、珩磨，以及金属电火花表面强化、刻字等。

2. 电火花成型加工的特点

电火花成型加工主要有以下特点。

（1）适合于难切削材料的加工。由于加工中材料的去除是靠放电时的电热蚀作用实现的，材料的加工性主要取决于材料的热学性质，如熔点、比热容、导热系数（热导率）等，几乎与其硬度、韧性等机械性质无关。工具电极材料不必比工件硬，所以电极制造相对比较容易，可以实现用硬度相对较低的工具加工坚韧的工件，甚至可以加工像聚晶金刚石、立方氮化硼这一类的超硬材料。目前电极材料多采用紫铜或石墨，因此工具电极较容易加工。

（2）容易实现复杂形状和特殊零件的加工。由于可以简单地将工具电极的形状复制到工件上，因此特别适用于复杂表面形状工件的加工，加工时工件表面受热影响范围比较小，所以适宜于热敏性材料的加工。此外，由于没有机械加工的切削力，因此适宜于低刚度工件的加工及微细加工。

（3）易于实现加工过程自动化。加工过程中的电参数较机械量易于实现数字控制、自适应控制、智能化控制，能方便地进行粗、半精、精加工各工序，简化工艺过程。

尽管电火花加工有以上优点，但也存在着加工效率较低、成型精度低、电极消耗等缺点，并且只能用于加工金属等导电材料。

3. 电火花成型加工机床

（1）电火花成型加工设备的分类。电火花加工设备在最近几年内有了较大的发展，电火花加工机床已形成系列产品，主要分以下几类。

① 按照国家的标准分为单立柱机床和双立柱机床。

② 按机床的主参数尺寸分为小型机床（工作台宽度≤250mm）、中型机床（工作台宽度250～630mm）和大型机床（工作台宽度630～1250mm）等。

③ 按数控系统的水平分为手动机床、单轴数控机床、多轴数控机床。

④ 按精度等级分为标准精度等级机床、高精度等级机床和超精度等级机床。

⑤ 按应用范围分为通用机床、专用机床等。

⑥ 按结构形式分为“C”形结构、龙门式结构、牛头滑枕式结构、摇臂式结构、台式结构、便携式结构等，对于中小型机床一般采用“C”形结构，如图5.1所示。

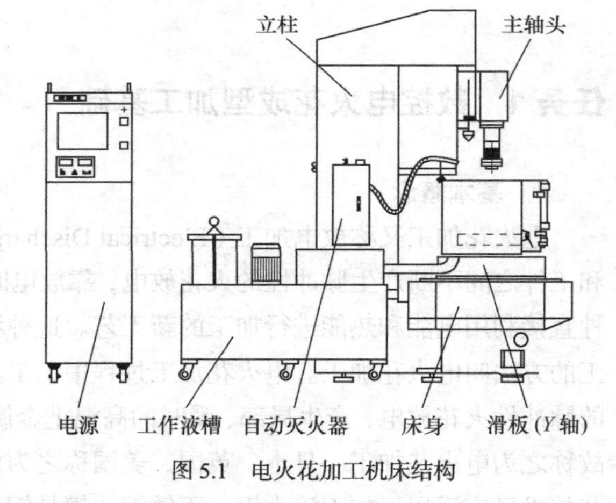

图5.1 电火花加工机床结构

（2）电火花成型加工机床的组成。常见的电火花加工机床组成（见图5.1）包括机床主体、电源和数控系统、工作液循环过滤系统等几个部分，而其控制部分则包括伺服进给系统和数控系统。另外还有一些机床的附件，如平动头、角度头等。

① 机床主体。

（a）主要包括床身、立柱、工作台、主轴头。床身和立柱是一个基础结构，以保证电极与工作台、工件之间的相互位置。

（b）工作台主要用来支撑和装夹工件，它分上、下两层（上溜板和下溜板）。工作台上面还装有工作液槽，用以容纳工作液，使电极和被加工工件浸泡在工作液里，起到冷却、排屑作用。工作台可分为普通工作台和精密工作台，目前在国内已应用精密滚珠丝杠、滚动直线导轨和高性能伺服电动机等机构组成工作台，以满足精密模具的加工。全数控型电火花机床的工作台侧面已不再安装手轮。

（c）主轴头是电火花成型加工机床的一个关键部件，它由伺服进给机构、导向和防扭机构、辅助机构 3 部分组成，用来控制工件与工具电极之间的放电间隙。

② 电火花加工机床的工作液循环过滤系统。工作液循环过滤系统是电火加工机床的重要组成部分，包括工作液泵、工作液箱、过滤器及管道等。其作用是向加工区域输送干净的工作液，以满足电火花加工对液体截止的要求，同时根据加工的要求，实现各种冲抽液方式。介质过滤器广泛采用纸过滤器。

③ 电火花加工机床的电源和数控系统。

（a）电火花加工机床的脉冲电源。它的作用是把工频交流电转换成一定频率的单向脉冲电源，以供给火花放电间隙所需要的能量来蚀除金属。脉冲电源对电火花加工的生产率、表面质量、加工速度、加工过程的稳定性和工具电极的损耗等技术指标都有很大的影响。

（b）电火花加工机床的数控系统。近年来随着电子技术、微机技术的发展，各种交、直流伺服电动机的性能不断提高，价格不断降低，已广泛用于各种高、中档电火花加工机床的数控系统中。

4. 电火花加工原理

电火花加工的原理如图 5.2 所示。工件 1 与工具 4 分别与脉冲电源 2 的两个不同极性输出端相连接，自动进给调节装置 3 使工件和电极间保持一定的放电间隙。两电极间加上脉冲电压后，在间隙最小处或绝缘强度最低处将工作液介质击穿，形成放电火花。放电通道中等离子瞬时高温使工件和电极表面都被蚀除掉一小部分材料，各自形成一个微小的放电坑。脉冲放电结束后，经过一段时间间隔，工作液恢复绝缘，下一个脉冲电压又加在两极上，同样进行另一个循环，形成另一个小凹坑。当这种过程以相当高的频率重复进行时，工具电极应不断地调整与工件的相对位置，以加工出所需要的零件。

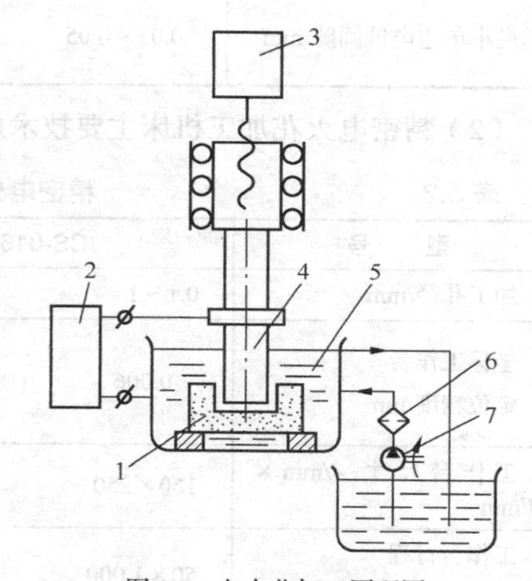

图 5.2　电火花加工原理图

1—工件；2—脉冲电源；3—自动进给调节装置；4—工具；5—工作液；6—过滤器；7—工作液泵

电火花加工的原理是基于工具和工件（正、负电极）之间脉冲性火花放电时的电腐蚀现象来蚀除多余的金属，以达到对零件的尺寸、形状及表面质量预定的加工要求。

5. 电火花加工机床的主要技术规格

（1）普通电火花加工机床主要技术规格。普通电火花加工机床主要技术规格如表 5.1 所示。

表 5.1　　普通电火花加工机床主要技术规格

型　号	D6125F	D6140A	D6132	D6185（D6130）
工作台尺寸 A/mm × B/mm	250 × 450	400 × 600	320 × 500	850 × 1 400（1 300 × 1 300）
工作台行程 横向/mm × 纵向/mm	100 × 200	100 × 200	120 × 200	滑枕向前 150（100）主轴头座左右 550
夹具端面至工作台面最大距离/mm	360		520	1 050

续表

型　号	D6125F	D6140A	D6132	D6185（D6130）
工件最大尺寸 A/mm × B/mm × C/mm	250 × 350 × 150	350 × 400 × 200		850 × 1 400 × 450（1 300 × 1 300 × 450）
主轴行程/mm	105	120	150	250
主轴座移动距离/mm	200	250	200	250
电极最大质量/kg	20 用平动头 5	10	50	200
电源类型	40A 晶体管复合电源	50A 晶体管高频电源	100A 晶体管多回路复合电源	粗加工，300A 晶闸管电源；精加工，20A 晶体管电源
最大加工生产率/（mm^3/min）	250	350	石墨-钢 900	晶闸管电源 3 000
最高加工表面粗糙度 Ra/μm	2.5 ~ 1.25	2.5	2.5 ~ 1.25	2.5
最小单边电蚀间隙/mm	0.03 ~ 0.05	0.03	0.03	晶闸管电源 0.15 ~ 0.46

（2）精密电火花加工机床主要技术规格。精密电火花加工机床主要技术规格如表 5.2 所示。

表 5.2　精密电火花加工机床主要技术规格

型　号	JCS-016	DM7140	DM5540
加工孔径/mm	0.1 ~ 1		
坐标工作台定位精度/mm	± 0.006	0.02	光学读数分度值 0.01 0.015
工作台尺寸 A/mm × B/mm	160 × 250	400 × 630	400 × 630
工作台行程 横向/mm × 纵向/mm	50 × 1 000	200 × 300	200 × 300
工作台最大承重/kg		600	570
主轴伺服行程/mm	100		160
主轴转速/（r/min）	无级 200 ~ 1000		10 ~ 80
主轴伺服进给速度/（mm/min）	18		
最大电极质量/kg			100 回转电极 5
电源类型	晶体开关管控制的精微 RC 回路，0.5A	100A 晶体管电源	80A 晶体管复合电源有脉冲间隔适应控制和适应抬刀
最大生产率/（mm^3/min）		850	
最高加工表面粗糙度 Ra/μm	0.32		0.63

（3）高性能电火花加工机床主要技术规格。高性能电火花加工机床主要技术规格如表 5.3 所示。

表 5.3　　高性能电火花加工机床主要技术规格

型　号		DM7132	D7125
坐标工作台数字显示分辨值		0.002mm	
工作台尺寸 *A*/mm × *B*/mm		320 × 500	250 × 400
工作台行程横向/mm × 纵向/mm		150 × 250	
主轴伺服行程/mm		250	
夹具端面至工作台面最大距离/mm		500	
电极最大质量/kg		50	
电源类型		50A 高效低损耗晶体管电源，多参数适应控制	50A 高性能晶体管电源，自适应控制
最高生产率/（$mm^3 \cdot min^{-1}$）	石墨-钢	>400	
	铜-钢	>380	>400

任务 2　电火花加工工艺

1. 加工前的准备

（1）工艺方法选择。首先根据加工要求及现有工艺条件，选择电火花加工工艺方法。目前，普遍采用的是单电极、多电极与单电极平动法。

（2） 电极准备。根据所选定的工艺方法及电极缩放量，按模具要求设计电极图样，并制作成所需的工具电极。

（3）工件准备。主要进行备料、模块机械加工及热处理等各工序。

2. 电极的装夹与校正

电极的装夹是指电极安装于机床的主轴头上，找正定位的目的是将已安装正确的电极对准工件的加工位置。电极装夹与校正的目的是把电极牢固地装夹在主轴的电极夹具上，并使电极轴线与主轴进给轴线一致，保证电极与工作台面和工件垂直；电极水平面的 *X* 轴轴线与工作台和工件的 *X* 轴轴线平行。

（1）电极的装夹。根据电极本身的结构形状，可采用下列装夹方式。

① 小尺寸整体式电极采用标准套筒、钻夹头装夹，如图 5.3 和图 5.4 所示。

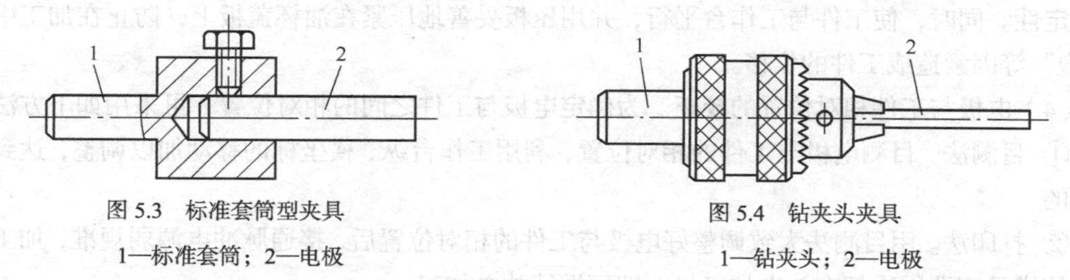

图 5.3　标准套筒型夹具
1—标准套筒；2—电极

图 5.4　钻夹头夹具
1—钻夹头；2—电极

② 大尺寸整体式电极采用标准螺纹夹头装夹，如图 5.5 所示。

③ 大尺寸镶拼式石墨电极则先将拼块用螺栓紧固，如图 5.6（a）所示，或用聚氯乙烯醋酸溶液或者环氧树脂黏合。因石墨材料性脆，石墨上不适宜攻螺孔，可用螺栓或压板将电极固定在连接板上，如图 5.6（b）所示，最后再用通用式电极夹具与主轴相连。

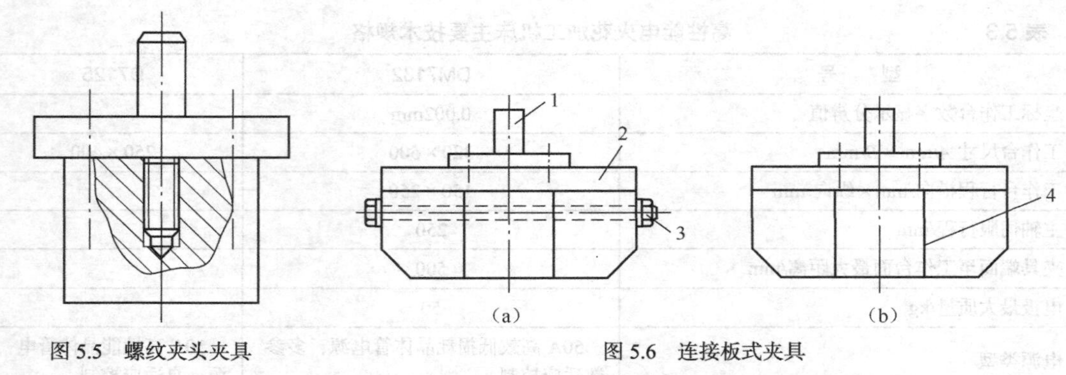

图 5.5　螺纹夹头夹具　　图 5.6　连接板式夹具

1—电极柄；2—连接板；3—螺栓；4—黏合剂

（2）电极常用的找正方法。

① 按电极基准面校正电极。当电极侧面有较长直壁面时，可用精密角尺或百分表按直壁面校正。

② 按辅助基准面（固定板）校正电极。对于型腔外形不规则、四周直壁部分较短的电极，用辅助基准面进行校正。如图 5.7 所示，用百分表检验辅助基准面与工作台面的平行性，就可完成电极的校正。

③ 按电极端面火花打印校正电极。用精规准使电极在模块平面上放电打印，调节到四周均匀出现放电火花，即完成了电极的校正。

（3）工件的装夹与定位。通常情况下，工件可直接装夹在垫块或工作台面上。采用下冲油时，工件可装夹在油杯上，通过压板压紧。工作台有坐标移动时，应使工件基准线与拖板轴移动方向一致，便于电极和工件间的校正定位。

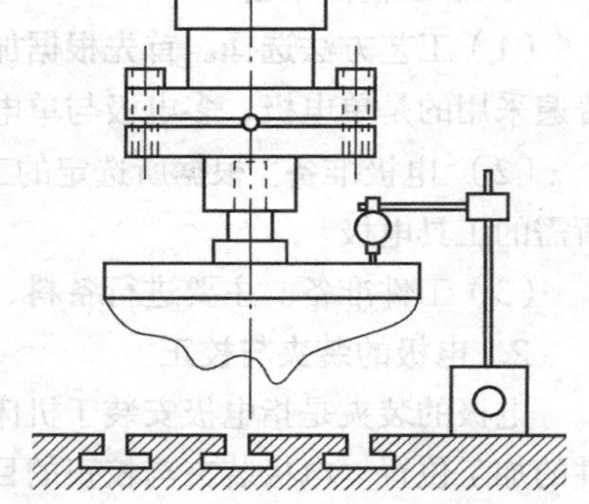

图 5.7　按辅助基准面校正型腔模电极

① 工件的定位。工件定位分两种情况：一种是画线后按目测打印法校正，适合工件毛坯余量较大的加工，这种定位方法较简单；另一种是借助量具、块规、卡尺等和专用二类夹具来定位，适合工件加工余量少，定位较困难的加工。

② 工件的压装。工作台上的油杯及盖垫板中心孔要与电极找同心，以利于油路循环，提高加工稳定性。同时，使工件与工作台平行，并用压板妥善地压紧在油杯盖板上，防止在加工中由于“放炮”等因素造成工件的位移。

（4）电极与工件相对位置的校正。为确定电极与工件之间的相对位置，可采用如下方法。

① 目测法。目测电极与工件的相对位置，利用工作台纵、横坐标的移动加以调整，达到校正的目的。

② 打印法。用目测法大致调整好电极与工件的相对位置后，接通脉冲电源弱规准，加工出浅印，使模具型孔周边都有放电加工量，即可继续放电加工。

③ 测量法。利用量具、块规、卡尺定位。

在采用组合电极加工时，其与工件的校正方法和单电极一样，但注意：位置确定后，应使每个预孔都被加工。

3. 电规准的选择与转换

电火花的粗、半精和精加工是依靠改变电规准的强弱来实现的。但在各个加工阶段，如粗加工阶段，所用电规准往往还要细分为若干挡。

（1）粗规准。粗规准的主要目的是以高的蚀除量加工出型腔的基本轮廓，要求电极损耗要小，电蚀表面不能太粗糙，以免增大精加工的工作量。加工电流较大，为40～350A，工作脉冲宽度为800μs～2s。加工过程中，应注意加工面积与加工电流之间的配合。开始时坯料表面与电极的接触面积较小，需用较小的电流。待接触面积增大后，再增大电流，即分别用1～3挡粗规准，按先弱后强的顺序逐步调整到位。通常电流密度不超过5A/cm^2，否则电极容易烧伤，影响加工的表面质量。

（2）半精规准。半精规准（中规准）是粗、精规准之间的过渡，它的作用是减小被加工表面的粗糙度（一般Ra为6.3～3.2μm），为精加工做准备。它要求在保持一定加工速度的条件下，电极损耗尽可能小。脉冲宽度为30～800μs，加工电流为6～50A，通常设置2～8挡，以满足平动头侧面逐级修光的需要。粗、半精规准之间无明显的界限，可按具体加工工件来定。

（3）精规准。精规准的主要目的是获得较高的精度和较小的表面粗糙度。脉冲频率较高，可达10～100kHz，脉冲宽度较窄，工作电流较小。精加工的蚀除量很小，一般不超过0.2mm，电极的绝对损耗并不大。

电规准的选择除考虑电参数与工艺指标的关系外，还应注意以下几点。

① 型孔要求表面粗糙度较低、精度高、斜度小时，精规准应选得小些。

② 型孔复杂而且有尖角部分的，粗规准应选得小些，有时可用中规准来代替。

③ 型孔截面面积较大的，粗规准可选得大些，规准挡数多些。

④ 预孔余量大的，中规准可选得大些。

⑤ 采用阶梯电极时，粗规准可选得大些，规准挡数可小些。

在生产中，要完成某一工件的加工，随着电极的进给深度不同，往往需要几挡不同的电规准，即从一挡电规准换到另一挡电规准进行加工，这个变更过程称为电规准的转换。电规准转换的主要依据是电极端部（工作部位）的损耗情况，型孔的周长和型孔的复杂程度等。电规准转换的目的是保证一定的加工刃口高度和精度。不同的模具加工有不同的电规准转换方法。转换时，仅仅是改变电规准的参数，而凹模、凸模、工具电极是不变更的。

加工初始阶段，电流按加工面积的增大而逐挡调大，不可突然加到最大值。而加工临近结束阶段（约有3～4mm时），电规准则应逐挡变弱。每次的加工深度应等于或稍大于前次加工表面的微观不平度。一般情况下，规准要转换4～6次，粗糙度Ra达到0.8～3.2μm，精加工才能完成。

4. 电火花加工的工艺过程

不同的加工对象，电火花加工的工艺过程有很大差异，现将常用的穿孔加工工艺过程和型腔加工工艺过程概括如下。

（1）电火花穿孔加工工艺过程。

① 选择加工方法。按图样要求选择模具的加工方法，常用方法有以下几种。

（a）间接法。根据凹模尺寸设计并制造电极，电火花加工凹模，再按间隙要求配制凸模。

（b）直接法。将凸模长度适当增加，先作为电极加工凹模，割去加工端后再用作凸模。

（c）混合法。把电极与凸模联接在一起加工，分开后用电极加工凹模。

② 电极。

（a）电极材料。根据所选的加工方法及加工设备条件来选择电极材料。

（b）设计电极。根据模具间隙、形状、刃口有效长度、斜度、电极损耗及放电间隙等因素来确定电极形式，电极横截面尺寸和长度尺寸。

（c）加工电极。选用一般切削加工、成型磨削、仿型刨、线切割等加工方法。

（d）电极组合装夹。如果采用组合式电极或镶拼式电极，应先将多个电极或多个电极拼块，按工艺要求用通用或专用工具装夹成一体。

③ 被加工工件准备。完成电火花加工前的全部机械加工，穿孔部位留有适当且均匀的电加工余量，热处理达到其硬度要求，磨出上、下平面，去磁去锈等。

④ 电极装夹与校正。将电极夹持于主轴头上，校正电极与工作台面的垂直度。

⑤ 工件的装夹与定位。将被加工工件刃口面向下放在工作台面上，校正与电极的相对位置后，把工件压紧固定。

⑥ 调整主轴头上、下位置。使电极下端面与工件加工面保持合适的距离。

⑦ 加工准备。选择加工极性，调整伺服机构，把工作液槽提升，使工件全部浸入介质并低于液面60～80mm。调整冲（抽）油压力和加工深度指示器，选好合适的电规准。

⑧ 开机加工。根据加工深度及稳定性，调整进给速度，保持适当的加工电流。加工中随时检查加工深度、电极损耗、加工面情况等，发现问题随时调整。

⑨ 规准转换与中间检查。加工至一定深度后，根据要求的间隙、刃口高度、斜度及电极损耗等情况，转换电规准，并随时检查及调整加工深度。

⑩ 零件检查。工件在加工完后，应主要检查放电间隙、刃口长度、斜度及表面粗糙度等指标是否符合图样要求。

（2）电火花型腔加工工艺过程。

① 分析加工对象。根据加工对象的形状、尺寸，有无直壁侧面以及加工表面粗糙度和精度等要求来决定加工方法，选择电极材料，同时应考虑现有设备条件、型腔的大小、加工余量的多少、能否平动加工、能否一次成型等因素。型腔主要分成以下5种型腔。

（a）大型型腔。如大型锻模、汽车覆盖件模具等的型腔。加工这类型腔时必须配备超大型设备，且主轴头负载能力要大，电源功率必须充足。电极一般都采用冷却系统，电极中间采取加固措施。

（b）中大型型腔。如电视机外壳、较大型家电塑料模具等的型腔。这类模具型腔的特点是形状非常复杂，既有较大加工余量的曲面成型，也有精细的成型加工。因此通常很难采用一个电极一次成型，而应该根据各个部位加工要求的不同，采用不同的电极材料，选择不同的加工参数和电规准。型腔的加工必须配备比较大型的设备，油槽要有足够容量，机床精度要求比较高，脉冲电源功率也应大一些。

（c）中小型型腔。如弧齿锥齿轮模具、电风扇及一般玩具模具等的型腔。这类型腔加工余量一般都比较大，但电极损耗不能太大。这类型腔加工的最小表面粗糙度 Ra 一般为1.6～0.8μm，总损耗应该小于0.10～0.20mm。通常采用一个电极成型，某些要求精密成型的部位也可以采用两个电极成型。

（d）窄槽型腔。这是指加工宽度在2mm以下，而深宽比又较大的型腔。这类型腔一般在主型腔加工完成后进行加工，不宜与主型腔同时加工。电火花脉冲电源最好采用具有中精加工性能的电源，以提高加工深度和加工精度。窄槽型腔加工电规准的选择比较特殊，加工规准应能实现足够小的表面粗糙度，电极损耗必须保持在很低的水平上，同时加工稳定性要求较高。

（e）精细浅型腔。加工艺美术饰品模具、商标文字图案等。特点是型腔深度较浅，但形状线条比较精细。因此电极损耗不能太大，加工时只能用一个电极一次成型，不能采用平动加工。加工可在热处理后进行，一般不需预加工且不能开冲油孔和排气孔，可采用侧向冲油或抬刀来改善排屑。

② 选择加工方法。根据加工对象、精度、粗糙度等要求选择加工方法，如单电极加工、多电极加工、分解电极加工、平动加工等。

（a）选择加工设备。根据加工对象和加工方法选择加工设备，如设备的大小、定位精度、自动化程度、电源形式和功率，是否配有平动头或侧向加工装置等。根据型腔的大小来决定脉冲功率的大小、采用方法以及电极材料等。

（b）选择电规准。根据加工的表面粗糙度及精度要求确定电规准方案，各挡规准加工量，如何控制电极损耗等，确定电规准预设值和各电规准加工量，控制电极损耗。

（c）选择电极材料。根据加工对象选择电极材料。大中型腔多采用石墨材料电极，中小型腔，窄槽、花纹等多采用纯铜电极等。

（d）设计电极。按图样要求，并根据加工方法和电规准等设计电极横纵截面尺寸及公差。

电极分低损耗加工的电极和有损耗加工的电极。根据电极的材料、电极的制造精度、尺寸大小、加工批量、生产周期等选择电极制造方法，如机械切削加工、压力振动加工、电铸加工、液压放电成型加工、成型烧结加工等。根据工件材料决定工艺方法，包括加工成型方法、定位和校正方法、排屑方法、电极设计和制造、油孔的大小和位置、电规准的选择和安排等。

（e）电加工前的准备。根据加工坯料尺寸和外形来决定加工设备大小、装夹定位等。对工件进行电火花加工前的金属切削加工和钻孔、攻螺纹加工、磨平面、去磁、去锈等。当需要对工件型腔进行预加工时，最好能为电火花加工留有均匀又不致太小的加工余量，并且对损耗特别大的地方，进行预加工时要多去掉一些，才会使电加工后不留有明显的损耗痕迹。

（f）热处理安排。对需要淬火处理的型腔，根据精度要求安排热处理工序。例如，型腔精度要求不高、或淬火变形影响较小，可将热处理安排在电加工之后；型腔要求精度高、变形小，可将热处理安排在电火花粗加工之后和电火花精加工之前，但工件需要二次定位。

（g）装夹与定位。根据工件的尺寸和外形选择或制造工件的定位基准，准备电极装夹夹具，对电极进行装夹和校正，调整电极的角度和轴心线。然后，对工件进行定位和夹紧。

（h）开机加工。选择加工极性，调整机床，保持适当液面高度，调节电规准，保持适当电流，调节进给速度充油压力等。随时检查工作稳定情况，正确操作。

（i）加工结束。进行清理并检查零件是否符合加工要求。

训练与提高

（1）电火花成型加工机床主要由哪几部分组成？

（2）如何选择电规准？

（3）如图 5.8 所示，凹模尺寸为 25mm×25mm，深 10mm，通孔精度为 IT，表面粗糙度 Ra 为 1.25～2.5μm，工件材料为 40Cr。淬火 50～60HRC。

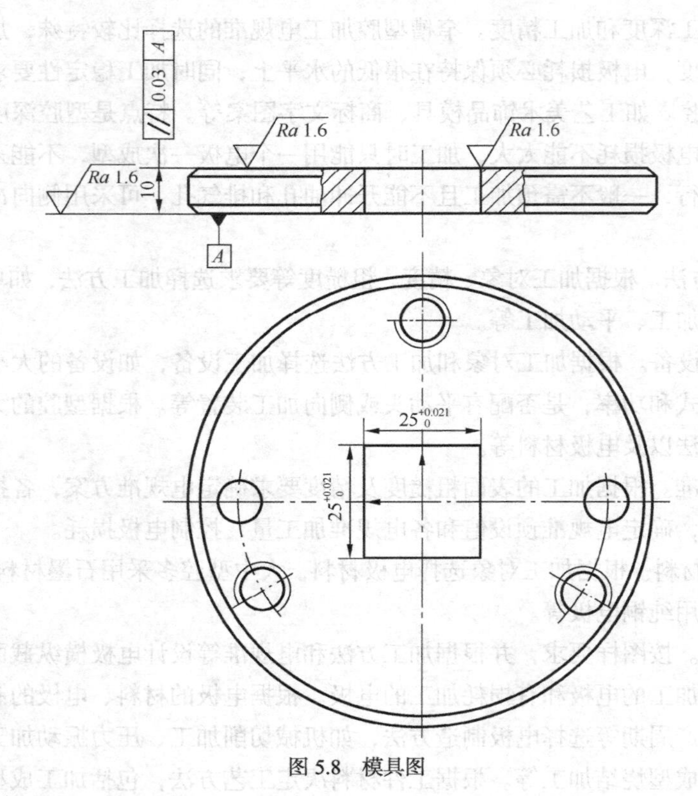

图 5.8 模具图

步骤参考如下。

（1）设计电极图。采用高低压复合型晶体管脉冲电源加工，加工前的工件工具电极图如图 5.9 所示。

电火花加工模具一般都在淬火以后进行，一般应先加工出型孔，如图 5.9（a）所示。

加工冲模的电极材料，一般选用铸铁或钢，这样可以采用成型磨削方法制造电极。为了简化电极的制造过程，也可采用钢电极，材料为 Cr12，电极的精度和表面粗糙度比凹模高一级。

（2）电规准的选择。为了实现粗、中、精规准转换，电极前端应进行腐蚀处理，腐蚀高度为 15mm，双边腐蚀量为 0.25mm，如图 5.9（b）所示。电火花加工前，工件和工具电极都必须经过退磁。

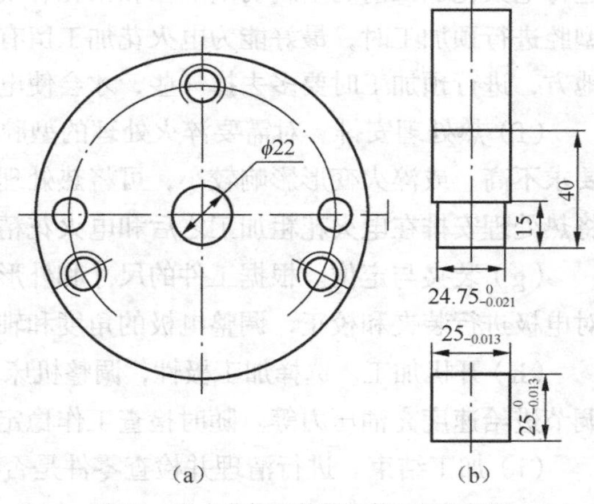

图 5.9 电火花加工前的工件工具电极图

（3）装夹与定位。电极装夹在机床主轴头的夹具中进行精确找正，使电极对机床工作台面的垂直度小于 0.01/100。工件安装在油杯上，工件上、下端方向保持与工作台面平行。加工时采用下冲油，用粗、精加工两挡规准，并采用高、低压复合脉冲电源。

课题二　数控线切割加工工艺与编程方法

任务 1　数控线切割加工基础

1. 基本概念

电火花线切割加工（Wire cut E1ectrical Disehàrge Machining，WEDM），是利用连续移动的金属丝作为工具电极（电极丝），沿着给定的几何图形轨迹，进行脉冲放电蚀除金属的原理来加工工件的方法，简称线切割。其加工原理与电火花成型加工相同，但加工方式不同，电火花线切割采用连续移动的金属丝作电极，如图 5.10 所示。工件接脉冲电源的正极，电极丝接负极，工件（工作台）相对电极丝按预定的要求运动，从而使电极丝沿所要求的切割路线进行电腐蚀，实现切割加工。在加工中，电蚀产物由循环流动的工作液带走，电极丝以一定的速度运动（称为走丝运动），其目的是减小电极损耗，且不被火花放电烧断，同时也有利于电蚀产物的排除。

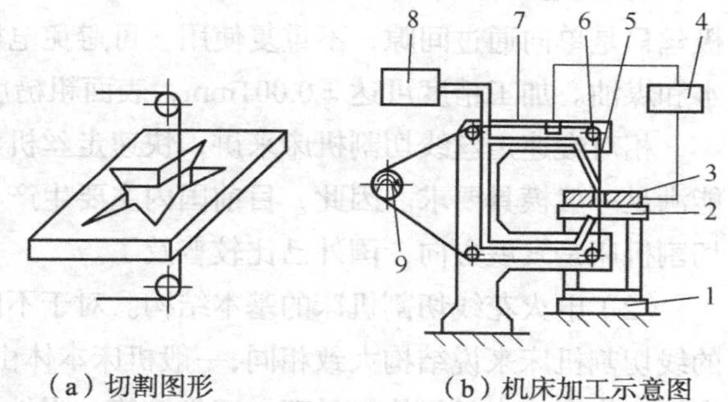

（a）切割图形　（b）机床加工示意图

图 5.10　电火花线切割加工示意图

1—工作台；2—夹具；3—工件；4—脉冲电源；5—电极丝；6—导轮；7—丝架；8—工作液箱；9—贮丝筒

2. 电火花线切割加工特点

数控电火花线切割是在数字系统控制下直接利用电能加工工件的一种加工方法，因此与其他加工方式相比有自已的一些特点。

（1）不需要制作电极，直接利用线状的电极丝作电极，可节约电极设计、制造费用。

（2）可以加工用传统切削加工方法难以加工或无法加工的形状复杂的工件，能方便地加工出形状复杂、细小的通孔和外表面。采用四轴联动，可加工锥度，上、下面异形体等零件。由于数控电火花线切割机床是数字控制系统，加工不同形状的工件容易实现自动化。适合于小批量形状复杂零件、单件和试制品的加工，加工周期短。

（3）利用电蚀原理加工，电极丝与工件不直接接触，两者之间的作用力很小，因而工件的变形很小，电极丝、夹具不需要太高的强度。

（4）电火花线切割机床的电极丝材料不必比工件材料硬，可以加工硬度很高或质地很脆，用一般切削加工方法难以加工和无法加工的材料。

（5）直接利用电、热能进行加工，可以方便地对影响加工精度的加工参数（如脉冲宽度、间隔、电流）进行调整，有利于加工精度的提高。便于实现加工过程的自动化控制。

另外，电火花线切割不能加工非导电材料。由于线切割加工单位时间的金属去除率低，因此加工成本高，不适合形状简单的大批量零件的加工。

3. 电火花线切割加工机床

（1）电火花线切割机床的分类。电火花线切割机床按控制方式分为靠模仿型、光电跟踪控制及数控电火花线切割机床，现在我国广泛使用的线切割机床主要是数控电火花线切割机床。按其走丝速度分为快速走丝和慢速走丝线切割机床两种。

① 快速走丝线切割机床采用$\phi 0.08 \sim \phi 0.18$mm 的钼丝类电极，走丝速度为 8 ~ 10m/s。能达到的加工精度为 0.01mm，表面粗糙度 *Ra* 为 2.5 ~ 0.63mm，最大切割速度可达 50mm/min 以上，切割厚度与机床的结构参数有关，最大可达 500mm，可满足一般模具的加工要求。工作液采用水基乳化液，通常为 5%左右的乳化液。

② 慢速走丝线切割机床采用$\phi 0.03 \sim \phi 0.35$mm 的铜丝作电极，走丝速度为 0.05 ~ 0.2m/s，电极丝只是单向通过间隙，不重复使用，可避免电极损耗对加工精度的影响。工作液主要是去离子水和煤油。加工精度可达 ± 0.001mm，表面粗糙度 *Ra* 可达 0.32μm。

相对慢速走丝线切割机床来讲，快速走丝机床结构简单，价格便宜，加工生产率较高，精度能满足一般模具要求。因此，目前国内主要生产、使用的是快速走丝线切割机床，但慢速走丝线切割机床是发展方向，国外已比较普及了。

（2）电火花线切割机床的基本结构。对于不同类型的线切割机床来说结构大致相同，一般机床本体由床身、坐标工作台、走丝机构、丝架、工作液箱、附件和夹具等几部分组成，如图 5.11 所示。

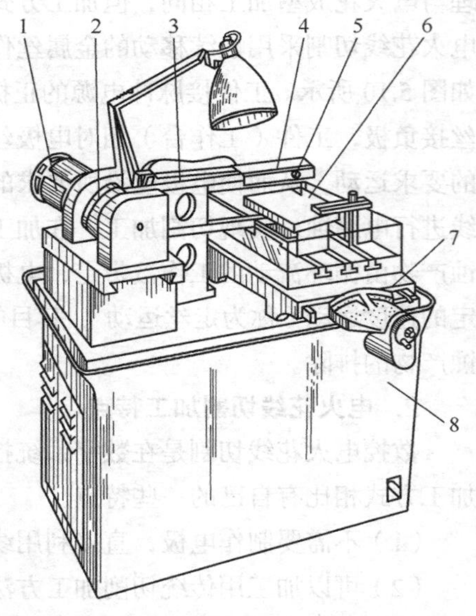

图 5.11 电火花线切割加工机床组成

1—电动机；2—丝筒；3—钼丝；4—丝架；5—导轮；6—工件；7—坐标工作台；8—床身

① 床身部分。床身一般为铸件，是坐标工作台、走丝机构及丝架的支承和固定基础。通常采用箱式结构，应有足够的强度和刚度。床身内部安置电源和工作液箱，考虑电源的发热和工作液泵的振动，有些机床将电源和工作液箱移出床身外另行安放。

② 坐标工作台部分。电火花线切割机床最终都是通过坐标工作台与电极丝的相对运动来完成对零件的加工的。为保证机床精度，对导轨的精度、刚度和耐磨性都有较高的要求。一般都采用“十”字滑板、滚动导轨和丝杆传动副将电动机的旋转运动变为工作台的直线运动，通过两个坐标方向各自的进给运动，可合成获得各种平面图形曲线轨迹。为保证工作台的定位精度和灵敏度，传动丝杆和螺母之间必须消除间隙。

③ 走丝机构。走丝机构使电极丝以一定的速度运动并保持一定的张力。在快速走丝线切割机床上，一定长度的电极丝平整地卷绕在贮丝筒上，丝张力与排绕时的拉紧力有关，贮丝筒通过联轴节与驱动电动机相连。电动机带动贮丝筒由专门的换向装置控制做正反向交替运转，同时沿轴向移动，走丝速度等于贮丝筒周边的线速度，通常为 8 ~ 12m/s。在运动过程中，电极丝由丝架支撑，并依靠导轮保持电极丝与工作台垂直或倾斜一定的几何角度（锥度切割时）。

④ 脉冲电源。由于受加工表面粗糙度和电极丝允许承载电流的限制，线切割加工脉冲电源的脉宽较窄（2 ~ 60μs），单个脉冲能量、平均电流一般较小，所以线切割加工总是采用正极性加工。脉冲电源的形式很多，如晶体管短形波脉冲电源、高频分组脉冲电源、并联电容型脉冲电源和低

损耗电源等。

⑤ 数控装置。控制系统的主要作用是在电火花线切割加工过程中，按加工要求自动控制电极丝相对工件的运动轨迹和进给速度，来实现对工件的形状和尺寸加工。

4. 电火花线切割加工工艺

利用电火花线切割加工模具零件，其工艺过程一般如下所述。

（1）工艺基准的选择。认真地对零件进行分析，合理安排加工路线，正确选择加工参数，是完成加工的一个重要环节。首先对零件图进行分析以明确加工要求，选择主要定位基准以保证将工件正确、可靠地装卡在机床或夹具上。选择某些工艺基准作为电极丝的定位基准，用来将电极丝调整到相对于工件正确的位置。在选择加工路线时，尽量避免破坏工件结构的刚性。

（2）选择加工方式。加工时，应按加工零件的要求及根据现有的加工设备条件，选择合理的加工方式并相应地做好加工前的工艺准备。

（3）调整与检查线切割机床。在加工时，操作者应对所使用的机床进行全面检查，如导丝轮是否有损伤和杂物，电极丝导向定位采用的导向器和辅助导轮是否出现磨损沟槽，纵、横方向滑板的丝杠间隙是否发生变化等。

（4）零件的准备。要进行加工的毛坯，首先经锻、刨、铣、车、磨等机械加工成六面体或圆柱体毛坯，并在距离起始加工点附近的确定位置处钻一个穿丝孔。切割型孔时，穿丝孔应钻在孔型线内；切割凸模时，穿丝孔应钻在孔型线外，并且应放在毛坯废料多的一边。穿丝孔的大小及距离工件边缘的位置如图 5.12 所示。切割窄槽时，穿丝孔位置要放在图形的最宽处，不允许穿丝孔与切割轨迹有相交的现象，如图 5.13 所示。同时也将其他所有的销孔和螺纹孔等加工出来，然后进行淬火等热处理，达到其硬度要求。再把上、下平面经平面磨削达到较高的平行度和较低的表面粗糙度。最后将毛坯进行退磁处理，并除去毛刺和杂质。

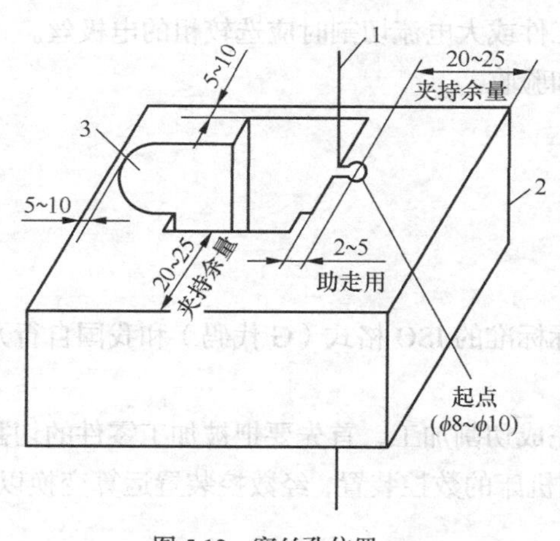

图 5.12　穿丝孔位置

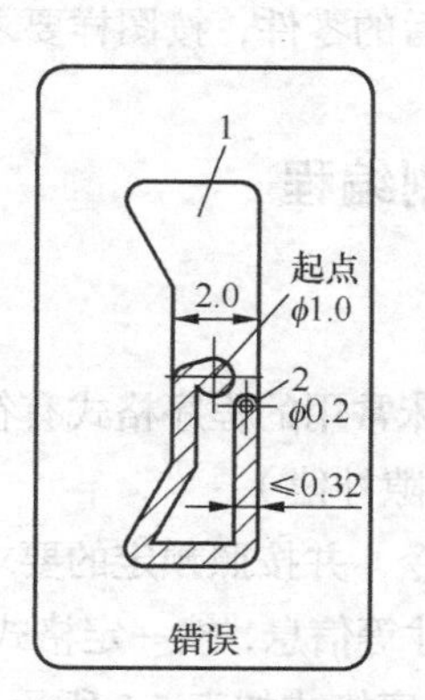

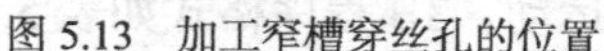

图 5.13　加工窄槽穿丝孔的位置

（5）零件装夹与穿丝。装夹零件时，必须调整零件的基准面与机床拖板 X、Y 轴方向相平行，零件的装夹位置应保证其切割范围在机床纵、横滑板的许可行程内，应使零件与夹具在切割中不会碰到丝架的任何部位。零件位置调好后引入电极丝，绕丝要按规定的走向，即经过丝架、导轮、导向器及工件穿丝孔等处绕在丝筒上并固定两端。走丝要张紧，不能重叠和抖动。电极丝通过零件的穿丝孔时，应处于穿丝孔的中心，不可与孔壁接触，以免短路。在夹紧零件毛坯前，必须校正好电极丝与零件表面的垂直度。

（6）切割加工。应首先根据零件加工的表面粗糙度和生产率要求等，正确选择电参数。并根据零件的厚度和材质等因素在加工前调整好进给速度，使之加工稳定，在以后整个切割过程中不宜轻易改变进给速度。在加工中，应随时清除电蚀产物和杂质，不要轻易中途停车，以免在零件上留下中断痕迹，影响加工质量。

① 脉冲参数的选择。线切割加工一般都采用晶体管高频脉冲电源，用一个脉冲能量小、脉宽窄、频率高的脉冲参数进行正极性加工。加工时，可改变的脉冲参数主要有电流峰值、脉冲宽度、脉冲间隔、空载电压、放电电流。要求获得较好的表面粗糙度时，所选用的电参数要小；若要求获得较高的切割速度，脉冲参数则要选得大一些，但加工电流的增大受排屑条件及电极丝截面积的限制，过大的电流易引起断丝，快速走丝线切割加工脉冲参数的选择如表5.4所示。

表5.4　快走丝线切割加工脉冲参数的选择

应　　用	脉冲宽度 t_i/μs	电流峰值 I_e/A	脉冲间隔 t_0/μs	空载电压/V
快速切割或加大厚度工件 Ra>2.5μm	20～40	大于12	为实现稳定加工，一般选择 t_0/t_i 在3以上	一般为70～90
半精加工 Ra=1.25～2.5μm	6～20	6～12		
精加工 Ra>1.25μm	2～6	4.8以下		

② 电极丝的选择。电极丝应具有良好的导电性和抗电蚀性、抗拉强度高、材质应均匀。常用的电极丝有钼丝、钨丝、黄铜丝等。钨丝抗拉强度高，直径为0.03～0.1mm，一般用于各种窄缝的精加工，但价格昂贵。黄铜丝适于慢速加工，加工表面粗糙度和平面度较好，蚀屑附着少。但抗拉强度差，损耗大，直径为0.1～0.3mm，一般用于慢速单向走丝加工。钼丝抗拉强度高，适于快速走丝加工，所以我国快速走丝线切割机床大都选用钼丝作电极丝，直径为0.08～0.2mm。

③ 电极丝直径的选择应根据切缝宽窄、工件厚度和拐角尺寸大小来选择。若加工带尖角、窄缝的小型模具宜选用较细的电极丝；若加工大厚度工件或大电流切割时应选较粗的电极丝。

（7）检验。对加工后的零件，按图样要求检验和验收。

任务2　数控线切割编程

1. 3B程序格式

我国数控线切割机床常用的程序格式有符合国际标准的ISO格式（G代码）和我国自行开发的3B和4B格式（带间隙补偿）。

为了使机器接受指令，并按照预定的要求自动完成切割加工，首先要把被加工零件的切割顺序、切割方向及有关尺寸等信息，按一定格式输入到机床的数控装置，经数控装置运算变换以后，控制机床的运动。3B程序格式如表5.5所示。

表5.5　3B程序格式

字　母	B	X	B	Y	B	J	G	Z
含　义	分割符号	X坐标值	分隔符号	Y坐标值	分隔符号	计数长度	计数方向	加工指令

即：BX　BY　BJ　G　Z

3B指令不具有间隙补偿功能和锥度补偿功能。程序描述的是钼丝中心的运动轨迹，它与钼丝切割轨迹（即所得工件的轮廓线）之间差一个偏移量ΔR，这一点在轨迹计算时必须特别注意。

① 分隔符号 B。因为 X、Y、J 均为数码，用分隔符号 B 将其隔开，以免混淆。

② 坐标值 X、Y。为了简化数控装置，规定只输入坐标的绝对值，其单位为μm，μm 以下应四舍五入。

③ 计数方向 G。计数方向的选取应保证加工精度，一般线切割机床是通过控制从起点某个滑板进给总长度 J 的数值来达到的。

④ 计数长度 J。计数长度 J 为计数方向上从起点到终止滑板移动的总距离，即加工图线在计数方向上投影长度的总和。

⑤ 加工指令 Z。加工指令 Z 用来传送关于被加工图形的形状，所在象限和加工方向等信息。控制台根据这些指令，选用正确的偏差计算公式进行偏差计算，并控制工作台的进给方向，从而实现机床的自动化加工。

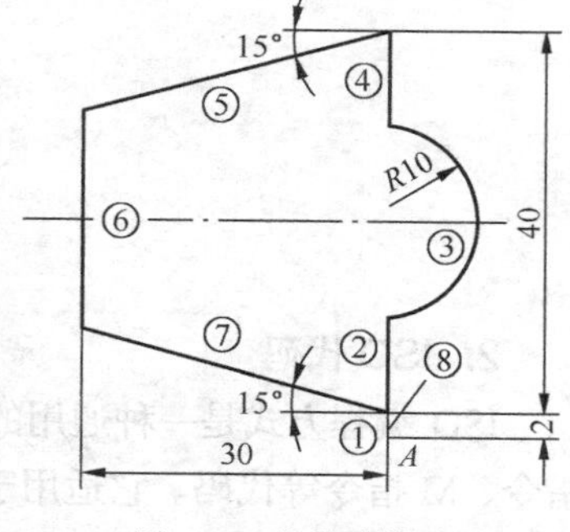

图 5.14 编程零件图

➤ 训练与提高1

根据图 5.14 所示零件形状和尺寸要求，编写加工程序。

提示

（1）确定加工路线。起始点为①。加工路线按照图中所标的①→②→③→④→⑤→⑥→⑦→⑧段的顺序进行。①段为切入，⑧段为切出，②～⑦段为程序零件轮廓。

（2）分别计算各段曲线的坐标值。

（3）线切割 3B 程序单如表 5.6 所示。

表 5.6 线切割 3B 程序单

序号	程序	备注
1	XJ −50000 50000	设定屏幕 X 向显示范围
2	YJ −50000 50000	设定屏幕 Y 向显示范围
3	JB 0	加工间隙补偿
4	QD 0 0	切点在屏幕坐标系中的坐标值
5	B0 B2000 B2000 GY L2	加工程序
6	B0 B10000 B10000 GY L2	
7	B0 B10000 B20000 GX NR4	
8	B0 B10000 B10000 GX L2	
9	B30000 B8040 B30000 GX L3	
10	B0 B23920 B23920 GY L4	
11	B30000 B8040 B30000 GX L4	
12	B0 B2000 B2000 GY L4	
13	MJ	程序结束

➤ 训练与提高2

根据图 5.15 所示凸凹模，试编制数控线切割程序（图示尺寸是根据刃口尺寸公差及凸凹模配合间隙计算出的平均尺寸）。电极丝为 0.1mm 的钼丝，单面放电极间隙为 0.01mm。

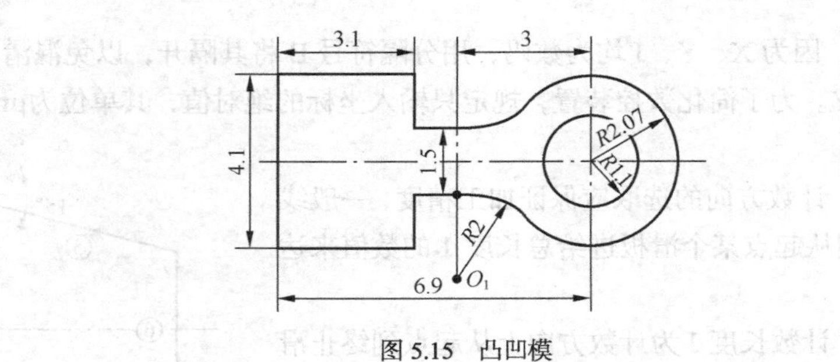

图 5.15　凸凹模

2. ISO 代码

ISO 编程方式是一种通用的编程方法，这种编程方式与数控铣编程有点类似，使用标准的 G 指令、M 指令等代码。它适用于大部分高速走丝线切割机床和低速走丝线切割机床。其控制功能更为强大，使用更为广泛，将是以后线切割机床的发展方向。

（1）程序格式。表 5.7 所示为地址字母表。

表 5.7　　地址字母表

功　能	地　址	意　义
顺序号	N	程序段号
准备功能	G	指令动作方式
坐标字	X、Y、Z	坐标轴移动指令
	A、B、C、U、V	附加轴移动指令
	I、J、K	圆弧中心坐标
锥度参数字	W、H、S	锥度参数指令
进给速度	F	进给速度指令
刀具功能	T	刀具编号指令（切削加工）
辅助功能	M	机床开/关及程序调用指令
补偿字	D	间隙及电极丝补偿指令

① 程序的基本组成。ISO 标准 G 代码编程的程序格式是由很多行组成的，每一行称为一个程序段；而每一个程序段又是由一系列的字组成的。

（a）程序段：能够作为一个单位来处理的一组连续的字，称为程序段。一个程序由多个程序段组成，一个程序段就是一个完整的数控信息。程序段由程序段号及各种字组成。程序段编号范围为 N0001 ~ N9999。

（b）字：某个程序中字符的集合称为字，程序段是由各种字组成的。一个字由一个地址（用字母表示）和一组数字组合而成。如 G03 总称为字，G 为地址，03 为数字组合。

② 常用功能字。

（a）准备功能字 G 代码，也称为 G 指令，是设立机床工作方式或控制系统方式的一种命令，其后续数字一般为两位数（00 ~ 99）。

（b）尺寸坐标字。尺寸坐标字主要用于指定坐标移动的数据，其地址符为 X、Y、Z、U、V、W、P、Q、A 等。

（c）辅助功能字 M。用于控制数控机床中辅助装置的开关动作或状态，其后续数字一般为两位数（00 ~ 99），如 M00 表示暂停程序运行。

（d）机械控制功能字 T。用于有关机械控制事项的制订，如 T80 表示送丝，T81 表示停止送丝。

（e）补偿字 D、H，用于补偿号的指定，如 D003 或者 H003 表示取 3 号补偿值。

（2）准备功能（G 功能）。G 功能表如表 5.8 所示。

表 5.8 G 功能表

代码	功能	代码	功能
G00	快速定位	G55	加工坐标系 2
G01	直线插补	G56	加工坐标系 3
G02	顺圆插补	G57	加工坐标系 4
G03	逆圆插补	G58	加工坐标系 5
G05	*X* 轴镜像	G59	加工坐标系 6
G06	*Y* 轴镜像	G80	接触感知
G07	*X*、*Y* 轴交换	G82	半程移动
G08	*X* 轴镜像，*Y* 轴交换	G84	微弱放电找正
G09	*X* 轴镜像，*X*、*Y* 轴交换	G90	绝对坐标
G10	*X* 轴镜像，*X*、*Y* 轴交换	G91	增量坐标
G11	*Y* 轴镜像，*X* 轴镜像，*X*、*Y* 轴交换	G92	定起点
G12	消除镜像	M00	程序暂停
G40	取消间隙补偿	M02	程序结束
G41	左偏间隙补偿 *D* 偏移量	M05	接触感知解除
G42	右偏间隙补偿 *D* 偏移量	M96	主程序调用文件程序
G50	消除锥度	M97	主程序调用文件结束
G51	锥度左偏 *A* 角度值	W	下导轮到工作台面高度
G52	锥度右偏 *A* 角度值	H	工作厚度
G54	加工坐标系 1	S	工作台面到上导轮高度

① 绝对坐标指令 G90 和相对坐标指令 G91。执行 G90 指令后，后续程序段的坐标值都应按绝对方式编程，即所有点的表示数值都是在编程坐标系中的点坐标值；而执行 G91 指令后，后面的程序段的坐标值都应按增量方式编程，即所有点的坐标均以前一个坐标值作为起点来计算运动终点的位置矢量。

② 坐标设定指令 G54。G54 是程序坐标系设置指令，一般以零件原点作为程序的坐标原点。程序零点坐标存储在机床的控制参数区，程序中不设置此坐标系，而是通过 G54 指令调用。

③ 设置当前点坐标指令 G92。G92 指令可设置当前电极丝位置的坐标值，G92 后面跟的 *X*、*Y* 坐标值即为当前点的坐标值。在线切割加工编程时，一般使用 G92 指定起始点坐标来设定加工坐标系，而不用 G54 坐标系选择指令。

④ 快速移动指令 G00。

指令格式：

G00 X___Y___;

快速移动指令 G00 可使电极丝以机床最快速度移动到目标位置，G00 指令适于非加工状态。

⑤ 直线插补指令 G01。

指令格式：

G01 X___Y___;

直线插补指令 G01 可使电极丝从当前位置以进给速度移动到目标位置。

⑥ 圆弧插补指令 G02、G03。用于切割圆或圆弧，其中 G02 指令用于顺时针切割，G03 指令用于逆时针切割。

在圆弧切割时，有两种编程方式，向量方式的格式为 G02(G03)X__Y__I__J__；而半径方式的格式为 G02(G03)X__Y__R__。

在程序段中，X、Y 表示圆弧终点坐标。使用向量方式编程时，I 和 J 是向量坐标。在绝对方式或增量方式编程时，取值是相同的，I 和 J 的值分别是在 X 轴方向和 Y 轴方向上圆心相对于圆弧起点的距离。在圆弧编程中，也可以使用半径方式，直接使用圆弧的半径 R，但要注意当圆弧的圆心角大于 180° 时，R 的值应加负号“–”，而且不能切割整圆。

⑦ 电极丝半径补偿指令（G40、G41、G42）。

G40 为取消电极丝补偿。

G41 为电极丝左补偿。

G42 为电极丝右补偿。

（a）G41 左补偿：指加工轨迹以进给方向为正方向，沿轮廓左侧让出一个给定的偏移量。

（b）G42 右补偿：指加工轨迹以进给方向为正方向，沿轮廓右侧让出一个给定的偏移量，

（c）G40 取消补偿：指关闭左、右补偿方式。另外，也可以通过开启一个补偿指令代码来关闭另一个补偿指令代码。

⑧ 镜像和交换指令。在线切割程序中，有时可利用镜像和交换指令来简化编程。镜像和交换指令包括 G05、G06、G07、G08、G09、G10、G11、G12。对于加工一些对称性好的工件，利用原来的程序加上上述指令，很容易产生一个与之对应的新程序。

注意

在线切割加工中，大多数 G 指令都是模态指令，即当下面的程序不出现同一组的指令时，当前指令一直有效。在使用镜像和交换指令时，一定要注意在使用后取消镜像和交换。

（3）指定有关机械控制。

① 切削液开（T84）。T84 指令是控制打开切削液阀门开关，开始开放切削液。

② 切削液关（T85）。T85 指令是控制关闭切削液阀门开关，结束开放切削液。

③ 开走丝（T86）。T86 指令是控制机床走丝的开始。

④ 关走丝（T87）：T87 指令是控制机床走丝的结束。

（4）辅助功能（M 功能）

① 程序暂停指令 M00。程序暂停指令 M00 可暂停程序的运行，等待机床操作者的干预，如检验、调整、测量等。待干预完毕后，按机床上的启动按钮，即可继续执行暂停指令后面的程序。最常用的情况是有多个不相连接的加工曲线时，使用 M00 指令暂停机床运转，重新穿丝，然后再启动继续加工。

② 程序停止指令 M02。程序停止指令 M02 可结束整个程序的运行，停止所有的 G 功能及与程序有关的一些运行开关，如切削液开关、走丝开关、机械手开关等，机床处于原始禁止状态，电极丝处于当前位置。如果要使电极丝停在机床零点位置，则必须手动操作机床使之回零。

训练与提高3

试编写如图 5.16 所示凹模的内轮廓切割程序。设电极丝的直径 d=0.18mm，单边防电间隙为 δ=0.01mm。

（1）提示。

① 建立如图 5.17 所示凹模坐标系；

② 切割偏移量 f=(d/2+δ)=0.1mm。

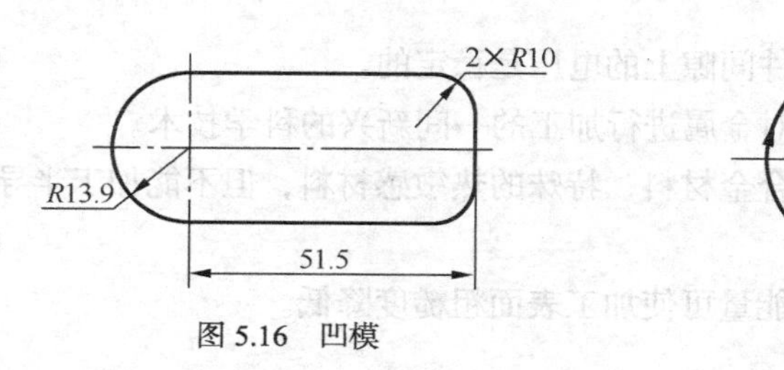

图 5.16 凹模

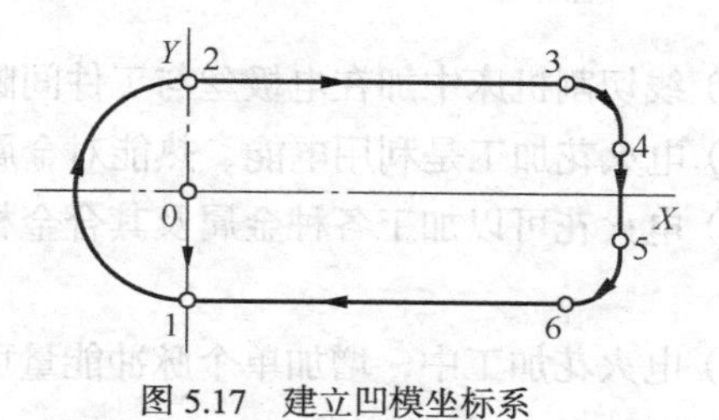

图 5.17 建立凹模坐标系

（2）加工程序。

```
O1
N10    T84    T86       G90      G92       X0    Y0;
N20    G42    D100;
N30    G01    X0        Y-13.9;
N40    G02    X0        Y13.9    I0       J13.9;
N50    G01    X41.5     Y13.9;
N60    G02    X51.5     Y3.9     I0       J-10.0;
N70    G01    X51.5     Y-3.9;
N80    G02    X41.5     Y-13.9    I-10.0 J0;
N90    G01    X0        Y-13.9;
N100   M02;
```

项目小结

本项目主要介绍了数控电火花成型加工和线切割加工的基本概念、工的特点工作原理和机床组成；电火花成型加工和线切割加工工艺；数控线切割加工的编程方法。通过学习掌握数控电火花成型加工和线切割加工工艺，掌握数控线切割加工的编程方法；能够根据零件加工要求正确制订加工工艺和编写加工程序。

项目巩固与提高

巩固与提高1

判断题（在题目的括号内，正确的填“✓”，错误的填“×”）

（1）电火花加工的原理是基于工件与电极之间脉冲放电时的电腐蚀现象。 （　　）

（2）电火花加工时，工具电极与工件直接接触。 （　　）

（3）在电火花加工过程中，电能大部分转换成热能。（　　）

（4）目前大多数电火花机床采用汽油作为工作液。（　　）

（5）在电火花加工过程中，若以工件为阴极，而工具为阳极，则称为正极性加工。（　　）

（6）在电火花加工中，提高脉冲频率会降低生产率。（　　）

（7）电火花加工采用的电极材料有紫铜、黄铜、铸铁和钢等。（　　）

（8）电火花加工常用的电极结构有整体式、组合式和镶拼式。（　　）

（9）电火花加工中，精加工主要采用大的单个脉冲能量，较长的脉冲延时，较低的频率。（　　）

（10）线切割机床中加在电极丝与工件间隙上的电压是稳定的。（　　）

（11）电火花加工是利用电能、热能对金属进行加工的一间新兴的科学技术。（　　）

（12）电火花可以加工各种金属及其合金材料、特殊的热敏感材料，但不能加工半导体。（　　）

（13）电火花加工中，增加单个脉冲能量可使加工表面粗糙度降低。（　　）

巩固与提高2

（1）根据图5.18所示零件的形状，编写加工程序（以钼丝当前的位置为坐标原点）。

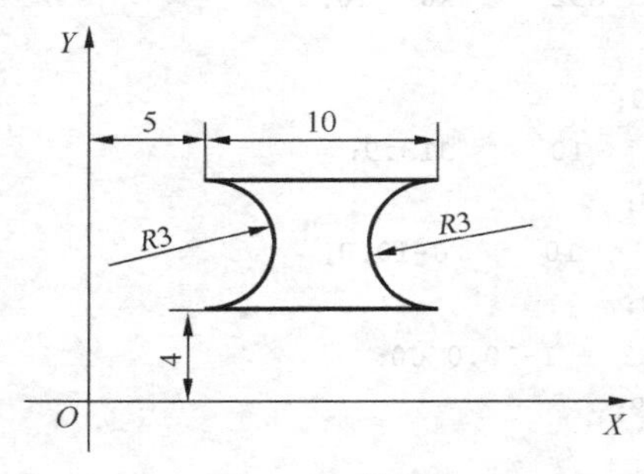

图5.18　零件图

提示

参考程序：

① 用3B格式编程。

```
Start Point  =   0.00000 ,   0.00000;
N 1: B   5000 B   4000 B   5000 GX   L1;
N 2: B      0 B   3000 B   6000 GX  NR4;
N 3: B  10000 B      0 B  10000 GX   L1;
N 4: B      0 B   3000 B   6000 GX  NR2;
N 5: B  10000 B      0 B  10000 GX   L3;
N 6: B   5000 B   4000 B   5000 GX   L3;
N 7: DD;
```

② 用ISO格式编程。

```
N10 G90 G92X0.000Y0.000;
```

```
N12 G01 X5.000 Y4.000;
N14 G03 X5.000 Y10.000 I0.000 J3.000;
N16 G01 X15.000 Y10.000;
N18 G03 X15.000 Y4.000 I0.000 J-3.000;
N20 G01 X5.000 Y4.000;
N22 G01 X0.000 Y0.000;
N24 M02;
```

（2）根据图 5.19 所示平面样板尺寸（材料为 2mm 厚的不锈钢板），制订零件线切割加工工艺和编写加工程序，并加工零件。

参考步骤如下。

① 零件图工艺分析。分析图样可知该零件尺寸要求比较严格，但是由于原材料是 2mm 厚的不锈钢板，因此装夹比较方便。编程时要注意偏补的给定，并留够装卡位置。

② 确定装夹位置及走刀路线。为了减小材料内部组织及内应力对加工精度影响，要选择合适的装夹位置和走刀路线，如图 5.20 所示。

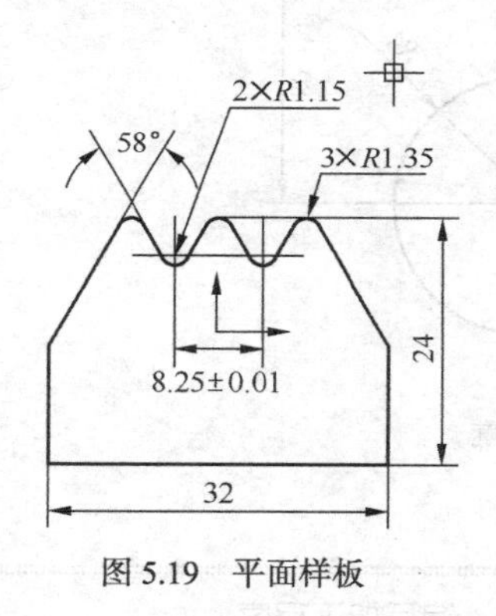

图 5.19　平面样板

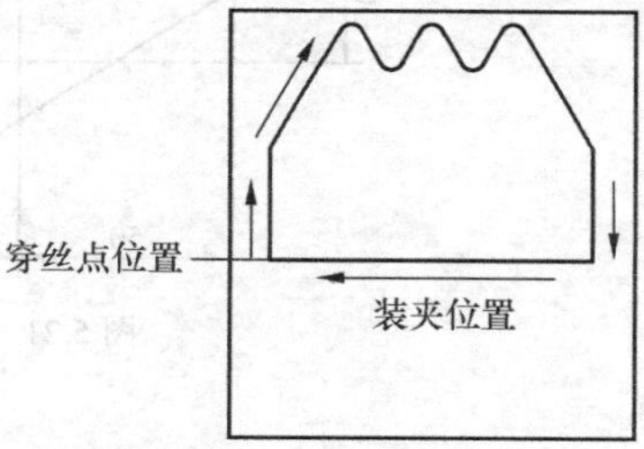

穿丝点位置

装夹位置

图 5.20　装夹位置和走刀路线

③ 编写加工程序和检验。G 代码程序如下：

```
G92    X16.0     Y-18.0;
G01    X16.1     Y-12.1;
G01    X-16.1    Y-12.1;
G01    X-16.1    Y-0.521;
G01    X-9.518   Y11.353;
G02    X-6.982   Y11.353  I1.268  J-0.703;
G01    X-5.043   Y7.856;
G03    X-3.207   Y7.856  I0.918  J0.509;
G01    X1.268    Y11.353;
G02    X1.268    Y11.353  I1.265 J-0.703;
G01    X3.207    Y7.856;
G03    X5.043    Y7.856  I0.918  J0.509;
G01    X6.982    Y11.353;
G02    X9.518    Y11.353  I1.268  J-0.703;
G01    X16.1     Y-0.521;
G01    X16.1     Y-12.1;
G01    X16.0     Y-18.0;
M02;
```

④ 调试机床。校正钼丝的垂直度（用垂直校正仪或校正模块），检查工作液循环系统及运丝

机构工作是否正常。

⑤ 装夹及加工。

（a）将坯料放在工作台上，保证有足够的装夹余量。然后固定夹紧，工件左侧悬置。

（b）将电极丝移至穿丝点位置，注意别碰断电极丝，准备切割。

（c）选择合适的电参数，进行切割。

提示

此零件作为样板，要求切割表面质量高，而且板比较薄，属于粗糙度型加工，故选择切割参数为：最大电流3、脉宽3、间隔比4、进给速度6。加工时应注意电流表、电压表数值应稳定，进给速度应均匀。

（3）根据图5.21所示零件轮廓形状，使用G代码编写加工程序。

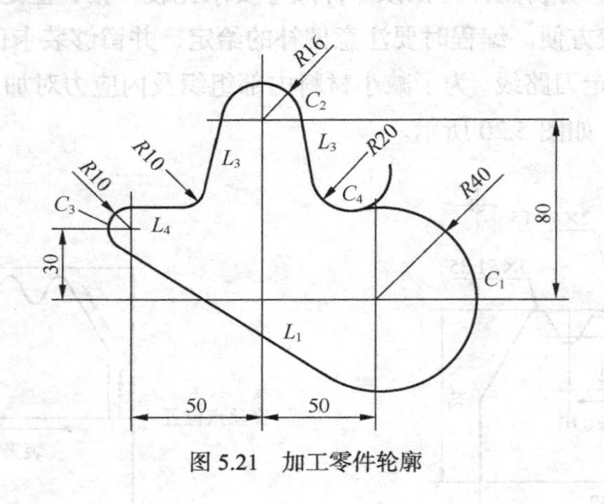

图5.21 加工零件轮廓

提示

① 分析零件轮廓形状，确定走刀路线，编写加工程序。

② 检查贮丝筒运动、导轮运动、工作台往复运动是否灵活。

③ 根据工件厚薄调整好上、下丝架的距离。

④ 安装工件：夹具、工件、工作台面要仔细做好清洁工作，紧固夹具，校正工件后，将工件夹紧。

⑤ 根据工件调整好高频参数，开启高频电源及控制器电源。

⑥ 输入程序，进行模拟加工。

⑦ 零件加工。

参考文献

[1] 刘雄伟. 数控机床操作与编程培训教程. 北京：机械工业出版社，2001.
[2] 徐宏海. 数控加工工艺. 北京：化学工业出版社，2004.
[3] 张超英. 数控车床. 北京：化学工业出版社，2003.
[4] 刘雄伟. 数控机床操作与编程培训教程. 北京：机械工业出版社，2004.
[5] 张学仁. 数控电火花线切割加工技术. 哈尔滨：哈尔滨工业大学出版社，2000.
[6] 陈日曜. 金属切削原理. 北京：机械工业出版社，2002.
[7] 罗学科，李跃中. 数控电加工机床. 北京：化学工业出版社，2003.
[8] 田萍. 数控机床加工工艺及设备. 北京：电子工业出版社，2004.
[9] 李正峰. 数控加工工艺. 上海：上海交通大学出版社，2004.
[10] 李超. 数控加工实例. 沈阳：辽宁科学技术出版社，2005.
[11] 徐夏民. 数控铣工实习与考级. 北京：高等教育出版社，2004.
[12] 孙伟伟. 数控车工实习与考级. 北京：高等教育出版社，2004.
[13] 陈宁娟. 数控车削实训与考级. 北京：高等教育出版社，2008.
[14] 田坤等. 数控机床编程、操作与加工实训. 北京：电子工业出版社，2008.
[15] 崔兆华. 数控加工工艺. 济南：山东科学技术出版社，2005.
[16] 金晶. 数控铣床加工工艺与编程操作. 北京：机械工业出版社，2007.